U0391376

国家级特色专业（物联网工程）规划教材

物联网技术导论
（第 2 版）

黄东军　主编

电子工业出版社·

Publishing House of Electronics Industry

北京·BEIJING

内 容 简 介

本书是依托中南大学国家级特色专业（物联网工程）的建设，结合国内物联网工程专业的教学情况编写的。本书定位于技术导论，具有比较专业的内容和紧凑的结构，紧密联系了物联网工程专业的专业课程设置。全书分为9章，包括物联网概述、传感器及其应用、近距离无线通信技术、射频识别技术、无线传感器网络、物联网定位技术、视频监控物联网、物联网的计算技术、物联网安全技术等内容，这些内容都是物联网的核心技术。

本书可作为普通高等学校物联网工程专业的教材，也可供从事物联网及其相关专业的人士阅读。

本书配有教学用的PPT课件，读者可登录华信教育资源网（www.hxedu.com.cn）免费注册后下载。

图书在版编目（CIP）数据

物联网技术导论/黄东军主编. —2版. —北京：电子工业出版社，2017.6

国家级特色专业（物联网工程）规划教材

ISBN 978-7-121-31543-5

Ⅰ.①物… Ⅱ.①黄… Ⅲ.①互联网络－应用－高等学校－教材②智能技术－应用－高等学校－教材

Ⅳ.①TP393.4②TP18

中国版本图书馆CIP数据核字（2017）第108302号

责任编辑：田宏峰

印　　刷：北京天宇星印刷厂

装　　订：北京天宇星印刷厂

出版发行：电子工业出版社

　　　　　北京市海淀区万寿路173信箱　邮编 100036

开　　本：787×980　1/16　印张：17.25　字数：383千字

版　　次：2012年9月第1版

　　　　　2017年6月第2版

印　　次：2023年5月第12次印刷

定　　价：49.00元

凡所购买电子工业出版社图书有缺损问题，请向购买书店调换。若书店售缺，请与本社发行部联系，联系及邮购电话：（010）88254888，88258888。

质量投诉请发邮件至 zlts@phei.com.cn，盗版侵权举报请发邮件至 dbqq@phei.com.cn。

本书咨询联系方式：tianhf@phei.com.cn。

出版说明

物联网是通过射频识别（RFID）、红外感应器、全球定位系统、激光扫描器等信息传感设备，按约定的协议，把任何物品与互联网相连接，进行信息交换和通信，以实现智能化识别、定位、跟踪、监控和管理的一种网络概念。物联网是继计算机、互联网和移动通信之后的又一次信息产业的革命性发展。物联网产业具有产业链长、涉及多个产业群的特点，其应用范围几乎覆盖了各行各业。

2009 年 8 月，物联网被正式列为国家五大新兴战略性产业之一，写入"政府工作报告"，物联网在中国受到了全社会极大的关注。

2010 年年初，教育部下发了高校设置物联网专业申报通知，截至目前，我国已经有 100 多所高校开设了物联网工程专业，其中有包括中南大学在内的 9 所高校的物联网工程专业于 2011 年被批准为国家级特色专业建设点。

从 2010 年起，部分学校的物联网工程专业已经开始招生，目前已经进入专业课程的学习阶段，因此物联网工程专业的专业课教材建设迫在眉睫。

由于物联网所涉及的领域非常广泛，很多专业课涉及其他专业，但是原有的专业课的教材无法满足物联网工程专业的教学需求，又由于不同院校的物联网专业的特色有较大的差异，因此很有必要出版一套适用于不同院校的物联网专业的教材。

为此，电子工业出版社依托国内高校物联网工程专业的建设情况，策划出版了"国家级特色专业（物联网工程）规划教材"，以满足国内高校物联网工程的专业课教学的需求。

本套教材紧密结合物联网专业的教学大纲，以满足教学需求为目的，以充分体现物联网工程的专业特点为原则来进行编写。今后，我们将继续和国内高校物联网专业的一线教师合作，以完善我国物联网工程专业的专业课程教材的建设。

电子工业出版社

教材编委会

再版前言

本书自 2012 年 9 月出版以来，全国已有几十家高校的物联网相关专业采用本书作为技术导论或专业导论。很多读者向我们发来邮件或信函，对本书的价值进行了肯定，同时也提出了一些很有见地的意见和建议。

最近几年，物联网技术在硬件、系统和应用等各个方面都有新的发展。为了反映物联网技术的进步，我们在这本次修订版中，适当增加了一些内容，主要在第 1 章概述中增加了反映物联网技术与应用发展新动态的综述性描述，在第 8 章物联网的计算技术中，增加了物联网与大数据方面的内容，还新增加了第 7 章视频监控物联网。

本书的主要内容如下：

第 1 章为物联网概述，介绍了物联网的概念模型和发展历史，重点描述了物联网的系统结构、关键技术及其应用。

第 2 章为传感器及其应用，介绍了传感器的概念和发展历史，给出了传感器的分类，重点介绍了传感器的应用方法，最后描述了传感器的发展方向。

第 3 章为近距离无线通信技术，重点介绍了典型近距离无线通信技术的原理、特点和应用等。

第 4 章为射频识别（RFID）技术，重点介绍了 RFID 技术的基本工作原理、系统构成、技术特点、技术标准和应用场景。

第 5 章为无线传感器网络（WSN），介绍了 WSN 的概念、发展、系统结构、协议和应用场景。

第 6 章为物联网的定位技术，介绍了定位技术的起源、发展历史以及在诸多领域的应用。

第 7 章为视频监控物联网，介绍智能视频监控系统的关键技术、应用和发展趋势。

第 8 章为物联网的计算技术，介绍了云计算、Web 技术、嵌入式系统、中间件技术和物联网大数据技术。

第 9 章为物联网安全技术，主要介绍物联网多个层次的安全问题和相应技术方案。

修订版对配套的多媒体 PPT 文件也进行了改版，读者可从电子工业出版社相关网站免费下载。

本书由中南大学信息科学与工程学院计算机科学与技术系教授黄东军主持编写，并完成本次修订，第 1 章和第 7 章由黄东军教授撰写，刘连浩教授编写第 2 章，董健副教授编写第 3 章，高建良副教授编写第 4 章，刘伟荣副教授编写第 5 章，张士庚副教授编写第 6 章，王斌教授编写第 8 章，王伟平教授编写第 9 章。

本书能够修订再版，是广大读者支持的结果，是电子工业出版社和本书责任编辑田宏峰先生大力支持和专业周到工作的结果，借此机会，谨致以最衷心的感谢。

由于作者水平有限，本书的错误和疏漏在所难免，恳请广大读者提出宝贵意见和建议。联系邮箱：djhuang@csu.edu.cn。

黄东军

2017 年 4 月于长沙

目 录

第1章
物联网概述

过去的几个世纪中，人类经历了一系列的技术革命，而每次革命都由某种主流技术所引导。18 世纪英国的工业革命开启了伟大的机械时代，19 世纪下半叶开始的第二次工业革命则迎来了非凡的电气时代，20 世纪开启了影响更加深远的信息时代，而计算机与网络技术成为这个时代的标志。进入 21 世纪以来，随着传感设备、嵌入式系统与互联网的普及，物联网被认为是继计算机、互联网之后的第三次信息革命浪潮。物联网已经在全世界得到极大的重视，主要工业化国家纷纷提出了各自的物联网发展战略。在我国，物联网已被视为战略性新兴产业，成为推动产业升级、经济增长的重要引擎。

1.1 物联网的概念

物联网（Internet of Things，IoT）是新一代信息技术的重要组成部分，其英文名称贴切地表达了"物物相连的互联网"这一本质含义。这里有两个基本点需要把握：第一，物联网的核心和基础仍然是互联网，是基于互联网的延伸和扩展；第二，物联网终端延伸和扩展到了任何物品与物品之间，并试图进行物与物之间的信息交换。

1.1.1 物联网的定义

物联网目前还没有一个精确且公认的定义，主要的原因是：第一，物联网的理论体系尚处于发展时期，对其认识还有待深化，人们需要通过大量的理论研究和工程实践来通过现象看到本质；第二，由于物联网与互联网、移动通信网、传感网等都有密切关系，不同领域的研究者对物联网思考所基于的出发点不同，短期内还没有达成共识[2]。

最初的物联网也称为传感网，是将各种信息感知设备，如射频识别（RFID）装置、红外感应器、全球定位系统、激光扫描器等装置与互联网结合起来而形成的一个巨大网络，其目的是让所有的物品都与网络连接在一起，方便识别和管理[1-3]。

2009 年 9 月，在北京举办的"物联网与企业环境中欧研讨会"上，欧盟委员会信息和社会媒体公司 RFID 部门负责人 Lorent Ferderix 博士给出了欧盟对物联网的定义：物联网是一个动态的全球网络基础设施，它具有基于标准和互操作通信协议的自组织能力，其中物理的和虚拟的"物"具有身份标识、物理属性、虚拟的特性和智能的接口，并与信息网络无缝整合。物联网将与媒体互联网、服务互联网和企业互联网一道构成未来的互联网。

目前，对物联网有一个为业界基本接受的定义：物联网是通过各种信息传感设备及系统（如传感器网络、射频识别（Radio Frequency Identification，RFID）、红外感应器、条码与二维码、全球定位系统、激光扫描器等）和其他基于物物通信模式的短距离无线传感网络，按约定的协议，把任何物体通过各种接入网与互联网连接起来所形成的一个巨大的智能网络，通过这一网络可以进行信息交换、传递和通信，以实现对物体的智能化识别、定位、跟踪、监控和管理。

上述定义同时也说明了 IoT 的技术组成和联网目的。如果说互联网可以实现人与人之间的交流，那么 IoT 则可以实现人与物、物与物之间的联通。按照这一定义，IoT 的概念模型如图 1.1 所示[4]。

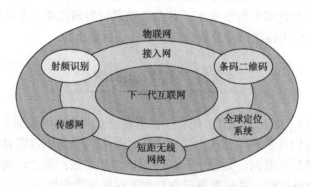

图 1.1　物联网的概念模型

从图 1.1 中我们可以看到，物联网将生活中的各类物品与它们的属性标识后连接到一张巨大的互联网上，使得原来只是人与人交互的互联网升级为连接世界万物的物联网。通过物联网，人们可以获得任何物品的信息，而对这些信息的提取、处理及合理运用将使人类的生产和生活产生巨大的变革。这里的"物"具有以下条件才能被纳入"物联网"的范围：相应物品信息的接收器、数据传输通路、一定的存储功能、CPU、操作系统、专门的应用程序、数据发送器、遵循物联网的通信协议，以及在网络中有可被识别的唯一编号。

在物联网时代，通过在各种各样的物品中嵌入一种短距离的移动收发器，人类在信息与通信世界里将获得一个新的沟通维度，从任何时间、任何地点的人与人之间的沟通连接扩展到人与物和物与物之间的沟通连接。美国总统奥巴马于 2009 年 1 月 28 日与美国工商业领袖举行了一次"圆桌会议",作为仅有的两名代表之一,IBM 首席执行官彭明盛首次提出了"智慧地球"这一概念。智慧地球,就是把感应器嵌入和配置到电网、铁路、桥梁、隧道、公路、建筑、供水系统、大坝、油气管道等各种物体中,并且被普遍连接,形成物联网。一个物物相连的智慧地球如图 1.2 所示。

图 1.2　智慧地球的概念

1.1.2　物联网的发展过程

　　1999 年,美国麻省理工学院(MIT)的 Auto-ID 中心创造性地提出了当时被称为 EPC(Electronic Product Code,产品电子代码)系统的物联网雏形构想。通过把所有物品经由射频识别等信息传感设备与互联网连接起来,实现初步的智能化识别和管理。一个 EPC 物联网体系架构[5-6]主要应由 EPC 编码、EPC 标签及 RFID 读写器、中间件系统、ONS 服务器和 EPC IS 服务器等部分构成,如图 1.3 所示。

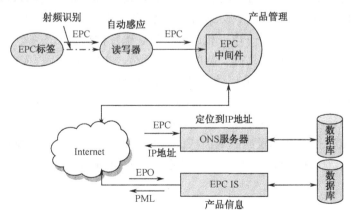

图 1.3　EPC 系统工作流程示意图

2004 年日本总务省提出了 u-Japan 构想，希望在 2010 年将日本建设成一个"任何时间、任何地点、任何物品、任何人"都可以上网的环境。同年，韩国政府制定了 u-Korea 战略，韩国信通部发布《数字时代的人本主义：IT839 战略》以具体呼应 u-Korea。

2005 年 11 月 17 日，在突尼斯举行的信息社会世界峰会（WSIS）上，国际电信联盟（ITU）发布《ITU 互联网报告 2005：物联网》[7]，从此物联网的概念正式诞生。这里，物联网的定义发生了变化，覆盖范围有了较大的拓展，不再只是指基于 RFID 的物联网。报告指出，无所不在的"物联网"通信时代即将来临，世界上所有的物体，从轮胎到牙刷、从房屋到纸巾都可以通过因特网主动进行信息交换。射频识别技术（RFID）、传感器技术、纳米技术、智能嵌入技术将得到更加广泛的应用。物联网概念的兴起，很大程度上得益于国际电信联盟 2005 年以物联网为标题的年度互联网报告。然而，ITU 的报告对物联网的定义仍然是初步的。

2008 年，欧盟智慧系统整合科技联盟（EPOSS）在《2020 的物联网：未来蓝图》报告中大胆预测了物联网的发展阶段：2010 年之前，RFID 被广泛应用于物流、零售和制药领域；2010—2015 年物体互联；2015—2020 年物体进入半智能化；2020 年之后物体进入全智能化。

2009 年 1 月，美国 IBM 首席执行官彭明盛首次提出"智慧地球"这一概念[8]，物联网在全球开始受到极大关注，中国与美国等国家均把物联网的发展提到了国家级的战略高度，相关行业为之鼓舞，各大公司纷纷推出相应的计划和举措，因而 2009 年又被称为"物联网元年"。

2009 年，欧盟委员会发表了《欧盟物联网行动计划》，它描述了物联网技术应用的前景，并提出了加强对物联网的管理、完善隐私和个人数据保护、提高物联网的可信度、推广标准化、建立开放式的创新环境、推广物联网应用等建议。2009 年 7 月，日本 IT 战略本部颁布了日本新一代的信息化战略——"i-Japan"战略，以让数字信息技术融入每一个角落。将政策目标聚焦在三大公共事业——电子化政府治理、医疗健康信息服务、教育与人才培养。提出到 2015 年，通过数位技术达到"新的行政改革"，实现行政流程简单化、效率化、标准化、透明化，同时推动电子病历、远程医疗、远程教育等应用的发展。与此同时，韩国信通部发布了新修订的《IT839 战略》，明确提出了物联网基础设施构建基本规划，将物联网市场确定为新增长动力；认为无处不在的网络社会将是由智能网络、最先进的计算技术，以及其他领先的数字技术基础设施武装而成的社会形态。在无所不在的网络社会中，所有人可以在任何地点、任何时刻享受现代信息技术带来的便利。图 1.4 展示了物联网发展的社会背景。

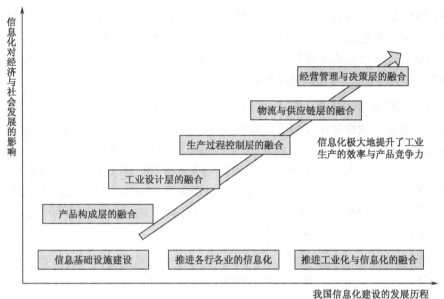

图 1.4　物联网发展的社会背景[10]

　　2009 年 8 月，中国总理温家宝在无锡视察时指出，要在激烈的国际竞争中迅速建立中国的传感信息中心或"感知中国中心"，表示中国要抓住机遇，大力发展物联网技术。同年 11 月，温家宝总理在北京人民大会堂向北京科技界发表了题为"让科技引领可持续发展"的重要讲话，表示要将物联网列入信息网络的发展，并强调信息网络产业是世界经济复苏的重要驱动力。2009 年 12 月，工业和信息化部开始统筹部署宽带普及、三网融合、物联网及下一代互联网发展计划。2010 年 3 月 5 日，国务院总理温家宝在十一届全国人大三次会议上作政府工作报告时指出，要积极推动三网融合，加快物联网发展。2010 年 9 月《国务院关于加快培育和发展战略性新兴产业的决定》中确定了七大战略性新兴产业，明确将物联网作为新一代信息战略性产业[9]。

　　2011 年以来，我国有更多的城市、科研机构、企业和学校加入物联网的队伍中来，物联网市场规模迅速增长。根据预测，2035 年前后，我国的传感网终端将达到数千亿个；到 2050 年传感器将在生活中无处不在。

　　受各国战略引领和市场推动，全球物联网应用呈现加速发展态势，物联网所带动的新型信息化与传统领域走向深度融合，物联网对行业和市场所带来的冲击和影响已经广受关注。总体来看，全球物联网应用仍处于发展初期，物联网在行业领域的应用逐步广泛深入，在公共市场的应用开始显现，M2M（机器与机器通信）、车联网、智能电网是近两年全球发展较快的重点应用领域。

M2M（Machine to Machine）是率先形成完整产业链和内在驱动力的应用。M2M 市场非常活跃，发展非常迅猛。到 2013 年年底，全球 M2M 连接数达到 1.95 亿，年复合增长率为 38%。目前，全球已有 428 家移动运营商提供 M2M 服务，在安防、汽车、工业检测、自动化、医疗和智慧能源管理等领域增长非常快。

车联网是物联网市场化潜力最大的应用领域之一。车联网可以实现智能交通管理、智能动态信息服务和车辆智能化控制的一体化服务，正在成为汽车工业信息化提速的突破口。全球车载信息服务市场非常活跃，成规模的厂商多达数百家，最具代表性的全球化车载信息服务平台如通用的安吉星（OnStar）、丰田的 G-book。到 2013 年年底，安吉星在全球拥有超过 660 万的用户。2014 年 1 月份，雪佛兰、AT&T 和 OnStar 宣布密切合作，通过 AT&T 的 4G LTE 网络，由 OnStar 为雪佛兰汽车提供基于 HTML5 的应用程序商店服务，包括音乐、天气、新闻、汽车健康检测等多项内容。

全球智能电网应用进入发展高峰期。2013 年与智能电网配套使用的智能电表安装数量已超过 7.6 亿只，到 2020 年智能电网预计将覆盖全世界 80% 的人口。

2014 年，发达国家把握物联网发展契机，积极进行产业战略布局。继美国政府提出制造业复兴战略以来，美国逐步将物联网的发展和重塑美国制造优势计划结合起来以期重新占领制造业制高点。欧盟建立了相对完善的物联网政策体系，积极推动物联网技术研发。德国联邦政府在《高技术战略 2020 行动计划》中明确提出了工业 4.0 理念。韩国政府则预见到以物联网为代表的信息技术产业与传统产业融合发展的广阔前景，持续推动融合创新。

2015 年以来，各国不断深化物联网技术研究，围绕物联网的技术研究和创新持续活跃，同时也加速了物联网国际标准化进程。物联网体系架构对推动物联网规模和可持续发展具有重要意义而成为全球关注和推进的重点，多种短距离通信技术互补共存并面向重点行业领域特殊需求加快优化和适配，无线传感网方面跨异构传输机制的网络层和应用层协议成为研发热点，语义技术作为推进物联网感知信息自动识别处理和共享的基础而受到普遍重视，物联网与移动互联网在端管云多层融合协同发展。

从全球看，物联网整体上处于加速发展阶段，物联网产业链上下游企业资源投入力度不断加大。基础半导体巨头纷纷推出适应物联网技术需求的专用芯片产品，为整体产业快速发展提供了巨大的推动力。应用领域业务融合创新带动产业发展势头明显，工业物联网、车联网、消费智能终端市场等已形成一定的市场规模，M2M 更是成为全球电信运营企业重要的业务增长点。

经过几年的发展，我国物联网在技术研发、标准研制、产业培育和行业应用等方面已具备一定基础，但仍然存在一些制约物联网发展的深层次问题需要解决。为了推进物联网有序健康发展，我国政府加强了对物联网发展方向和发展重点的规范引导，不断优化物联

网发展的环境。

2016 年以来，物联网的理念和相关技术产品已经广泛渗透到社会经济民生的各个领域，在越来越多的行业创新中发挥关键作用。物联网凭借与新一代信息技术的深度集成和综合应用，在推动转型升级、提升社会服务、改善服务民生、推动增效节能等方面正发挥重要的作用，在部分领域正带来真正的"智慧"应用。

例如，物联网在钢铁冶金、石油石化、机械装备制造和物流等领域的应用比较突出，传感控制系统在工业生产中成为标准配置。例如，工程机械行业通过采用 M2M、GPS 和传感技术，实现了百万台重工设备在线状态监控、故障诊断、软件升级和后台大数据分析，使传统的机械制造引入了智能。采用基于无线传感器技术的温度、压力、温控系统，在油田单井野外输送原油过程中彻底改变了人工监控的传统方式，大量降低能耗，现已在大庆油田等大型油田中规模应用。物联网技术还被广泛用于全方位监控企业的污染排放状况和水、气质量监测，一个全面监控工业污染源的网络正在形成。

物联网可以应用在农业资源和生态环境监测、农业生产精细化管理、农产品储运等环节。例如，国家粮食储运物联网示范工程采用先进的联网传感节点技术，每年可以节省几个亿的清仓查库费用，并减少数百万吨的粮食损耗。

近几年，我国智能交通市场规模一直保持稳步增长，在智能公交、电子车牌、交通疏导、交通信息发布等典型应用方面已经开展了积极实践。智能公交系统可以实时预告公交到站信息，如广州试点线路上实现了运力客流优化匹配，使公交车运行速度提高，惠及沿线 500 万居民公交出行。

ETC 是解决公路收费站拥堵的有效手段，也是确保节能减排的重要技术措施，到 2016 年年底，全国 ETC 用户超过 4000 万（2013 年是 500 万）。我国已有若干示范机场依托 RFID 等技术，实现了航空运输行李全生命周期的可视化跟踪与精确化定位，使工人劳动强度降低 20%，分拣效率提高 15%以上。

国家电网公司已在总部和 16 家省网公司建立了"两级部署、三级应用"的输变电设备状态监测系统，实现对各类输变电设备运行状态的实时感知、监视预警、分析诊断和评估预测。在用户层面，智能电表安装量已达到 1.96 亿只，用电信息自动采集突破 2 亿户。从 2015 年开始，国家电网启动建设 50 座新一代智能变电站，完成 100 座变电站智能化改造，全年预计安装新型智能电表 6000 万只。南方电网的发展规划中也明确要推广建设智能电网，到 2020 年城市配电网自动化覆盖率达到 80%。

通过充分应用 RFID、传感器等技术，物联网可以应用在社会生活的各个方面。例如，在食品安全方面，我国大力开展食品安全溯源体系建设，采用二维码和 RFID 标识技术，建成了重点食品质量安全追溯系统国家平台和 5 个省级平台，覆盖了 35 个试点城市，789 家乳品企业和1300家白酒企业。目前药品、肉菜、酒类和乳制品的安全溯源正在加快推广，并向深度应用拓展。在医疗卫生方面，集成了金融支付功能的一卡通系统推广到全国 300多家三甲医院，使大医院接诊效率提高 30%以上，加速了社会保障卡、居民健康卡等"医疗一卡通"的试点和推广进程。在智能家居方面，结合移动互联网技术，以家庭网关为核心，集安防、智能电源控制、家庭娱乐、亲情关怀、远程信息服务等于一体的物联网应用，大大提升了家庭的舒适程度和安全节能水平。

遍布城市各处的物联网感知终端构成城市的神经末梢，对城市运行状态进行实时监测，从地下管网监测到路灯、井盖等市政设施的管理，从高清视频监控系统到不停车收费，从水质、空气污染监测到建筑节能，从工业生产环境监控到制造业服务化转型，智慧城市建设的重点领域和工程，为物联网集成应用提供了平台。

我国在物联网领域技术研发攻关和创新能力不断提升，在传感器、RFID、M2M、标识解析、工业控制等特定技术领域已经拥有一定具有自主知识产权的成果，部分自主技术已经实现一定产业应用；在物联网通用架构、数据与语义、标识和安全等基础技术方面正加紧研发布局。

目前，我国已经形成涵盖感知制造、网络制造、软件与信息处理、网络与应用服务等门类的相对齐全的物联网产业体系，产业规模不断扩大，已经形成环渤海、长三角、珠三角，以及中西部地区四大区域集聚发展的空间布局，呈现出高端要素集聚发展的态势。

回顾物联网的发展史，针对我国经济的状况，我们可以发现，我国政府在大规模的基础建设执行中，植入"智慧"的理念，积极促进物联网产业的发展，不仅能够在短期内有力的刺激经济、促进就业，而且能够从长远上为我国打造一个成熟的智慧基础设施平台。目前，在现实生活中，物联网的具体应用已不再陌生。物联网给我们构建了一个十分美好的蓝图，可以想象，在不远的未来，人们可以通过物物相连的庞大网络实现智能交通、智能安防、智能监控、智能物流，以及家庭电器的智能化控制。

1.1.3　物联网的特征

与传统的互联网相比，物联网到底有什么不同呢？

首先，它是各种感知技术的广泛应用。物联网上部署了海量的多种类型传感器，每个传感器都是一个信息源，不同类别的传感器所捕获的信息内容和信息格式不同。传感器获得的数据具有实时性，按一定的频率周期性地采集环境信息，并不断地更新数据。

其次，它是一种建立在互联网上的泛在网络。物联网技术的重要基础和核心仍是互联网，通过各种有线网络、无线网络与互联网融合，将物体的信息实时准确地传递出去。但是，物联网上的传感器定时采集的信息数量极其庞大，形成了海量信息，在传输过程中，为了保障

数据的正确性和及时性，必须采用更有效的技术手段以适应各种异构网络和协议环境。

再次，物联网不仅仅提供了传感器的连接，其本身也具有智能处理的能力，能够对物体实施智能控制。也就是说，物联网是更加智能的网络。物联网将传感器和智能处理相结合，利用云计算、模式识别等各种智能计算技术，大大扩充了互联网的应用领域。从传感器获得的海量信息中分析、加工和处理出有意义的数据，能更加有效地适应不同用户的需求，并导致新的应用领域和应用模式的发现。

1.1.4 深入理解物联网时应注意的问题

在深入理解物联网的概念时，为了更精确地把握物联网的核心内涵，要注意以下三个问题。

第一，把传感网或 RFID 网等同于物联网。事实上传感技术也好、RFID 技术也好，都仅仅是信息采集技术之一。除传感技术和 RFID 技术外，GPS、红外、激光、扫描等所有能够实现自动识别与物物通信的技术都可以成为物联网的信息采集技术。传感网、RFID 网只是物联网的一种应用，不是物联网的全部。

第二，把物联网当成互联网的无边无际的无限延伸，把物联网当成所有物的完全开放、全部互连、全部共享的互联网平台。实际上物联网不是简单的全球共享互联网的无限延伸。即使互联网也不仅仅指我们通常认为的国际共享的计算机网络，互联网也有广域网和局域网、内网与外网、公用和专用之分。物联网既可以是我们平常意义上的互联网向物的延伸，也可以根据现实需要及产业应用组成局域网、专业网。现实中没必要也不可能使全部物品连网，也没有必要使专业网、局域网都连接到全球互联网共享平台。今后的物联网与互联网会有很大不同，类似智慧物流、智能交通、智能电网、智能小区这样的物联网更适合采取局域网或专网的形式，这可能是最大的应用空间。

第三，认为物联网就是物物互联的无所不在的网络，因此认为物联网是空中楼阁，是目前很难实现的技术。事实上物联网是实实在在的，很多初级的物联网应用早就在为我们服务。物联网理念就是在很多现实应用基础上推出的聚合型、集成型创新，是对早就存在的具有物物互联的网络化、智能化、自动化系统的概括与提升，它从更高的角度提升了我们的认识。

1.2 物联网系统结构

物联网有别于互联网，互联网主要目的是构建一个全球性的计算机通信网络，而物联网则主要从是应用出发，利用互联网、无线通信网络资源进行业务信息的传送，是互联网、移动通信网应用的延伸，是自动化控制、遥控遥测及信息应用技术的综合展现。当物联网概念与近距离通信、信息采集与网络技术、用户终端设备结合后，其价值才将逐步得到展现。因此，设计物联网系统结构时应该遵循以下几条原则[11]。

- 多样性原则：物联网体系结构必须根据物联网的服务类型、节点的不同，分别设计多种类型的系统结构，不能也没有必要建立起统一的标准系统结构。
- 时空性原则：物联网尚在发展之中，其系统结构应能满足在物联网的时间、空间和能源方面的需求。
- 互联性原则：物联网体系结构需要平滑地与互联网实现互连互通；如果试图另行设计一套互联通信协议及其描述语言将是不现实的。
- 可扩展性原则：对于物联网系统结构的架构，应该具有一定的扩展性设计，以便最大限度地利用现有网络通信基础设施，保护已投资利益。
- 安全性原则：物物互联之后，物联网的安全性将比计算机互联网的安全性更为重要，因此物联网的系统结构应能够防御大范围内的网络攻击。
- 健壮性原则：物联网系统结构应具备相当好的健壮性和可靠性。

根据信息生成、传输、处理和应用的过程，可以把物联网系统从结构上分为四层：感知层、传输层、支撑层、应用层[4]，如图1.5所示。

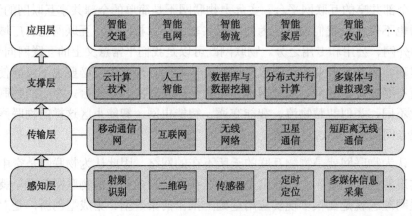

图1.5　物联网的系统结构

感知层是为了实现全面感知，即利用RFID、传感器、二维码等随时随地获取物体的信息；传输层的目的是可靠传递，通过各种电信网络与互联网的融合，将物体的信息实时准确地传递出去；支撑层的功能是智能处理，利用云计算、模糊识别等各种智能计算技术，对海量数据和信息进行分析和处理，对物体实施智能化的控制；应用层利用经过分析处理的感知数据，为用户提供丰富的服务。

1.2.1　感知层

感知层主要用于采集物理世界中发生的物理事件和数据，包括各类物理量、标识、音频、视频数据。物联网的数据采集涉及传感器、RFID、多媒体信息采集、二维码和实时定位等技术，如温度感应器、声音感应器、图像采集卡、震动感应器、压力感应器、RFID读写器、二维码识读器等，都是用于完成物联网应用的数据采集和设备控制的。

传感器网络的感知主要通过各种类型的传感器对物体的物质属性、环境状态、行为态势等静、动态的信息进行大规模、分布式的信息获取与状态辨识，针对具体感知任务，通常采用协同处理的方式对多种类、多角度、多尺度的信息进行在线或实时计算，并与网络中的其他单元共享资源进行交互与信息传输，甚至可以通过执行器对感知结果做出反应，对整个过程进行智能控制。

在感知层，主要采用的设备是装备了各种类型传感器（或执行器）的传感网节点和其他短距离组网设备（如路由节点设备、汇聚节点设备等）。一般这类设备的计算能力都有限，主要的功能和作用是完成信息采集和信号处理工作，这类设备中多采用嵌入式系统软件与之适应。由于需要感知的地理范围和空间范围比较大，包含的信息也比较多，该层中的设备还需要通过自组织网络技术，以协同工作的方式组成一个自组织的多节点网络进行数据传递。

1.2.2　传输层

传输层主要功能是直接通过现有互联网（IPv4/IPv6网络），移动通信网（如GSM、TD-SCDMA、WCDMA、CDMA、无线接入网、无线局域网等），卫星通信网等基础网络设施，对来自感知层的信息进行接入和传输。网络层主要利用现有的各种网络通信技术，实现对信息的传输功能。

传输层主要采用能够接入各种异构网的设备，如接入互联网的网关、接入移动通信网的网关等。由于这些设备具有较强的硬件支撑能力，因此可以采用相对复杂的软件协议进行设计，其功能主要包括网络接入、网络管理和网络安全等。目前的接入设备多为传感网与公共通信网（如有线互联网、无线互联网、GSM网、TD-SCDMA网、卫星网等）的连通。

1.2.3　支撑层

支撑层主要是在高性能网络计算环境下，将网络内大量或海量信息资源通过计算整合成一个可互连互通的大型智能网络，为上层的服务管理和大规模行业应用建立一个高效、可靠和可信的网络计算超级平台。例如，通过能力超强的超级计算中心，以及存储器集群系统（如云计算平台、高性能并行计算平台等）和各种智能信息处理技术，对网络内的海量信息进行实时的高速处理，对数据进行智能化挖掘、管理、控制与存储。支撑层利用了各种智能处理技术、高性能分布式并行计算技术、海量存储与数据挖掘技术、数据管理与控制等多种现代计算机技术。

在支撑层主要的系统设备包括：大型计算机群、海量网络存储设备、云计算设备等。在这一层次上需要采用高性能计算技术及大规模的高速并行计算机群，对获取的海量信息进行实时的控制和管理，以便实现智能化信息处理、信息融合、数据挖掘、态势分析、预测计算、地理信息系统计算，以及海量数据存储等，同时为上层应用提供一个良好的用户接口。

1.2.4 应用层

应用层中包括各类用户界面显示设备及其他管理设备等，这也是物联网系统结构的最高层。应用层根据用户的需求可以面向各类行业实际应用的管理平台和运行平台，并根据各种应用的特点集成相关的内容服务，如智能交通系统、环境监测系统、远程医疗系统、智能工业系统、智能农业系统、智能校园等。

为了更好地提供准确的信息服务，在应用层必须结合不同行业的专业知识和业务模型，同时需要集成和整合各种各样的用户应用需求并结合行业应用模型（如水灾预测、环境污染预测等），构建面向行业实际应用的综合管理平台，以便完成更加精细和准确的智能化信息管理。例如，当对自然灾害、环境污染等进行检测和预警时，需要相关生态、环保等各种学科领域的专门知识和行业专家的经验。

在应用层建立的诸如各种面向生态环境、自然灾害监测、智能交通、文物保护、文化传播、远程医疗、健康监护、智能社区等应用平台，一般以综合管理中心的形式出现，并可按照业务分解为多个子业务中心。

1.3 物联网的应用

物联网在实际应用上的开展需要各行各业的参与，并且需要国家政府的主导，以及相关法规政策上的扶助，物联网的应用具有规模性、广泛参与性、管理性、技术性、物的属性等特征。物联网的应用需要智能化信息处理技术的支撑，主要需要针对大量的数据通过深层次的数据挖掘，并结合特定行业的知识和前期科学成果，建立针对各种应用的专家系统、预测模型、内容和人机交互服务。专家系统利用业已成熟的某领域专家知识库，从终端获得数据，比对专家知识，从而解决某类特定的专业问题。预测模型和内容服务等基于物联网提供深入的认识和掌握，以做出准确的预测预警，以及应急联动管理。人机交互与服务也体现了物联网"为人类服务"的宗旨。物联网用途广泛，遍及智能交通、环境保护、政府工作、公共安全、平安家居、智能消防、工业监测、环境监测、老人护理、个人健康、花卉栽培、水系监测、食品溯源、敌情侦察和情报搜集等多个领域[12-13]。图1.6展示了物联网的主要应用领域。

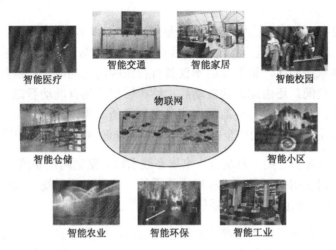

图 1.6　物联网的应用示意图

1.3.1　物联网的应用模式

根据物联网的实际用途，可以归结出它的三种基本应用模式。

（1）标签模式。通过二维码、RFID等技术标识特定的对象，用于区分对象个体。例如在生活中我们使用的各种智能卡、条码标签的基本用途就是用来获得对象的识别信息；此外通过智能标签还可以用于获得对象物品所包含的扩展信息，如智能卡上的金额余额、二维码中所包含的网址和名称等。

（2）监控跟踪模式。利用多种类型的传感器和分布广泛的传感器网络，可以实现对某个对象的实时状态的获取和特定对象行为的监控。例如，使用分布在市区的各个噪音探头监测噪声污染，通过二氧化碳传感器监控大气中二氧化碳的浓度，通过GPS标签跟踪车辆位置，通过交通路口的摄像头捕捉实时交通流程等。

（3）控制模式。物联网基于云计算平台和智能网络，可以依据传感器网络用获取的数据进行决策，改变对象的行为进行控制和反馈。例如，根据光线的强弱调整路灯的亮度，根据车辆的流量自动调整红绿灯间隔等。

1.3.2 物联网的典型应用

物联网具有非常广泛的用途，可大体概括为如下 10 个主要应用领域。

1. 智能家居

将各种家庭设备（如音/视频设备、照明系统、窗帘控制、空调控制、安防系统、数字影院系统、网络家电等）通过电信宽带、固话和 3G 无线网络连接起来，实现对家庭设备的远程操控。与普通家居相比，智能家居不仅具有传统的居住功能，提供舒适安全、高品位且宜人的家庭生活空间，还由原来的被动静止结构转变为具有能动智慧的工具，提供全方位的信息交换功能，帮助家庭与外部保持信息交流畅通，优化人们的生活方式，帮助人们有效安排时间，增强家居生活的安全性，甚至为各种能源费用节约资金[14]。

智能家居系统包含的主要子系统有：家居布线系统、家庭网络系统、智能家居（中央）控制管理系统、家居照明控制系统、家庭安防系统、背景音乐系统、家庭影院与智能家居控制系统多媒体系统、家庭环境控制系统八大系统[15]。

当前，国家电网公司正在积极推进智能小区建设，很多智能家居的方案也正在逐步实践中，相信不久的将来，更多的市民能够享受到这种智能家居带来的方便、舒适、安全和乐趣。图 1.7 为智能家居应用的一个例子。在智能家居的应用场景中，用户在下班回家的路上即可用手机启动"下班"业务流程，将热水器和空调调节到预设的温度，并检测冰箱内的食物容量，如不足则通过网络下订单要求超市按照当天的菜谱送货。

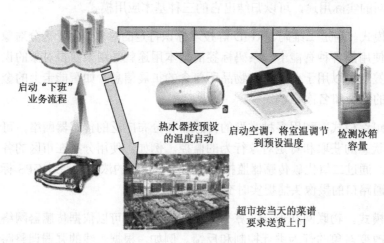

图 1.7 智能家居应用示意图

2. 智能医疗

智能医疗系统借助实用的家庭医疗传感设备，对家中病人或老人的生理指标进行监测，并将生成的生理指标数据通过电信网络或 3G 无线网络传送到护理人或有关医疗单位。根据客户需求，系统还提供相关增值业务，如紧急呼叫救助服务、专家咨询服务、终生健康档案管理服务等。智能医疗系统有望解决了现代社会健康保健瓶颈问题。图 1.8 为智能医疗的应用示意图。通过使用生命体征检测设备、数字化医疗设备等传感器采集用户的体征数据，通过有线网络或者无线网络将这些数据传送到远端的服务平台，由平台上的服务医生根据数据指标，为远端用户提供保健、预防、监测、呼救于一体的远程医疗与健康管理的智能医疗系统。

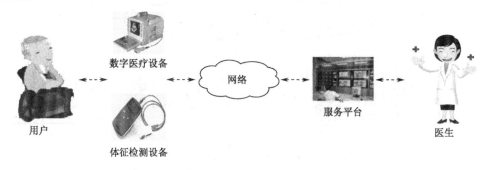

图 1.8   智能医疗应用示意图

3．智能城市

智能城市是指充分借助物联网、传感网，涉及智能楼宇、智能家居、路网监控、智能医院、城市生命线管理、食品药品管理、票证管理、家庭护理、个人健康与数字生活等诸多领域，把握新一轮科技创新革命和信息产业浪潮的重大机遇，充分发挥信息通信（ICT）产业发达、RFID 相关技术领先、电信业务及信息化基础设施优良等优势，通过建设 ICT 基础设施、认证、安全等平台和示范工程，加快产业关键技术攻关，构建城市发展的智慧环境，形成基于海量信息和智能过滤处理的新的生活、产业发展、社会管理等模式，面向未来构建全新的城市形态。

智能城市系统包括对城市的数字化管理和城市安全的统一监控。前者利用"数字城市"理论[16]，基于 3S（地理信息系统 GIS、全球定位系统 GPS、遥感系统 RS）等关键技术，深入开发和应用空间信息资源，建设服务于城市规划、城市建设和管理，服务于政府、企业、公众，服务于人口、资源环境、经济社会的可持续发展的信息基础设施和信息系统。后者基于宽带互联网的实时远程监控、传输、存储、管理的业务，利用电信网络无处不达的宽带和 3G，将分散、独立的图像采集点进行连网，实现对城市安全的统一监控、统一存储和统一管理，为城市管理和建设者提供一种全新、直观、可视的管理工具。

图 1.9 为智能城市（平安城市）应用示意图。利用部署在大街小巷的传感器，实现图像敏感性智能分析并与 110、119、120 等交互，实现探头与探头之间、探头与人、探头与报

警系统之间的联动，从而构建和谐安全的城市生活环境。

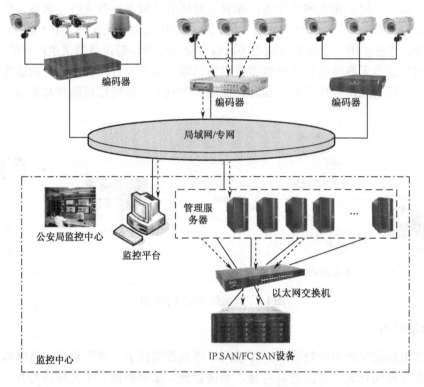

图 1.9　智能城市应用示意图（平安城市）

4. 智能环保

智能环保系统通过对实环境的自动监测，实现实时、连续地监测和远程监控，及时掌握水体、大气、土壤的状况，预警预报重大污染事件。智能环保是物联网的一个重要应用领域，物联网自动、智能的特点非常适合环境信息的监测。一般来讲，智能环保系统结构可以从 4 个方面理解。

第一，在感知层，主要功能是通过传感器节点等感知设备，获取环境监测的信息，如温度、湿度、光照度等。由于环境监测需要感知的地理范围比较大，所包含的信息量也比较大，该层中的设备需要通过无线传感器网络技术组成一个自治网络，采用协同工作的方式，提取出有用的信息，并通过接入设备与互联网中的其他设备实现资源共享与交流互通。

第二，在传输层，主要功能是通过现有的公用通信网（如有线 Internet、WLAN、GSM、CDMA）、卫星网等基础设施，将来自感知层的信息传送到互联网中；然后以 IPv6/IPv4 为核心建立的互联网平台，将网络内的信息资源整合成一个可以互连互通的大型智能网络，为上层服务管理和大规模环境监测应用建立起一个高效、可靠、可信的基础设施平台。

第三，在支撑层，主要功能是通过大型的中心计算平台（如高性能并行计算平台等），对网络内的环境监测获取的海量信息进行实时管理和控制，并为上层应用提供一个良好的用户接口。

第四，在应用层，主要功能是集成系统底层的功能，构建起面向环境监测的行业实际应用，如生态环境与自然灾害实时监测、趋势预测、预警及应急联动等。环保监测系统由三个组成部分：数据采集前端（感知层）、信号采集控制及传输（传输层）、监控中心（支撑层和应用层）。典型的智能环保系统架构如图1.10所示。

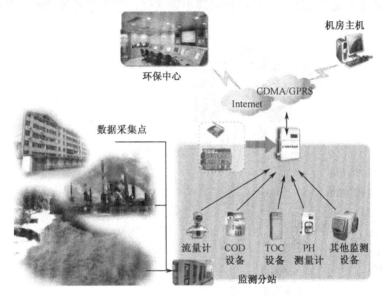

图1.10 空气环境质量实时监测系统架构图

5. 智能交通

智能交通是一个基于现代电子信息技术面向交通运输的服务系统，其突出特点是以信息的收集、处理、发布、交换、分析、利用为主线，为交通参与者提供多样性的服务。说白了就是利用高科技使传统的交通模式变得更加智能化，更加安全、节能、高效。21世纪将是公路交通智能化的世纪，人们将要采用的智能交通系统，是一种先进的一体化交通综合管理系统。在该系统中，车辆靠自己的智能在道路上自由行驶，公路靠自身的智能将交通流量调整至最佳状态，借助于这个系统，管理人员对道路、车辆的行踪将掌握得一清二楚。

智能交通系统包括公交行业无线视频监控平台、智能公交站台、电子票务、车管专家和公交手机一卡通等业务[17]。公交行业无线视频监控平台利用车载设备的无线视频监控和GPS定位功能，对公交运行状态进行实时监控。智能公交站台通过媒体发布中心与电子站牌的数据交互，实现公交调度信息数据的发布和多媒体数据的发布功能，还可以利用电子站牌实现广告发布等功能。电子门票是二维码应用于手机凭证业务的典型应用，以手机为平台、以移动网络为媒介，通过特定技术实现凭证功能。车管专家利用全球卫星定位技术、无线通信技术（CDMA）、GIS、3G 等技术，将车辆的位置与速度，车内外的图像、视频等各类媒体信息及其他车辆参数等进行实时管理，有效满足对车辆管理的各类需求。行车监管系统通过将车辆测速系统、高清电子警察系统的车辆信息实时接入车辆管控平台，同时结合交警业务需求，基于 GIS 地理信息系统通过 3G 无线通信模块实现报警信息的智能、无线发布，从而快速处置违法、违规车辆。公交手机一卡通将手机终端作为城市公交一卡通的介质，除完成公交刷卡功能外，还可以实现小额支付、空中充值等功能。图 1.11 为智能交通示意图。

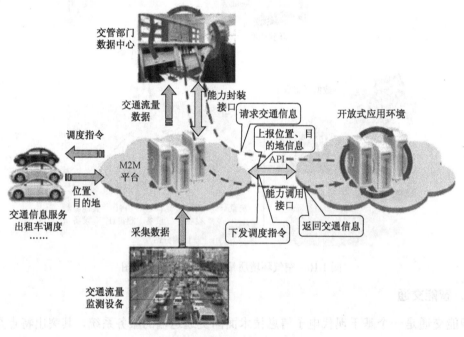

图 1.11　智能交通应用示意图—车辆调度

6. 智能工业

工业是物联网应用的重要领域，具有环境感知能力的各类终端、基于泛在技术的计算模式、移动通信等不断融入到工业生产的各个环节，可大幅提高制造效率，改善产品质量，降低产品成本和资源消耗，将传统工业提升到智能工业的新阶段。首先，物联网用于制造业供应链管理，在企业原材料采购、库存、销售等领域，通过完善和优化供应链管理体系，提高了供应链效率，降低了成本。空中客车（Airbus）通过在供应链体系中应用传感网络技术，构建了全球制造业中规模最大、效率最高的供应链体系。其次，物联网用于生产过程工艺优化，可提高生产线过程检测、实时参数采集、生产设备监控、材料消耗监测的能力和水平。生产过程的智能监控、智能控制、智能诊断、智能决策、智能维护水平不断提高。例如，钢铁企业应用各种传感器和通信网络，在生产过程中实现对加工产品的宽度、厚度、温度的实时监控，从而提高产品质量，优化生产流程。第三，产品设备监控管理，通过各种传感技术与制造技术融合，实现对产品设备操作使用记录、设备故障诊断的远程监控。例如，GE Oil & Gas 集团在全球建立了 13 个面向不同产品的 i-Center，通过传感器和网络对设备进行在线监测和实时监控，并提供设备维护和故障诊断的解决方案。图 1.12 为智能工业的一个应用示例——智能工业监控系统。

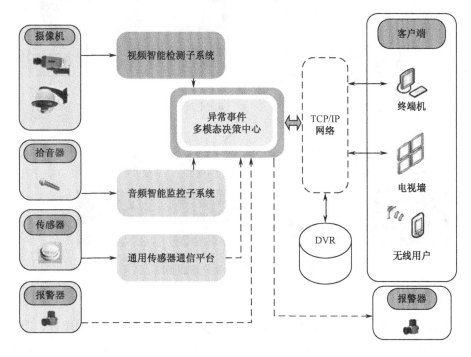

图 1.12　智能工业监控系统

7. 智能农业

智能农业是指在相对可控的环境条件下，采用工业化生产，实现集约高效可持续发展的现代超前农业生产方式，就是农业先进设施与露地相配套、具有高度的技术规范和高效益的集约化规模经营的生产方式。它集科研、生产、加工、销售于一体，实现周年性、全天候、反季节的企业化规模生产；它集成现代生物技术、农业工程、农用新材料等学科，以现代化农业设施为依托，科技含量高，产品附加值高，土地产出率高和劳动生产率高，是我国农业新技术革命的跨世纪工程。

智能农业产品通过实时采集温室内温度、土壤温度、CO_2 浓度、湿度，以及光照、叶面湿度、露点温度等环境参数，自动开启或者关闭指定设备。可以根据用户需求随时进行处理，为设施农业综合生态信息自动监测、对环境进行自动控制和智能化管理提供科学依据。通过模块采集温度传感器等信号，经由无线信号收发模块传输数据，实现对大棚温湿度的远程控制。智能农业产品还包括智能粮库系统，该系统通过将粮库内温湿度变化的感知与计算机或手机的连接进行实时观察，记录现场情况以保证量粮库内的温湿度平衡[18]。

农业标准化生产监测系统如图 1.13 所示。

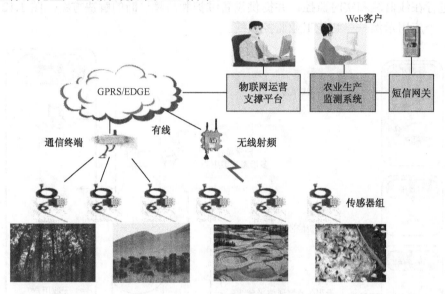

图 1.13　农业标准化生产监测系统

8．智能物流

智能物流构造了集信息展现、电子商务、物流配载、仓储管理、金融质押、园区安保、海关保税等功能为一体的物流综合信息服务平台。信息服务平台以功能集成、效能综合为主要开发理念，以电子商务、网上交易为主要交易形式，建设高标准、高品位的综合信息服务平台。

智能物流是指货物从供应者向需求者的智能移动过程，包括智能运输、智能仓储、智能配送、智能包装、智能装卸，以及智能信息的获取、加工和处理等多项基本活动，为供方提供最大化的利润，为需方提供最佳的服务，同时也应消耗最少的自然资源和社会资源，最大限度地保护生态环境，从而形成完备的智能社会物流管理体系。

智能社会物流管理分为社会层、战略层、决策层和作业层四个层次。社会层主要研究确定智能社会物流的近、长期发展战略，包括各类物流人才的培养、新技术的研究与开发、基础设施的发展规划、智能社会物流规章制度的制定与完善等，不断完善各物流企业发展的外部环境；战略层主要是研究确定物流的发展战略；决策层是在现有的社会条件下，以

成本、效益、服务为准则，把主要精力放在物流战略和策略的可选方案的筛选上，鉴别或评估车辆调配计划、存货管理、仓储设施配备与选址方案等；作业层是指日常物流管理与交易业务的活动[19]。智能物流的主要支撑技术包括自动识别技术、数据仓储及数据挖掘技术、人工智能技术等。

智能仓储为智能物流十分重要的一个部分。图 1.14 介绍了 RFID 智能仓库定位管理。RFID 仓库系统的特点是：商品在仓库时自动定位，数据信息自动采集；减少了人工盘点仓库数据信息的工作量，可相应地降低人力成本；减少了传统数据采集模式中的错误率，提高了工作效率；系统可扩展性很强。

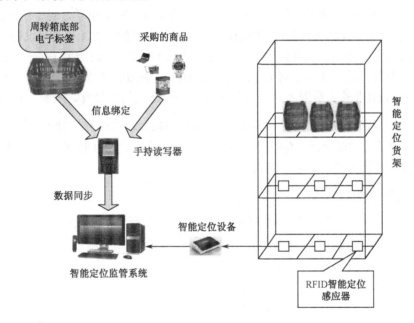

图 1.14　RFID 智能仓库定位管理示意图

9. 智能社区

以智能校园为例，典型技术有校园"一卡通"[20]，该技术实现身份识别、电子钱包等功能。身份识别包括门禁、考勤、图书借阅、会议签到等，电子钱包即通过手机刷卡实现主要校内消费。智能校园还帮助大中小学用户实现学生管理电子化，使学生、家长、学校三方可以时刻保持沟通，方便家长及时了解学生学习和生活情况，真正达到了对学生日常行为的精细管理，实现学生开心、家长放心、学校省心的效果。

人员进出身份识别：通过 RFID 实现身份识别功能，对进出校园的人员进行管理，把不稳定因素摒弃在校园之外。系统可以和家校通平台进行连接，实现学生进出的平安短信功能。系统的 RFID 可以选择近距离的 ID 卡、IC 卡或者 CPU 卡，也可以选择中远距离的微波卡。

来访人员智能登记：来访人员提供身份证件或其他证件，放在扫描仪或二代身份证读写模块上进入电脑系统来获取来访人身份的合法性，在确认身份的同时相关领导就可以看到来访人的身份以便确定是否接见，来访人信息长期保存系统。学生、老师也可将他们原有一卡通（IC卡）整合到该系统实现身份识别、考勤及校务管理等功能。

安全交接管理：对于幼儿园，家长接送孩子进出校门刷卡进行身份识别并记录到离校时间；分清学校与家长之间的责任跟老师交接时可在门口机或者手持机上进行刷卡、系统会自动报出学生名字并记录在系统中。对于小学，门口安装带摄像头的无障碍通道；利用RFID技术，学生佩戴有RFID的校徽，系统会自动识别并读取；系统可以自动发送学生进、出校短信给家长与老师，便于老师、学校、家长分清责任。对于中学，对于中学校门较宽，上下学人数众多，车辆较多的情况，系统在校门口安装有缘的RFID及读写设备，可以自动确认和分清人员车辆的进出，并辨明方向；家长老师自动接收短信通知——孩子到离校时间；学校门口有红外摄像实时监控合法人员的进出并拍摄非法人员照片（没有本校智能卡的将会被拍）；如遇非法人员混入系统会报警并自动发送短信给警官、校长、保安。

校园互动：老师可以通过该系统（登录家校通网站）群发信息告知家长，家长与老师在网上互动，家长可随时全面了解学生的情况，家长还可以通过互联网或3G手机实时查看学生在学校或幼儿园的学习、生活情况。

图1.15为智能校园的应用示意图。

应用工作站　设备工作站　校园监控工作站　门禁平台服务器　DVR服务器

学校管理中心

TCP/IP

宿舍大门通道

摄像机

门禁控制器

语音模块　　通道　　声光警号

图1.15　智能校园示意图

10．智能会展

典型的智能会展系统是基于 RFID 和电信的无线网络、运行在移动终端的导览系统。该系统在服务器端建立相关导览场景的文字、图片、语音及视频介绍数据库，以网站形式提供专门面向移动设备的访问服务。移动设备终端通过其附带的 RFID 读写器，得到相关展品的 EPC 编码后，可以根据用户需要，访问服务器网站并得到该展品的文字、图片语音或者视频介绍等相关数据。该产品主要应用于文博行业，实现智能导览及呼叫中心等应用拓展。图 1.16 为智能会展发布系统示意图[21]。

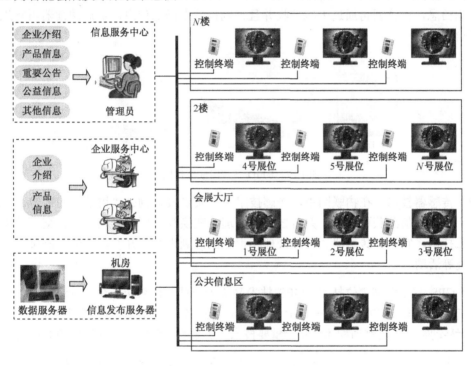

图 1.16　智能会展发布系统

1.4　物联网的关键技术

物联网是一种复杂、多样的系统技术，从物联网技术体系结构角度来解读物联网，可以将支持物联网的技术分为四个层次：感知技术、传输技术、支撑技术、应用技术。

1.4.1　感知技术

感知技术是指能够用于物联网底层感知信息的技术，它包括射频识别（RFID）技术、传感器技术、GPS 定位技术、多媒体信息采集技术及二维码技术等。

（1）射频识别技术。它是物联网中让物品"开口说话"的关键技术，在物联网中，RFID 标签上存储着规范且具有互用性的信息，通过无线数据通信网把它们自动采集到中央信息系统，实现物品（商品）的识别。RFID 技术可以识别高速运动物体并可以同时识别多个标签，操作快捷方便。RFID 技术与互联网、通信等技术相结合，可实现全球范围内物品跟踪与信息共享[22-24]。工业界经常将 RFID 系统分为标签（Tag）、阅读器（Reader）和天线（Antenna）三大组件，如图 1.17 所示。阅读器通过天线发送电子信号，标签接收到信号后发射内部存储的标识信息，阅读器再通过天线接收并且识别标签发回的信息，最后阅读器再将识别结果发送给主机。

Tag　　　　　Reader　　　　　Antenna

图 1.17　RFID 系统组成部件图

（2）传感器技术。在物联网中，传感技术主要负责接收物品"讲话"的内容。传感技术是关于从自然信源获取信息，并对之进行处理、变换和识别的一门多学科交叉的现代科学与工程技术，它涉及传感器、信息处理和识别的规划设计、开发、制造、测试、应用及评价改进等活动。

（3）GPS 与物联网定位技术。GPS 技术又称为全球定位系统，是具有海、陆、空全方位实时三维导航与定位能力的新一代卫星导航与定位系统。GPS 作为移动感知技术，是物联网延伸到移动物体采集移动物体信息的重要技术，更是物流智能化、智能交通的重要技术。

（4）多媒体信息采集与处理技术。多媒体信息采集技术就是使用各种摄像头、相机、麦克风等设备采集视频、音频、图像等信息，并且将这些采集到的信息进行抽取、挖掘和处理，将非结构化信息从大量的采集到的信息中抽取出来，然后保存到结构化的数据库中，从而为各种信息服务系统提供数据输入的整个过程。

（5）二维码技术。二维码是采用某种特定的几何图形按一定规律在平面（二维方向上）分布的黑白相间的图形记录数据符号信息；在代码编制上巧妙地利用构成计算机内部逻辑基础的"0"、"1"比特流的概念，使用若干个与二进制相对应的几何形体来表示文字数值信息，通过图像输入设备或光电扫描设备自动识读以实现信息自动处理；二维条码/二维码能够在横向和纵向两个方位同时表达信息，能在很小的面积内表达大量的信息，如图 1.18 所示。

（a）条形码

（b）条形码打印机

（c）二维码

图 1.18　二维码技术示意图

1.4.2　传输技术

传输技术是指能够汇聚感知数据，并实现物联网数据传输的技术，它包括移动通信网、互联网、无线网络、卫星通信、短距离无线通信等。

（1）移动通信网（Mobile Communication Network）。移动通信是移动体之间的通信，或移动体与固定体之间的通信。移动体可以是人，也可以是汽车、火车、轮船、收音机等在移动状态中的物体。移动通信系统由两部分组成：空间系统和地面系统（卫星移动无线电台、天线、关口站、基站）。若要同某移动台通信，移动交换局通过各基台向全网发出呼叫，被叫台收到后发出应答信号，移动交换局收到应答后分配一个信道给该移动台并从此话路信道中传送一信令使其振铃。

（2）互联网（Internet）。即广域网、局域网及单机按照一定的通信协议组成的国际计算机网络。互联网是指将两台计算机或者两台以上的计算机终端、客户端、服务端通过计算机信息技术的手段互相联系起来的结果，人们可以与远在千里之外的朋友相互发送邮件、共同完成一项工作、共同娱乐等。

（3）无线网络（Wireless Network）。物联网中，物品与人的无障碍交流，必然离不开高速、可进行大批量数据传输的无线网络。无线网络既包括允许用户建立远距离无线连接的全球语音和数据网络，也包括为近距离无线连接进行优化的红外线技术及射频技术，与有线网络的用途十分类似，最大的不同在于传输媒介的不同，利用无线电技术取代网线，可以和有线网络互为备份。

（4）卫星通信（Satellite Communication）。简单说，卫星通信就是地球上（包括地面和低层大气中）的无线电通信站间利用卫星作为中继而进行的通信。卫星通信系统由卫星和地球站两部分组成。卫星通信的特点是：通信范围大；只要在卫星发射的电波所覆盖的范围内，从任何两点之间都可进行通信；不易受陆地灾害的影响（可靠性高）；只要设置地球站电路即可开通（开通电路迅速）；同时可在多处接收，能经济地实现广播、多址通信（多址特点）；电路设置非常灵活，可随时分散过于集中的话务量；同一信道可用于不同方向或不同区间（多址连接）。

（5）短距离无线通信（Short Distance Wireless Communication）。短距离无线通信泛指在较小的区域内（数百米）提供无线通信的技术，目前常见的技术大致有 IEEE 802.11 系列无线局域网、蓝牙、NFC（近场通信）技术和红外传输技术。

1.4.3　支撑技术

支撑技术是指用于物联网数据处理和利用的技术，它包括云计算技术、嵌入式系统、人工智能技术、大数据库与机器学习技术、分布式并行计算和多媒体与虚拟现实等。

（1）云计算（Cloud Computing）技术。物联网的发展离不开云计算技术的支持，物联网中的终端的计算和存储能力有限，云计算平台可以作为物联网的"大脑"，实现对海量数据的存储、计算。云计算[25]是分布式计算技术的一种，其最基本的概念，是通过网络将庞大的计算处理程序自动分拆成无数个较小的子程序，再交由多部服务器所组成的庞大系统经搜寻、计算分析之后将处理结果回传给用户。

（2）嵌入式系统（Embedded System）。嵌入式系统就是嵌入到目标体系中的专用计算机系统，它以应用为中心，以计算机技术为基础，并且软硬件可裁剪，适用于应用系统对功能、可靠性、成本、体积、功耗有严格要求的专用计算机系统。嵌入式系统把计算机直接嵌入到应用系统中，它融合了计算机软/硬件技术、通信技术和微电子技术，是集成电路发展过程中的一个标志性成果。物联网与嵌入式关系密切，物联网的各种智能终端大部分表现为嵌入式系统，可以说没有嵌入式技术就没有物联网应用的美好未来。

（3）人工智能技术（Artificial Intelligence Technology，AIT）。人工智能是研究使计算机来模拟人的某些思维过程和智能行为（如学习、推理、思考、规划等）的技术。人工智能就是探索研究用各种机器模拟人类智能的途径，使人类的智能得以物化与延伸的一门学科，它借鉴仿生学思想，用数学语言抽象描述知识，用以模仿生物体系和人类的智能机制。目前主要的方法有神经网络、进化计算和粒度计算三种。在物联网中，人工智能技术主要负责将物品"讲话"的内容进行分析，从而实现计算机自动处理[26]。

（4）大数据技术。大数据是指在互联网和以大规模分布式计算为代表的平台支持下被采集、存储、分析和应用的具有产生更高决策价值的巨量、高增长率和多样化的信息资产。大数据系统由数据采集、数据存储、数据分析（或数据处理与服务）和数据应用四个部分构成。总体上，大数据系统的底层首先是大数据采集，其来源具有多样性；接着通过数据接口（如数据导入器、数据过滤、数据清洗、数据转换等）将数据存储于大规模分布式存储系统中；在数据存储的基础上，进一步实现数据分析（处理与服务）；最终是大数据应用。在物联网中，大数据技术扮演者海量数据存储与分析处理的重要角色，是支撑物联网应用

的重要系统平台。

（5）分布式并行计算。并行计算可分为时间上的并行和空间上的并行，时间上的并行就是指流水线技术，而空间上的并行则是指用多个处理器并发的执行计算。分布式计算研究的是如何把一个需要非常巨大的计算能力才能解决的问题分成许多小的部分，然后把这些小的部分分配给许多计算机进行处理，最后把这些计算结果综合起来得到最终的结果。分布式并行计算是将分布式计算和并行计算综合起来的一种计算技术，物联网与分布式并行计算关系密切，它是支撑物联网的重要计算环境之一。

（6）多媒体与虚拟现实。多媒体技术是利用计算机对文本、图形、图像、声音、动画、视频等多种信息综合处理、建立逻辑关系和人机交互作用的技术。虚拟现实技术[27]是人们借助计算机技术、传感器技术、仿真技术等仿造或创造的人工媒体空间，它是虚拟的，但又有真实感，它通过多种传感设备，模仿人的视觉、听觉、触觉和嗅觉，使用户沉浸在此环境中并能与此环境直接进行自然交互、在三维空间中进行构想，使人进入一种虚拟的环境，产生身临其境的感觉。虚拟现实技术的广泛应用前景，将给人类的工作、生活带来极大的改变和享受。多媒体技术可以使物联网感知世界，表现感知结果的手段更丰富、更形象、更直观；虚拟现实技术成为人类探索客观世界规律的三大手段之一，也是未来物联网应用的一个重要的技术手段。

1.4.4　应用技术

应用技术是指用于直接支持物联网应用系统运行的技术，应用层主要根据行业特点，借助互联网技术手段，开发各类的行业应用解决方案，将物联网的优势与行业的生产经营、信息化管理、组织调度结合起来，形成各类的物联网解决方案，构建智能化的行业应用。

例如，交通行业，涉及的就是智能交通技术；电力行业采用的是智能电网技术；物流行业采用的智慧物流技术等。一般来讲，各类应用还要更多涉及专家系统、系统集成技术、编解码技术等。

（1）专家系统（Expert System）。专家系统是一个含有大量的某个领域专家水平的知识与经验，能够利用人类专家的知识和经验来处理该领域问题的智能计算机程序系统，属于信息处理层技术。

（2）系统集成（System Integrate）技术。系统集成是在系统工程科学方法的指导下，根据用户需求，优选各种技术和产品，将各个分离的子系统连接成为一个完整、可靠、经济和有效的整体，并使之能彼此协调工作，发挥整体效益，达到整体性能最优。

（3）编/解码（Coder And Decoder，CODEC）技术。物联网不仅包含着传感数据、视频图像、音频、文本等各种媒体形式的数据，而且数据量巨大，因此资源发布成了一个重要课题。基本上，我们通过编/解码技术，可以实现数据的有效存储和传输，使得它占用更少的存储空间和更短的传输时间。数据压缩的依据是数字信息中包含了大量的冗余，有效的编码技术旨在将这些冗余信息占用的空间和带宽节省出来，用较少的符号或编码代替原来的数据。

1.5　物联网的发展前景

物联网概念的问世，打破了之前的传统思维。传统思维一直是将物理基础设施和IT基础设施分开：一方面是机场、公路、建筑物，而另一方面是数据中心、个人电脑、宽带等。而在"物联网"时代，钢筋混凝土、电缆将与芯片、宽带整合为统一的基础设施，在此意义上，基础设施更像是一块新的地球工地，世界的运转就在它上面进行，其中包括经济管理、生产运行、社会管理乃至个人生活。物联网研究和开发既是机遇，更是挑战[28-29]。

2009年对中国物联网的发展可谓是不平凡的一年。8月7日，国务院总理温家宝在无锡微纳传感网工程技术研发中心视察并发表重要讲话，表示中国要抓住机遇，大力发展物联网技术。8月26日，工业和信息化部总工程师朱宏任在中国工业经济运行2009年夏季报告会上表示，我国正在高度关注、重视物联网方面的研究。9月11日，工业和信息化部传感器网络标准化工作小组的成立，标志着我国将加快制定符合我国发展需求的传感网技术标准，力争主导制定传感网国际标准。11月3日，温家宝总理在人民大会堂向首都科技界发表了题为"让科技引领中国可持续发展"的讲话，再次强调科学选择新兴战略性产业非常重要，并指示要着力突破传感网、物联网关键技术。

中国政府高层一系列的重要讲话、研讨、报告和相关政策措施表明，大力发展物联网产业将成为中国今后一项具有国家战略意义的重要决策，各级政府部门将会大力扶持物联网产业发展，一系列对物联网产业利好的政策措施也将在不久后出台。

值得一提的是，2009年9月中旬，中国股市在受钢铁、银行、券商、基金重仓等权重板块集体倒戈的影响下，大盘一路下滑，但以远望谷、新大陆、厦门信达、东信和平、大唐电信、上海贝岭为代表的物联网题材股逆势拉升，连续数天涨停。物联网概念股的疯狂逆向拉升充分表明了物联网的强大生命力和影响力，物联网再次在中国掀起了巨大波澜。

物联网注定要催化中国乃至世界生产力的变革。在信息产业的发展过程中，物联网是中国真正的战略新兴产业，是一个机遇，它能使我国信息产业有可能超越国外。前信息产业主要应用在媒体、游戏、娱乐、电子商务领域等第三产业中，而物联网作为最新的网络技术，将会进一步对农业、工业这样的第一产业、第二产业发展发挥重大的推动作用。即互联网时代带动更多的是第三产业的发展，而物联网的兴起将联动第一、第二产业。

2016 年以来，全球物联网正步入实质性推进和规模化发展的新阶段，我国物联网与云计算、大数据、"互联网+"、智能制造等新业态紧密融合，逐步构建形成融合创新的产业生态体系。

目前，物联网发展呈现一些新的特点与趋势。

首先，中国成为全球物联网发展最为活跃的地区之一。2015 年以来，美、欧、日、韩等发达国家和地区纷纷调整和加快物联网战略部署，以工业物联网为重点推动技术创新与应用升级，全球物联网步入实质性推进和规模化发展的新阶段。中国是最早布局物联网的国家之一。近年来，我国主导完成了 200 多项物联网基础重点运用国际标准立项，物联网国际标准制定话语权进一步提升。产业规模稳步增长，竞争优势不断增强。2015 年，我国物联网产业规模达 7500 亿元，"十二五"期间年复合增长率约为 25%。公众网络机器到机器（M2M）连接数突破 1 亿，占全球总量 31%，成为全球最大市场。

其次，工业物联网将率先实现规模应用。研究认为，我国物联网应用正从政策扶持期逐步步入市场主导期。工业、物流、安防、交通、电力、家居等应用服务市场已初具规模。2015 年以来，我国制造企业加快向数字化、网络化、智能化转型，预计未来五年制造业物联网支出年均增速将达到 15%，工业物联网将率先实现规模应用。

第三，物联网平台竞争时代到来。2015 年以来，物联网设备与服务集成商、电信运营商、互联网企业、IT 企业、平台企业等依托传统优势，竞相布局物联网系统或平台，集聚优势资源提供系统化、综合性的物联网解决方案，打造开源生态圈。物联网市场竞争已从产品竞争转向平台竞争、生态圈竞争，市场格局由碎片化走向聚合。

第四，一些示范城市以技术创新、应用创新培育经济新动能的转型模式日趋成熟。这些城市秉承物联网创新示范的国家使命，强化创新驱动，促进"产用协同"，培育发展动能，着力攻克核心技术，科学布局智慧应用，推动物联网和实体经济深度融合，在国内率先建成相对完善的物联网创新生态、产业集群与智慧城市架构体系。

研究人员还认为，我国当前物联网技术应用与产业体系日趋完善，但仍存在一些短板与问题，如高端传感器等核心技术研发实力偏弱，全产业链协同性不足，物联网技术与传统产业融合有待加强，跨领域共性标准缺失，大数据分析应用滞后，终端与网络仍存安全风险等。

现阶段物联网有希望成为加快转变经济发展方式的突破口。如果我国能够在三网融合、物联网、云计算等方面加快发展，将带来以信息化为标志的新一次战略机遇——通过信息化带动工业、农业、医疗、安全等基础产业发生翻天覆地的变化。

我们过去的互联网大多是人与人、人与物的交互，今后会走向物与物，往物联网发展的趋势。受到国家信息化建设等诸多利好因素推动，物联网产业发展形势很好，但我们不能忽视一个重要的问题，物联网发展之路任重道远，还存在许多的问题须要克服。

在物联网技术发展产品化的过程中，我国一直缺乏一些关键技术的掌握，所以产品档次上不去，价格下不来。缺乏RFID等关键技术的独立自主产权这是限制中国物联网发展的关键因素之一。行业技术标准缺失也是一个重要的问题，目前行业技术主要缺乏以下两个方面标准：接口的标准化和数据模型的标准化。虽然我国早在2005年11月就成立了RFID产业联盟，同时次年又发布了《中国射频识别（RFID）技术政策白皮书》，指出应当集中开展RFID核心技术的研究开发，制定符合中国国情的技术标准。但是，现在我们发现，中国的RFID产业仍是一片混乱。技术强度固然在增强，但是技术标准却还如镜中之月。正如同中国的3G标准一样，出于各方面的利益考虑，最后中国的3G有了三个不同的标准。物联网的标准最终怎样，只能等时间来告诉我们答案了。

与美国相比，我国物联网产业链在完善程度上还存在着较大差距。虽然目前国内三大运营商和中兴、华为这一类的系统设备商都已是世界级水平，但是其他环节相对欠缺。产业链的合作需要兼顾各方的利益，而在各方利益机制及商业模式尚未成型的背景下，物联网普及仍相当漫长。物联网分为感知、网络、应用三个层次，在每一个层面上，都将有多种选择去开拓市场。这样，在未来生态环境的建设过程中，商业模式变得异常关键。对于任何一次信息产业的革命来说，出现一种新型而能成熟发展的商业盈利模式是必然的结果，可是这一点至今还没有在物联网的发展中体现出来，也没有任何产业可以在这一点上统一引领物联网的发展浪潮。

物联网产业是需要将物物连接起来并且进行更好的控制管理，这一特点决定了其发展必将会随着经济发展和社会需求而催生出更多的应用。所以，在物联网传感技术推广的初期，功能单一，价位高是难以避免的问题。因为电子标签贵，读写设备贵，所以很难形成大规模的应用。而由于没有大规模的应用，电子标签和读写器的成本问题便始终没有达到人们的预期。成本高，就没有大规模的应用，而没有大规模的应用，成本高的问题就更难以解决。如何突破初期的用户在成本方面的壁垒成了打开这一片市场的首要问题，所以在成本尚未降至能普及的前提下，物联网的发展将受到限制。

有研究机构预计10年内物联网就可能大规模普及，这一技术将会发展成为一个上万亿元规模的高科技市场，其产业要比互联网大30倍。物联网被称为继计算机、互联网之后，世界信息产业的第三次浪潮。业内专家认为，物联网一方面可以提高经济效益，大大节约成本；另一方面可以为全球经济的复苏提供技术动力。目前，美国、欧盟、中国等都在投入巨资深入研究探索物联网。我国也正在高度关注、重视物联网的研究，工业和信息化部会同有关部门，在新一代信息技术方面正在开展研究，以形成支持新一代信息技术发展的政策措施。

　　此外，在"物联网"普及以后，用于动物、植物和机器、物品的传感器与电子标签及配套的接口装置的数量将大大超过手机的数量。物联网的推广将会成为推进经济发展的又一个驱动器，为产业开拓了又一个潜力无穷的发展机会。按照目前对物联网的需求，在近年内就需要数以亿计的传感器和电子标签，这将大大推进信息技术元件的生产，同时增加大量的就业机会。因此，"物联网"被称为是下一个万亿级的通信业务[30]。

思考与练习

　　（1）什么是物联网？物联网的重要特征是什么？

　　（2）物联网是如何兴起的？其背后的驱动力是什么？

　　（3）物联网与互联网到底是什么关系？

　　（4）物联网等于传感网吗？二者有什么联系与区别？

　　（5）物联网在系统结构上分为哪几个层次？每层实现什么功能？层与层之间是什么关系？

　　（6）物联网感知层有哪些实现手段？

　　（7）物联网传输层包括哪些网络通信技术？

　　（8）为什么物联网需要支撑层？支撑层的作用是什么？

　　（9）什么是物联网的应用层？应用层涉及哪些通用技术？

　　（10）物联网有哪几种应用模式？

　　（11）除了本书所描述的物联网应用场景之外，你还了解物联网的哪些用途？

　　（12）通过调研，了解一下物联网技术在国内外的应用状况和应用前景。

参考文献

[1] International Telecommunication Union UIT. ITU Internet Reports 2005：The Internet of Things[R].2005.

[2] GUSTAVO R G, MARIO M O，CARLOS D K. Early infrastructure of all Internet of Things in Spaces for Learning[C]. Eighth IEEE International Conference on Advanced Learning Technologies，2008:381-383.

[3] AMARDEO C，SARMA, J G. Identities in the Future Internet of Things[J]. Wireless Pers Commun 2009(49):353-363.

[4] 何丰如. 物联网体系结构的分析与研究[J]. 广州：广东广播电视大学学报，2010,19(82):95-100.

[5] Yan Bo，Huang C W. Supply chain information transmission based on RFID and internet of things. ISECS International Colloquium on Computing，Communication，Control and Management，2009，4:166-169.

[6] Armen I F, Barthel H, et al. The EPC global architecture framework[EB/OL]. http://www.epcglobalinc.org.

[7] ITU Internet Reports 2005: The Internet of Things[R]. Geneva，Switzerland，2005.

[8] IBM. http://www.ibm.com/smarterplanet/us/en/.

[9] http://spacetv.cctv.com/vedio/VIDEl268482063865885.

[10] 吴功宜. 智慧的物联网[M]. 北京：机械工业出版社，2010.

[11] 刘化君. 物联网体系结构研究[J]. 中国新通信，2010(9):17-21.

[12] DOL IN R A. Depbying the Internet of things[C] // International Symposium on Applications and the Internet. 2006: 216-219.

[13] L N Jing，SEDIGH Sahra，MLLER Ann. A general framework for quantitative modeling of dependability in Cyber2Physical Systems: a proposal for doctoral research[C] // Proc of 33rd Annual IEEE International Computer Software and Applications Conference. 2009:668 - 671.

[14] M Youngblood，L B Holder，D J Cook. Managing adaptive versatile environments[C]. The IEEE Int'l Conf of Pervasive Computing and Communications，Kauai Island，Hawaii，USA，2005.

[15] 中国智能家居联盟网[EB/OL]. http://www.ehomecn.com.

[16] 顾朝林，段学军，于涛方，等. 论"数字城市"及三维再现关键技术[J]. 地理研究，2002,21(1):14-24.

[17] 中国物联网第一平台[EB/OL]. http://www.wlw1.com/forum-7-1.html.

[18] 管继刚. 物联网技术在智能农业中的应用[J]. 通信管理与技术，2010(3):24-27.

[19] 赵立权. 智能物流及其支撑技术[J]. 情报技术，2005(12):49-50.

[20] 王鑫. 智能校园的功能和展望[J]. 安防科技，2009(7):7-9.

[21] 神州商贸网[EB/OL]. http://www.szsmw.com/sell/detail-461556.html.

[22] AKYILDIZ L F，et al. Wireless sensor networks: A survey[J]. Computer Networks，2002,38:393-422.

[23] STANKOVIC J A. Real. Time communication and coordination in embedded sensor networks[J]. Proceedings of the IEEE,2003,9l(7):1002-1022.

[24] 陈积明，林瑞仲，孙优贤. 无线传感器网络的信息处理研究[J]. 仪器仪表学报，2006,27(9):1107-1111.

[25] Sims K.IBM introduces ready-to-use cloud computing collaboration services get clients started with cloud computing，2007[EB/OL]. http://www-03.ibm.com/press/us/en/pressrelease/22613.ws8.

[26] 蒲红梅. 浅谈物联网技术[J]. 科技资讯，2010(2):191.

[27] 邹湘军，孙建，何汉武，等. 虚拟现实技术的演变发展与展望[J]. 系统仿真学报，2004,9:1905-1909.

[28] 刘云浩. 物联网导论[M]. 北京：科学出版社，2010.

[29] LEE E A. Cyber Physical Systems: design challenges[C] // 11th IEEE Symposium on Object Oriented Real2Time Distributed Computing(ISORC)，2008: 363-369.

[30] ABDELZAHER T. Research Challenges in Distributed Cyber2Physical Systems[C] // Proc of IEEE/IFIP International Conference on Embedded and Ubiquitous Computing，2008(5).

第 2 章
传感器及其应用

传感器[1]是获取自然、生产、生活中各类数据的一种途径和手段，目前已渗透到工业生产、宇宙开发、海洋探测、环境保护、资源调查、医学诊断、生物工程，甚至文物保护等极其广泛的领域。可以毫不夸张地说，从茫茫的太空，到浩瀚的海洋，乃至各种复杂的工程系统，几乎每一个现代化项目，都离不开各种各样的传感器。物联网的产业链包括传感器和芯片、设备、网络[2]运营及服务、软件与应用开发和系统集成。作为物联网"金字塔"的塔座，传感器将是整个链条需求总量最大的基础环节。

2.1 传感器概述

传感器（Sensor）是一种检测装置，能感受到被测对象的信息，并能将检测到的信息按一定的规律转换成电信号或其他形式的信号输出，以满足信息传输、处理、存储、显示、分析、控制的需要。传感器是实现自动检测、自动控制[3]等物联网应用的基本前提。国家标准 GB 7665-87 对传感器的定义是：能感受规定的被测量并按照一定的规律转换成可用信号的器件或装置，通常由敏感元件和转换元件组成。

为什么传感器会得到发展？我们知道，人体为了从外界获取信息，必须借助于感觉器官，但是单靠人们自身的感觉器官，在研究自然现象和规律，以及生产活动中它们的功能是远远不够的。为适应这种情况，人类发展了各类传感器。因此可以说，传感器是人类五官的延长，又称之为电五官。当今世界已进入信息时代，在利用信息的过程中，首先要解决的就是要获取准确可靠的信息，而传感器正是获取自然和生产领域中信息的主要途径与手段。

在现代工业生产，尤其是自动化生产过程中，要用各种传感器来监视和控制生产[4]过程中的各个参数，使设备工作在正常状态或最佳状态，并使产品达到最好的质量。可以说，没有众多的优良的传感器，现代化生产也就失去了基础。

在基础学科研究中，传感器更具有突出的地位。现代科学技术的发展，进入了许多新领域。例如，在宏观上要观察上千光年的茫茫宇宙，微观上要观察小到纳米的粒子世界，纵向上要观察长达数十万年的天体演化，短到毫秒的瞬间反应。此外，还出现了对深化物质认识、开拓新能源、新材料等具有重要作用的各种极端技术研究[5]，如超高温、超低温、超高压、超高真空、超强磁场、超弱磁场等。显然，要获取大量人类感官无法直接获取的信息，没有相应的传感器是不可能的。许多基础科学研究的障碍，首先就在于对象信息的获取存在困难，而一些新机理和高灵敏度的检测传感器的出现，往往会导致该领域内的突破。一些传感器的发展，往往是一些边缘学科开发的先驱。

目前，全球的传感器市场在不断变化的创新中呈现出快速增长的态势。各国竞相加入新一代传感器的开发和产业化[6]，竞争也日益激烈。新技术的发展将重新定义未来的传感器市场，例如，无线传感器[7]、光纤传感器、智能传感器[8]和金属氧化物传感器等新型传感器的开始面世，市场份额在不断扩大。

随着物联网时代的来临，传感器正向高端化方向发展，各种新型传感器包括物联网应用的温度、湿度、光学、红外[9]、化学[10]、磁学及声学等传感器层出不穷。新型传感器产业集先进的微电子技术、计算机技术、信息技术，以及先进制造技术为一体，代表了当前传感器技术和产业的发展方向，具有广阔的市场前景。新型传感器主要以新材料、微电子技术及相关学科技术为基础，其特点是集成化、智能化、小型化、网络化、多功能化和低成本化，技术性能更加优良，可靠性更高。

2.2 传感器分类

传感器一般可从工作原理[11]、应用方式、输出信号类型等方面进行分类。

2.2.1 按传感器的工作原理分类

传感器按工作原理可以分为物理传感器和化学传感器两大类。

（1）物理传感器[12]。物理传感器应用的是物理效应，如压电（陶瓷）传感器（压电效应）、磁致伸缩位移传感器（磁致伸缩现象），此外还有离化、极化、热电、光电、磁电效应等。物理传感器非常敏感，被测信号量的微小变化都能转换成电信号。

（2）化学传感器。化学传感器包括那些以化学吸附、电化学反应等现象为因果关系的传感器，它们对各种化学物质敏感，具有对待测化学物质的形状或分子结构选择性捕获的功能（接收器功能），以及将捕获的化学量有效转换为电信号的功能（转换器功能）。

有些传感器既不能划分到物理类，也不能划分为化学类。大多数传感器是以物理原理

为基础运作的。化学传感器技术问题较多，如可靠性问题[13]，规模生产的可能性问题，价格问题等，解决了这类难题，化学传感器的应用将会有巨大增长。

2.2.2 按传感器用途分类

按照不同的用途，传感器可分类为以下 14 类。

（1）力敏传感器。力敏传感器通常由力敏元件及转换元件组成，是一种能感受作用力并按一定规律将其转换成可用输出信号的器件或装置。多数情况下，该种传感器的输出采用电量的形式，如电流、电压、电阻、电脉冲等。常见的力敏传感器广泛应用于电子衡器的压力传感器。

（2）位移传感器。位移传感器可以分为两种：直线位移传感器和角位移传感器。直线位移传感器具有工作原理简单、测量精度高、可靠性强等优点，典型应用如电子游标卡尺。角位移传感器主要有可旋转电位器，具有可靠性高、成本低的优点。

（3）速度传感器。线速度传感器和角速度传感器统称为速度传感器，目前广泛使用的速度传感器是直流测速发电机，可以将旋转速度转变成电信号。测速机要求输出电压与转速间保持线性关系，并要求输出电压灵敏度高、时间及温度稳定性好。

（4）加速度传感器。加速度传感器是一种可以测量加速度的电子设备。由加速度的定义（牛顿第二定律）可知，a（加速度）$=F$（惯性力）$/m$（质量）。只要能测量到作用力 F 就可以得到已知质量物体的加速度。利用电磁力去平衡这个力，就可以得到作用力与电流（电压）的对应关系。加速度传感器就是利用这一简单原理工作的，其本质是通过作用力造成传感器内部敏感元件发生变形，通过测量其形变量并用相关电路转化成电信号输出，得到相应的加速度信号。常用的加速度传感器有压电式、压阻式、电容式和谐振式等。大量程加速度传感器主要用于军事和航空航天等领域。

（5）振动传感器。它的主要作用是将机械量接收下来，并转换为与之成比例的电量信号。由于它是一种机电转换装置，因此，也称它为换能器、拾振器等。

（6）热敏传感器。热敏传感器是利用某些物体的物理性质随温度变化而发生变化的敏感材料制成的传感器元件。例如，易熔合金或热敏绝缘材料、双金属片、热电偶、热敏电阻、半导体材料等，常用的热敏传感器有热敏电阻。

（7）湿敏传感器。电子式湿度传感器通常有电阻式和电容式两大类。电阻式湿度传感器利用感湿材料的电阻率和电阻值随着空气中湿度的不同而变化，来测量空气的湿度值，通常为相对湿度。电容式湿度传感器一般是由使用高分子薄膜电容制成的湿敏电容组成的，当空气湿度变化时，湿敏电容的介电常数也发生变化，导致其电容量发生变化，这一变化量与相对湿度成正比。

（8）磁敏传感器。利用磁场作为媒介可以检测很多物理量，如位移、振动、力、转速、加速度、流量、电流、电功率等，它不仅可以实现非接触测量，还不从磁场中获取能量。在很多情况下，可采用永久磁铁来产生磁场，不需要附加能源，因此这一类传感器获得了极为广泛的应用。

（9）气敏传感器。气敏传感器[14]是一种检测特定气体的传感器，它主要包括半导体气敏传感器、接触燃烧式气敏传感器和电化学气敏传感器等，其中用得最多的是半导体气敏传感器。它的应用主要有：一氧化碳气体的检测、瓦斯气体的检测、煤气的检测、氟利昂的检测、呼气中乙醇的检测、人体口腔口臭的检测等。

（10）生物传感器[15]。生物传感器（Biosensor）是对生物物质敏感并将其浓度转换为电信号进行检测的仪器，它是由固定化的生物敏感材料作识别元件（包括酶、抗体、抗原、微生物、细胞、组织、核酸等生物活性物质）与适当的理化换能器（如氧电极、光敏管、场效应管、压电晶体等）及信号放大装置构成的分析工具或系统。生物传感器具有接收器与转换器的功能。近年来，环境污染问题日益严重，人们迫切希望拥有一种能对污染物进行连续、快速、在线监测的仪器，生物传感器满足了人们的要求。目前，已有相当部分的生物传感器应用于环境监测中。

（11）霍尔传感器。霍尔传感器是根据霍尔效应制作的一种磁场传感器，用它可以检测磁场及其变化，可在各种与磁场有关的场合中使用，在工业生产、交通运输和日常生活中有着非常广泛的应用。按被检测对象的性质可将霍尔传感器的应用分为直接应用和间接应用。前者直接检测受检对象本身的磁场或磁特性，后者检测受检对象上人为设置的磁场，这个磁场是被检测的信息的载体，通过它可将许多非电、非磁的物理量，如速度、加速度、角度、角速度、转数、转速，以及工作状态发生变化的时间等，转变成电学量用于检测。

（12）核辐射传感器。核辐射传感器是利用放射性同位素来进行测量的传感器，适用于核辐射监测。

（13）光纤传感器[16]。光纤传感器是将来自光源的光经过光纤送入调制器，使待测参数与进入调制区的光相互作用后，导致光的光学性质发生变化，称为被调制的信号光，再经过光纤送入光探测器，经解调后，获得被测参数，适用于对磁、声、压力、温度、加速度、陀螺、位移、液面、转矩、光声、电流和应变等物理量的测量。

（14）MEMS 传感器[17]。MEMS 即 Micro-Electro-Mechanical Systems，是微机电系统的缩写，包含硅压阻式压力传感器和硅电容式压力传感器，两者都是在硅片上生成的微机械电子传感器，广泛应用于国防、生产、医学和非电测量等。

2.2.3 按传感器输出信号分类

根据传感器的输出信号，可将传感器分为以下三类。

（1）模拟传感器。这类传感器将被测量的非电学量转换成模拟电信号。

（2）数字传感器。这类传感器将被测量的非电学量转换成数字信号输出（包括直接和间接转换）。这类传感器的数字接口[18]有 RS-232C（含 RS-422、RS-485）[19,20]、SPI（Serial Peripheral Interface）总线[21]、I2C（Inter Integrated Circuit Bus）总线[22]、一线总线接口等。

（3）开关传感器。当一个被测量的信号达到某个特定的阈值时，传感器相应地输出一个设定的低电平或高电平信号。

2.3　传感器的应用

本节从传感器与 MPU（微处理器单元）接口角度来介绍各种传感器应用。

2.3.1 一线总线接口传感器应用

单总线通信协议是由 Dallas 公司提出的，又称为一线总线，现在已经有大量的单总线传感器、存储器等多种器件在生产中得到应用。

1. 温度传感器 DS18B20

DS18B20 是美国 Dallas 半导体公司继 DS1820 之后推出的一种改进型数字温度传感器（DS1822 是一种与 DS18B20 兼容的价格较便宜的低精度数字温度传感器）。与传统的热敏电阻相比，它能够直接读出被测温度，并且可根据实际要求通过简单的编程实现 9～12 位的数值读数，可以分别在 93.75 ms 和 750 ms 内完成 9 位和 12 位的数字量转换。而且，从DS18B20 读出信息或向 DS18B20 写入信息仅需要一根接口线（单线接口，故称为单总线或一线总线），温度变换功率来源于数据总线，总线本身也可以向所挂接的 DS18B20 供电，无须额外电源，因而使用 DS18B20 可使系统结构更简单，可靠性更高。与 DS1820 相比，DS18B20 具有更高的测温精度、更短的转换时间，传输距离、分辨率等方面都有很大的改进，给用户带来了更多的方便，有更令人满意的效果。

DS18B20 内部结构主要由四部分组成：64 位光刻 ROM、温度传感器、非挥发的温度报警触发器 TH 和 TL，配置寄存器。DS18B20 的内部结构及外形封装如图 2.1 和图 2.2 所示。

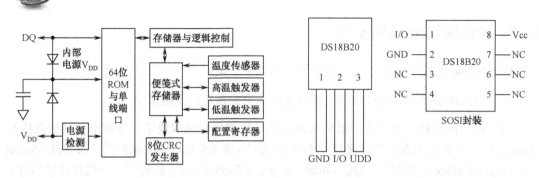

图 2.1　DS18B20 结构框图　　　　　　图 2.2　DS18B20 的外形封装

　　DS18B20 测温原理如图 2.3 所示，图中低温度系数晶振的振荡频率受温度影响很小，用于产生固定频率的脉冲信号送给计数器 1。高温度系数晶振随温度变化其振荡频率明显改变，所产生的信号作为计数器 2 的脉冲输入。计数器 1 和温度寄存器被预置在-55℃所对应的一个基数值。计数器 1 对低温度系数晶振产生的脉冲信号进行减法计数，当计数器 1 的预置值减到 0 时，温度寄存器的值将加 1，计数器 1 的预置将重新被装入，计数器 1 重新开始对低温度系数晶振产生的脉冲信号进行计数，如此循环直到计数器 2 计数到 0 时，停止温度寄存器值的累加，此时温度寄存器中的数值即所测温度。图 2.3 中的斜率累加器用于补偿和修正测温过程中的非线性，其输出用于修正计数器 1 的预置值。

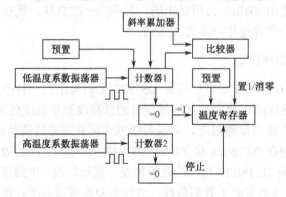

图 2.3　DS18B20 测温原理图

　　由 DS18B20 组成的测温系统具有系统简单、测温精度高、连接方便、占用接口线少等优点。下面是 DS18B20 几个不同应用方式下的测温应用。

　　（1）DS18B20 寄生电源供电方式的应用。在寄生电源供电方式下，DS18B20 可以从单线信号线上汲取能量。在信号线 DQ 处于高电平期间把能量储存在内部电容里；在信号线处于低电平期间消耗电容上的电能工作，直到高电平到来再给寄生电源（电容）充电，如图 2.4 所示。

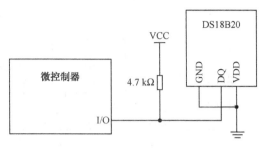

图 2.4　DS18B20 寄生电源供电方式

独特的寄生电源供电方式有三个好处：进行远距离测温时，无须本地电源；可以在没有常规电源的条件下读取 ROM；电路更加简洁，仅用一根 I/O 口实现测温。

要想让 DS18B20 进行精确的温度转换，I/O 线必须保证在温度转换期间提供足够的能量，由于每个 DS18B20 在温度转换期间工作电流达到 1 mA，当几个温度传感器挂在同一根 I/O 线上进行多点测温时，只靠 4.7 kΩ上拉电阻就无法提供足够的能量，会造成无法转换温度或温度误差极大。因此，寄生电源供电方式只适合在单一温度传感器测温情况下使用，不适宜采用电池供电系统。并且工作电源 VCC 必须保证在 5 V，当电源电压下降时，寄生电源能够汲取的能量也降低，会使温度误差变大。

（2）DS18B20 寄生电源强上拉供电方式的应用。改进的寄生电源供电方式如图 2.5 所示，为了使 DS18B20 在动态转换周期中获得足够的电流供应，当进行温度转换或复制到 E2PROM 存储器操作时，用 MOSFET 把 I/O 线直接拉到 VCC 就可提供足够的电流，在发出任何涉及复制 E2PROM 存储器或启动温度转换的指令后，必须在最多 10 μs 内把 I/O 线转换到强上拉状态。在强上拉方式下可以解决电流供应不足的问题，因此也适合于多点测温应用，缺点就是要多占用一根 I/O 口线进行强上拉切换。

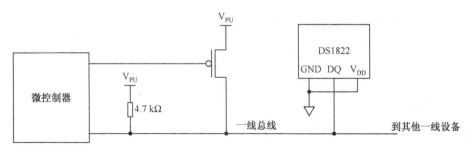

图 2.5　DS18B20 寄生电源强上拉应用

（3）DS18B20 外部电源供电方式。在外部电源供电方式下（如图 2.6 所示），DS18B20 工作电源由 VDD 引脚接入，此时 I/O 线不需要强上拉，不存在电源电流不足的问题，可以保证转换精度，同时在总线上理论可以挂接任意多个 DS18B20 传感器，组成多点测温系统如图 2.7 所示。

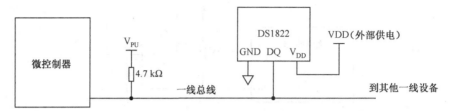

图 2.6　DS18B20 外部电源供电方式

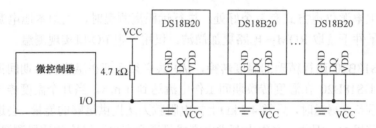

图 2.7　DS18B20 外部供电源多点测温应用

值得注意的是，在外部供电的方式下，DS18B20 的 GND 引脚不能悬空，否则不能转换温度，读取的温度总是 85℃。

外部电源供电方式是 DS18B20 最佳的工作方式，工作稳定可靠、抗干扰能力强，而且电路也比较简单，可以开发出稳定可靠的多点温度监控系统。推荐大家在开发中使用外部电源供电方式，毕竟比寄生电源方式只多接一根 VCC 引线。在外接电源方式下，可以充分发挥 DS18B20 宽电源电压范围的优点，即使电源电压 VCC 降到 3 V 时，依然能够保证温度测量精度。

2．湿度传感器 DHT11 的原理与应用

DHT11 数字温湿度传感器是一款含有已校准数字信号输出的温湿度复合传感器，它应用专用的数字模块采集技术和温湿度传感技术，确保产品具有极高的可靠性与卓越的长期稳定性。传感器包括一个电阻式感湿元件和一个 NTC 测温元件，并与一个高性能 8 位单片机相连接。因此该产品具有品质卓越、超快响应、抗干扰能力强、性价比极高等优点。每个 DHT11 传感器都在极为精确的湿度校验室中进行校准，校准系数以程序的形式存储在 OTP 内存中，传感器内部在检测信号的处理过程中要调用这些校准系数。单线制串行接口使系统集成变得简易快捷。超小的体积、极低的功耗，信号传输距离可达 20 m 以上，使其成为各类应用甚至最为苛刻的应用场合的最佳选择。产品为 4 针单排引脚封装，连接方便。

该温湿度传感器可应用于暖通空调、测试及检测设备、汽车、电子消费品、气象站、湿度调节器、除湿器、数据记录器、自动控制、家电及医疗等领域。

DHT11 内部主要由一个湿敏电阻、NTC 热敏电阻、一个具有 8 位 ADC 模块的 MCU 组成，如图 2.8 所示。由于相对湿度与温度有关，因此 DHT11 自身需要测量温度值。

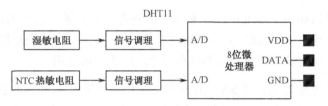

图 2.8　DHT11 内部结构

湿敏电阻与信号调理电路构成测湿电路，湿敏电阻的阻值随着湿度的变化而变化，其输出的电压也随着相对湿度值而变化，该电压值输入到 8 位微处理器中进行 A/D 采样，同时另一路 A/D 采样由热敏电阻构成的测温电路输出的电压值。微处理器利用湿敏电阻的阻值与湿度值的关系曲线，配合温度校正系数计算出湿度值。湿度值和温度值经过微处理器编码后按约定的单总线协议从 DATA 引脚输出，其他微处理器通过该单总线读取温湿度值。

DHT11 与 MCU 的接口如图 2.9 所示，MCU 使用一根普通 I/O 口线与 DHT11 的数据线相连，采用 DHT11 的单总线数据传输协议 MCU 作为主机，DHT11 作为从机。

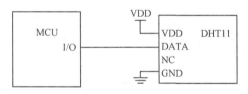

图 2.9　DHT11 与 MCU 的接口

2.3.2　I2C 接口传感温湿度传感器 SHT10

I2C（Inter Integrated Circuit）总线[22,23]是 Philips 公司推出的设备内部串行总线，它由一根数据线 SDA 和一根时钟线 SCL 组成，SDA 和 SCL 都为双向 I/O 线，通过上拉电阻 R_p 接+5 V 电源，总线空闲时皆为高电平，I2C 总线的输出端必须是开漏或集电极开路，以便具有"线与"功能。I2C 总线是一种具有自动寻址、高低速设备同步和仲裁等功能的高性能串行总线，能够实现完善的全双工数据传输，是各种总线中使用信号线数量较少的。

SHTxx 系列单芯片传感器是一款含有已校准数字信号输出的温湿度复合传感器，它应用专利的工业 COMS 过程微加工技术（CMOSens®），确保产品具有极高的可靠性与卓越的长期稳定性。传感器包括一个电容式聚合体测湿元件和一个能隙式测温元件，并与一个 14 位的 A/D 转换器，以及串行接口电路在同一芯片上实现无缝连接。因此，该产品具有品质卓越、超快响应、抗干扰能力强、性价比极高等优点。

每个 SHTxx 传感器都在极为精确的湿度校验室中进行校准，校准系数以程序的形式储存在 OTP 内存中，传感器内部在检测信号的处理过程中要调用这些校准系数。

两线制串行接口和内部基准电压使系统集成变得简易快捷，超小的体积、极低的功耗使其成为各类应用甚至最为苛刻的应用场合的最佳选择，产品提供表面贴片 LCC（无铅芯片）或 4 针单排引脚封装，特殊封装形式可根据用户需求而提供。

SHTxx 的供电电压为 2.4～5.5 V。传感器上电后，要等待 11 ms 以越过"休眠"状态，在此期间无须发送任何指令。电源引脚（VDD、GND）之间可增加一个 100 nF 的电容，用以去耦滤波。

SHTxx 的串行接口，在传感器信号的读取及电源损耗方面，都做了优化处理；但与标准的 I2C 接口不兼容。

DATA 三态门用于数据的读取。DATA 在 SCK 时钟下降沿之后改变状态，并仅在 SCK 时钟上升沿有效。在数据传输期间，当 SCK 时钟为高电平时，DATA 必须保持稳定。为避免信号冲突，微处理器应驱动 DATA 在低电平。需要一个外部的上拉电阻（如 10 kΩ）将信号提拉至高电平，如图 2.10 所示。上拉电阻通常已包含在微处理器的 I/O 电路中。

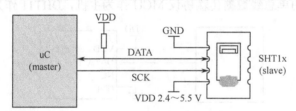

图 2.10　SHT10 典型应用电路

2.3.3　SPI 总线接口传感器温度传感器 TC77

SPI（Serial Peripheral Interface）总线系统是一种同步串行外设接口，允许 MCU 与各种外围设备以串行方式进行通信和交换信息。使用 SPI 总线可以简化电路设计，省掉很多常规电路中的接口器件，提高设计的可靠性。

SPI 总线一般使用 4 条线：主机输入从机输出（Master Input Slave Output，MISO）、主机输出从机输入（Master Output Slave Input，MOSI）、串行时钟 CLK（Clock）和从机片选。通信中有一个主控制器，多个从控制器。

TC77[24]是 Microchip 公司生产的一款 13 位串行接口输出的集成数字温度传感器，其温度数据由热传感单元转换得来，图 2.11 是 TC77 外形封装，图 2.12 是 TC77 内部结构。内部含有一个 13 位 A/D 转换器，温度分辨率为 0.0625 ℃/LSB。在正常工作条件下静态电流为 250 μA（典型值）。其他设备与 TC77 的通信由 SPI 串行总线或 Microwire 兼容接口实现，该总线可用于连接多个 TC77 实现多区域温度监控，配置寄存器 CONFIG 中的 SHDN 位激活低功耗关断模式，此时电流消耗仅为 0.1 μA（典型值）。TC77 具有体积小巧、低装配成本和易于操作的特点。

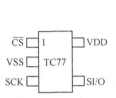

图 2.11　TC77 温度传感器外形封装

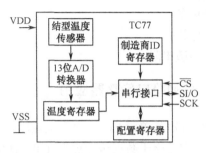

图 2.12　TC77 内部结构

TC77 与单片机接口电路如图 2.13 所示。数字温度传感器 TC77 从固态（PN 结）传感器获得温度并将其转换成数字数据。再将转换后的温度数字数据存储在其内部寄存器中，并能在任何时候通过 SPI 串行总线接口或 Microwire 兼容接口读取。TC77 有两种工作模式，即连续温度转换模式和关断模式。连续温度转换模式用于温度的连续测量和转换，关断模式用于降低电源电流的功耗敏感型应用。

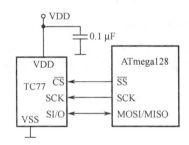

图 2.13　TC77 与 AVR 单片机的接口原理

在上电或电压复位时，TC77 处于连续温度转换模式，上电或电压复位时的第一次有效温度转换会持续大约 300 ms，在第一次温度转换结束后，温度寄存器的第 2 位被置为逻辑"1"，而在第一次温度转换期间，温度寄存器的第 2 位是被置为逻辑"0"的，因此，可以通过监测温度寄存器第 2 位的状态判断第一次温度转换是否结束。

在得到 TC77 允许后，主机可将其置为低功耗关断模式，此时 A/D 转换器被中止，温度数据寄存器被冻结，但 SPI 串行总线端口仍然正常运行。通过设置配置寄存器 CONFIG 中的 SHDN 位，可将 TC77 置于低功耗关断模式：设置 SHDN=0 时为正常模式，设置 SHDN=1 时为低功耗关断模式。TC77 的典型应用有：

- 硬盘和其他 PC 设备的热保护；
- 笔记本计算机的 PC 卡；
- 低成本的恒温控制；
- 工业控制；
- 办公设备；
- 蜂窝电话；
- 取代热敏电阻。

2.3.4　RS 系列接口传感器应用

RS-232C 标准是美国 EIA（电子工业联合会）与贝尔等公司一起开发的于 1969 年公布的通信协议，它适合于数据传输速率在 0～20000 bps 范围内的通信，它最初是为远程通信连接数据终端设备（Data Terminal Equipment，DTE）与数据通信设备（Data Communication Equipment，DCE）而制定的。

RS-232C 标准对两个方面做了规定，即信号电平标准和控制信号线的定义。RS-232C 采用负逻辑规定逻辑电平，信号电平与通常的 TTL 电平也不兼容，RS-232C 将-5～-15 V 规定为"1"，+5～+15 V 规定为"0"。TTL 标准和 RS-232C 标准之间的电平转换可以通过专用芯片完成，如 MC1488/MC1489、MAX232 等。

RS-232C 有 DB-25 和 DB-9 两种连接器，如图 2.14 所示。RS-232C 规定最大负载电容为 250 pF，这个电容也限制了传送距离和传送速率，而且 RS-232C 电路本身也不具有抗共模干扰的特性，RS-232C 的通信距离和通信速率均受到了限制。

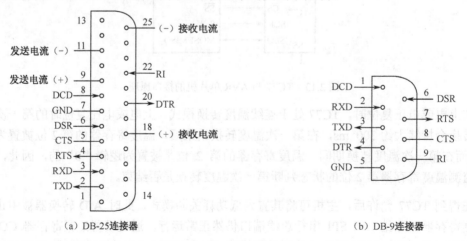

（a）DB-25连接器　　　　　　　　　　　　　（b）DB-9连接器

图 2.14　RS-232C 连接器

鉴于 RS-232C 标准的通信距离短、速率低，抗干扰性差等诸多缺点，1977 年 EIA 公布了新的标准接口 RS-449 作为 RS-232C 的替代标准。RS-449 接口使用差分信号进行数据传输，使用双绞线作为通信线路，通信距离可以达到 1200 m，速率可达 90 kbps。RS-449 无须使用调制解调器，与 RS-232C 相比，其传输速率更高、传输距离也更长。由于其使用信号差电路传输高速信号，所以噪声低，又可以多点或使用公用线通信，两台以上的设备可与 RS-449 通信电缆并联。

RS-423/422 标准是 RS-449 标准的子集，规定了电气方面的要求。RS-423A 标准是 EIA 公布的"非平衡电压数字接口电路的电气特性"标准，这个标准是为改善 RS-232C 标准的电气特性，又考虑与 RS-232C 兼容而制定的。RS-423A 采用非平衡发送器和差分接收器，如图 2.15 所示，电平变化范围为 12 V（±6 V），允许使用比 RS-232C 串行接口更高的波特率且可传送到更远的距离（通信速率最大 100 kbps，此时传输距离可达 90 m；当通信速率为 1 kbps 时，传输距离可达 1200 m）。实现 RS-422A 接口的芯片有 MC3487/3486、SN75174/75175 等。

RS-422A 是平衡发送、差分接收，即双端发送、双端接收，如图 2.16 所示。RS-422A 电路由发送器、平衡连接电缆、电缆终端负载和接收器几个部分组成。系统中规定只允许有一个发送器，可以有多个接收器，因此通常采用点对点通信方式。该标准允许驱动器输出为±（2～6）V，接收器可以检测到的输入信号电平可低至 200 mV。当传输距离为 15 m 时，最大通信速率可达 10 Mbps；当通信速率为 90 kbps 时，传输距离可达 1200 m。

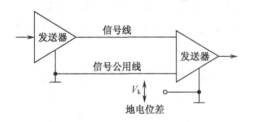

图 2.15　RS-423A 标准传输线连接

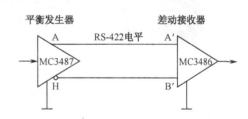

图 2.16　RS-422A 标准传输线连接

RS-485 是 RS-422A 的变型，RS-422A 为全双工工作方式，可以同时发送和接收数据，而 RS-485 则为半双工工作方式，在某一时刻，一个发送另一个接收。RS-485 是一种多发送器的电路标准，它扩展了 RS-422A 的性能，在同一个 RS-485 网络中，可以有多达 32 个模块，这些模块可以是被动发送器、接收器或收发器。RS-485 电路允许公用电话线通信。电路结构是在平衡连接电缆两端有终端电阻，在平衡电缆上挂发送器、接收器或收发器。RS-485 标准没有规定在何时控制发送器发送和接收器接收数据的规则，电缆选择比 RS-422A 更为严格，实现 RS-485 接口的芯片有 MAX485/491 等。

RS-232、RS-485 接口的数字压力传感器（见图 2.17）有水压传感器、液压传感器、风压传感器、气压传感器、压力传感器、压力变送器、真空传感器、管道传感器、负压传感器、差压传感器、差压变送器、液位传感器、液位变送器等，可广泛用于工业设备、水利、化工、医疗、电力、空调、金刚石压机、冶金、车辆制动、楼宇供水等压力测量与控制等领域。

图 2.17　RS-232、RS-485 接口的数字压力传感器

2.3.5　RJ-45 接口传感器应用

　　RJ-45 为以太网接口，以 RJ-45 接口的传感器具有现场布线简捷、开放的通信协议、同时支持多种网络协议模式等特点。与传统控制网络相比，工业以太网具有应用广泛、为所有的编程语言所支持、软/硬件资源丰富、易于与 Internet 连接、可实现办公自动化网络与工业控制网络的无缝连接等诸多优点。由于这些优点，特别是与 IT 的无缝集成，以及传统技术无法比拟的传输带宽，以太网得到了工业界的认可。

　　集成的以太网口使得用户摆脱串口通信和控制的限制，而且允许用户进行本地连接或互联网连接，网络模块支持 TCP/IP、UDP 等多种协议，也可作为 Web Server 允许用户通过网页方式访问环境参数。

　　TH-5839 以太网接口的温湿度传感器可以同时测量温度、湿度、露点，并可以同时接入两路开关量信号（如烟雾传感器、水浸传感器、门磁开关等），TH-5839 自带 1 路串口采集，2 路继电器输出，可以实现现场控制，如图 2.18 所示。

图 2.18　一种以太网接口的温湿度传感器

2.3.6　红外热释电传感器原理与应用

　　红外热释电传感器是一种能检测人或动物发射的红外线而输出电信号的传感器。热释电晶体已广泛用于红外光谱仪、红外遥感及热辐射探测器，它可以作为红外激光的一种较理想的探测器，目前已广泛应用于自动化系统中。

1. 红外热释电效应

　　当带电体受到扰动就发射出电磁波，扰动越强烈，发射出电磁波的能量就越大，波长就越短。红外辐射是比可见光波段中最长的红光的波长还要长，介于红光与无线电波微波之间的电磁波，其波长范围在 0.76 μm～1 mm 之间。热释电晶体和压电陶瓷等在外界红外辐射下会出现结构上的电荷中心相对位移，使它们的自发极化强度发生变化，从而在它们的两端产生异号的束缚电荷，这种现象称为热释电效应。

2. 热释电传感器工作原理及结构

人体具有约 37℃ 的恒定体温，所以会发出波长 10 μm 左右的红外线，热释电传感器就是靠探测人体发射的 10 μm 左右的红外线进行工作的。红外热释电传感器是一种具有极化现象的热晶体或称为"铁电体"，其内部的热电元件由高热电系数的铁钛酸铅汞陶瓷，以及钽酸锂、硫酸三甘等配合滤光镜片窗口组成。这种铁电体的极化强度（单位面积的电荷）随温度的变化而变化。如果负载电阻与铁电体薄片相连，则负载电阻上便产生一个电信号输出。输出信号的大小取决于薄片温度变化的快慢，从而反映出入射的红外光的强度。红外热释电传感器响应率正比于入射红外光的变化率。当恒定的红外光照射在红外热释电传感器上时，传感器没有电信号输出，只有铁电体处于变化过程中才有电信号输出。所以，必须有交变的红外光照射，不断引起传感器的温度变化，才能导致热释电产生并输出交变信号。

为抑制因环境和自身温度变化而产生的干扰，该传感器在工艺上将两个特征一致的热电元件反向串联或拼成差动平衡电路方式，如图 2.19 所示。红外热释电传感器由传感探测元件、干涉滤光片和场效应管匹配器三部分组成。使用时 D 端接电源正极、G 端接电源负极、S 端为信号输出端。由于热电元件输出的是电流信号，并不能直接使用，因而需要用电阻将其转换为电压形式，该电阻阻抗高达 104 MΩ，故引入的 N 沟道场效应管接成共漏（即源极跟随器）完成阻抗变换。

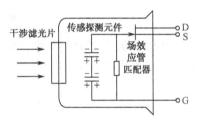

图 2.19 红外热释电结构原理图

制造红外热释电探测元件的高热材料是一种广谱材料，其探测波长为 0.2～20 μm。为了对某一波长范围的红外辐射有较高的敏感度，该传感器在窗口上加装了一块干涉滤光片，此滤光片只允许某些波长范围的红外光通过，而阻止灯光、阳光和其他红外光通过。

3. 红外热释电传感器的应用

由于红外热释电传感器的输出电压幅度很小，因此需要配合放大电路进行信号放大。通常为了获得更好的红外探测灵敏度，还需要在红外热释电传感器前加上菲涅尔透镜。运算放大器的中心频率一般为 1 Hz 左右，放大器带宽对灵敏度与可靠性的影响很大，带宽窄，噪声小，误报率低；带宽宽，噪声大，误报率高，但对快速和慢速的红外移动响应好。放大器的信号输出可以是电平输出、继电器输出或可控硅输出等多种方式。

另外，可以采用专用处理芯片处理红外热释电传感器的输出信号，常用的处理芯片型号有 BISS0001、CS9803UP、PS202 等，这些处理芯片主要集成了运算放大器、比较器、延时及输出驱动电路，其中，BISS0001 应用得比较广泛。

图 2.20 是 BISS0001 的内部结构原理图，它是由运算放大器、电压比较器和状态控制器、延时时间定时器、封锁时间定时器及参考电压源等构成的数/模混合专用集成电路。

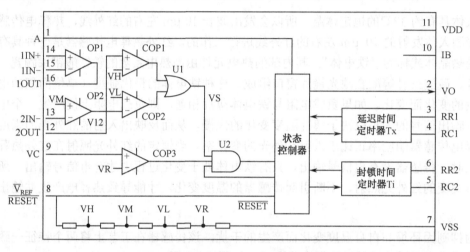

图 2.20　BISS0001 内部结构原理图

BISS0001 与红外热释电传感器的典型应用电路如图 2.21 所示，当热释电检测到人体的移动的红外线时，其输出信号经过 BISS0001 处理后，控制继电器 S 闭合。

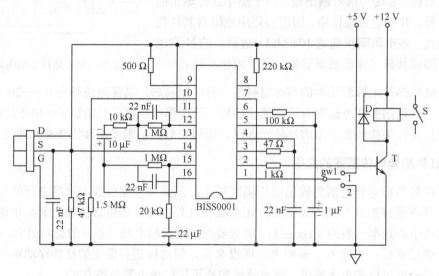

图 2.21　BISS0001 与红外热释电传感器的典型应用电路

（1）红外自动干手机。图 2.22 所示是利用红外热释电传感器原理工作的自动干手机，当热释电传感器检测到手靠近时，热释电传感器输出的信号经过处理后通过三极管使光电耦合开关闭合，发热丝和吹风机接通电源从吹风口吹出热风。由于热源会影响红外热释电传感器的探测灵敏度，因此出风口应于感应窗口分离。

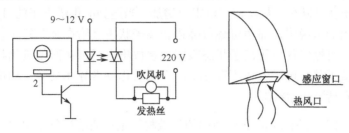

图 2.22　红外自动干手机电路原理图

（2）饮水机自动加热控制[25]。使用热释电传感器检测人体是否处于感应范围内，当人体处于感应范围内时，饮水机自动加热或制冷；当人体不处于感应范围内时，饮水机自动关闭电源，达到节能的目的。图 2.23 所示为饮水机自动加热控制电路。

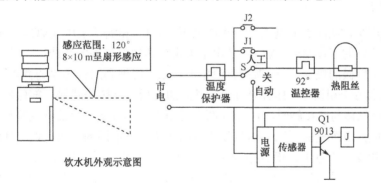

图 2.23　饮水机自动加热控制电路

由红外热释电传感器构成的各种控制电路广泛应用于安防、自动控制等领域中。

2.3.7　气体传感器原理与应用

气体传感器是指能将被测气体浓度转换为与其成一定关系的电量输出的装置或器件。通常，气体传感器有干式气体传感器和湿式气体传感器两大类，前者的构成材料主要为固体，有接触燃烧式、半导体式、固体电解质式、红外线吸收式、导热率变化式气体传感器。湿式气体传感器有极谱式和原电池式气体传感器。

MQ-2 是一种常用的气体传感器，它具有灵敏度高、响应速度快、寿命长、驱动电路简单等特点，可探测液化气、丁烷、丙烷、甲烷、酒精、氢气、烟雾等。MQ-2 为半导体气敏元件，半导体气敏元件有 N 型和 P 型之分，N 型在检测时阻值随气体浓度的增大而减小，P 型阻值随气体浓度的增大而增大。MQ-2 采用的是 SnO_2 金属氧化物半导体气敏材料，属于 N 型半导体，当气敏材料被加热到一定温度时就会吸附空气中的氧，形成氧的负离子吸附，使半导体中的电子密度减少，从而使其电阻值增加。当遇到能供给电子的可燃气体（如 CO 等）时，原来吸附的氧脱附，而由可燃气体以正离子状态吸附在金属氧化物半导体表面；氧脱附放出电子，可燃气体以正离子状态吸附也要放出电子，从而使氧化物半导体带电子密度增加，电阻值下降。可燃气体不存在了，金属氧化物半导体又会自动恢复氧的负离子吸附，使电阻值升高到初始状态。

MQ-2 具体工作过程为：MQ-2 所使用的气敏材料是在清洁空气中电导率较低的二氧化锡（SnO_2），当传感器所处环境中存在可燃气体、烟雾时，传感器的电导率随空气中可燃气体浓度的增加而增大，使用简单的电路即可将电导率的变化转换为与该气体浓度相对应的输出信号。由于采用的是旁热式的气敏器件，所以采用两组电源，在满足传感器电性能要求的前提下，VC 和 VH 可以共用同一个电源电路。5 V 电源供给传感器加热极，同时也供给传感器 AB 两端。

MQ-2 传感器施加的 2 个电压：加热器电压（VH）和测试电压（VC），其中 VH 用于为传感器提供特定的工作温度，VC 则是用于测定与传感器串联的负载电阻的电压（VRL）。这种传感器具有轻微的极性，VC 需用直流电源。为更好地利用传感器的性能，需要选择恰当的 R_L 值。在其 6 个引脚中，H-H 是加热电极，通电后使气敏传感器内部保持一定的温度。当有烟雾、可燃气体与它接触时，其 A-B 两端导电率就会改变，如果负载等相关条件确定，随可燃气体的成分及浓度的不同，则负载两端的变化亦是不同的。当可燃气体浓度越大时，负载两端电压的变化也越大，而且不同种类的可燃气体其电压变化大小也是不同的（管道煤气的主要化学成分是氢气 H_2 和甲烷 CH_4，罐装液化石油气的主要化学成分是丙烷 C3H8 和丁烷 C4H10）。

MQ-2 传感器的结构和外形如图 2.24 所示。MQ-2 内部有微型 Al_2O_3 陶瓷管、SnO_2 敏感层，测量电极和加热器构成的敏感元件固定在塑料或不锈钢的腔体内，加热器为气敏元件提供了必要的工作条件。封装好的气敏元件有 6 只引脚，其中 4 只用于信号取出，另外 2 只用于提供加热电流。

图 2.25 是 MQ-2 的基本应用电路，MQ-2 的电源电压可为直流或交流+5 V 供电。当探测到敏感气体时，输出电压增大。

气体传感器应用[26]非常广泛。如酒精测试仪、煤气报警器、液化气报警器、一氧化碳传感器、甲烷传感器、氧浓度传感器、汽车尾气分析仪等。图 2.26 是常用气体传感器实物图。

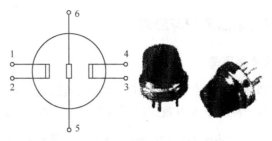

图 2.24　MQ-2 传感器的结构和外形

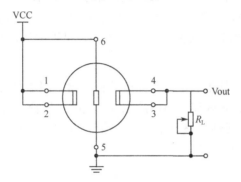

图 2.25　MQ-2 的基本应用电路

酒精测试仪

家用煤气报警器

家用液化气报警器

一氧化碳传感器

NH_3 传感器

图 2.26　常用气体传感器实物图

2.3.8 可见光光照度传感器原理与应用

1. 可见光光照度传感器原理

可见光光照度传感器属于光敏传感器，其敏感波长范围处于可见光波长范围内。与其他光敏传感器类似，也是一种基于光电效应原理工作的半导体器件。

随着半导体技术的发展，如今的集成光敏传感器由于具有暗电流小、灵敏高、输出电流大、温度稳定性好等诸多优点，已经被广泛应用于电视机、电脑显示器、LCD 背光、手机、数码相机、MP3、MP4、PDA 等设备上实现背光调节；在节能控制领域，也被广泛用于室外广告机、感应照明器具、玩具、仪器仪表等，可以替代传统的光敏电阻、光敏二极管和光敏三极管。

LXD/GB5-A1DPZ 是一款集成可见光照度的传感器。图 2.27 是 LXD/GB5-A1DPZ 集成光敏传感器的内部结构图，其内部主要由滤光片、光敏二极管、稳压电路、运算放大器（运放）、温度补偿电路，以及线性调整电路构成，输出端串接一个参考电阻，参考电阻两端的输出电压即可直接用于 ADC 采样。

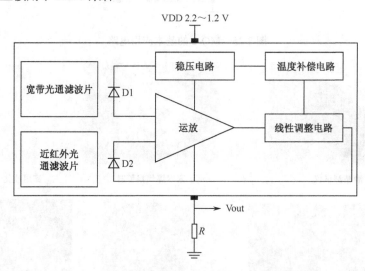

图 2.27 LXD/GB5-A1DPZ 内部结构框图

LXD/GB5-A1DPZ 的光电流与照度成正比，利用这一特性，可以用它来测量光照度值。其光电流-照度曲线如图 2.28 所示，由曲线可知，当光照度值达到 1000 lx 时，LXD/GB5-A1DPZ 的光电流达到饱和。

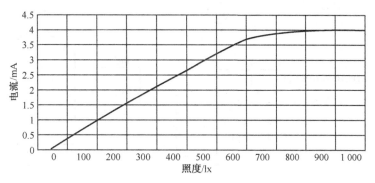

图 2.28　LXD/GB5-A1DPZ 光电流-照度曲线

2. 光敏传感器的应用

光敏传感器常用于开关的自动控制，图 2.29 所示为利用 LXD/GB5-A1DPZ 作为控制开关的两种典型应用电路原理图。

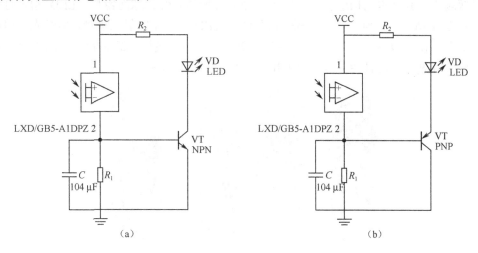

图 2.29　LXD/GB5-A1DPZ 的两种光控开关电路

图 2.29（a）中，通过调整 R_1 电阻，使得光照度上升达到一定值时 LED 开启；图 2.29（b）中，通过调整 R_1，当光照度值上升到一定值时 LED 关闭；R_1 的范围为 470 Ω～2 MΩ，可根据实际需要调整。

图 2.30 是利用 LXD/GB5-A1DPZ 测量光照度值的基本应用电路原理。在 VDD 和 R 一定时，光敏传感器的输出随着光照度的增强而增大。下拉电阻 R、电源 VDD 也同时决定光照度范围，R 与光照范围成反比，VDD 与光照范围成正比。实际上 R 过小会引起器件功耗增大，而 VDD 过高会影响器件的使用寿命。电容器 C 可以提高输出信号的稳定性。

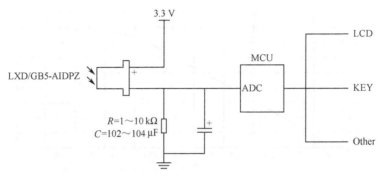

图 2.30　LXD/GB5-A1DPZ 用于光照度测量应用电路

2.3.9　红外对射传感器原理与应用

红外对射传感器的全名为"光束遮断式感应器"（Photoelectric Beam Detector），也称为红外线探测器，其基本的构造包括瞄准孔、光束强度指示灯、球面镜片、LED 指示灯等，实物如图 2.31 所示。其侦测原理是利用红外线经 LED 红外光发射二极管，再经光学镜面进行聚焦处理，使光线传至很远距离，由受光器接收。当光线被遮断时就会发出警报。红外线是一种不可见光，而且会扩散，投射出去会形成圆锥体光束。

图 2.31　红外对射传感器实物图

这种红外对射探测器的红外光不间歇地每秒发 1000 光束，是脉动式红外光束，因此无法传输很远距离（600 m 内）。利用光束遮断方式的探测器，当有人横跨过监控防护区时，遮断不可见的红外线光束而引发警报。常用于室外围墙报警，它总是成对使用的，一个发射，一个接收。发射机发出一束或多束人眼无法看到的红外光，形成警戒线，有物体通过时光线会被遮挡，接收机信号发生变化，放大处理后报警。红外对射探头要选择合适的响应时间：太短容易引起不必要的干扰，如小鸟飞过、小动物穿过等；太长会发生漏报。通常以 10 m/s 的速度来确定最短遮光时间，若人的宽度为 20 cm，则最短遮断时间为 20 ms，大于 20 ms 报警，小于 20 ms 则不报警。

红外对射探测器主要应用于距离比较远的围墙、楼体等建筑物，与红外对射栅栏相比，它的防雨[9]、防尘、抗干扰[27]等能力更强，在家庭防盗系统中主要应用于别墅和独院。

目前，常见的主动红外探测器有两光束、三光束、四光束，距离从 30～300 m 不等，也有部分厂家生产远距离多光束的"光墙"，主要应用于厂矿企业和一些特殊的场所。在家庭应用中，使用最多的是 100 m 以下的产品，在这个距离中，红外栅栏和红外对射探测器均可使用。如果是安装在阳台、窗户、过道等地，就选用红外栅栏；如果是安装于楼体、院墙等地，就应该选用红外对射探测器；在选择产品时，只能选择大于实际探测距离的产品。

2.4　传感器的发展趋势

传感器在科学技术领域、工农业生产及日常生活中发挥着越来越重要的作用，人们对传感器也提出了越来越高的要求，这正是传感器技术[31]发展的强大动力。纵观几十年来的传感技术发展，可以看到传感器基本上在两个方向上不断进步：一是提高、改善传感器的技术性能，二是寻找新原理、新材料、新工艺并开发新功能等。2.4.1 节介绍提高传感器性能采用的技术，第二个方向在 2.4.2 节中介绍。

2.4.1　改善传感器性能的技术途径

（1）差动技术。差动技术是传感器中普遍采用的技术，它的应用可显著减小温度变化、电源波动、外界干扰等对传感器精度的影响，抵消共模误差，减小非线性误差等。不少传感器由于采用了差动技术，还可增大灵敏度。

（2）平均技术。在传感器中普遍采用平均技术可产生平均效应，其原理是利用若干个传感单元同时感受被测量，其输出则是这些单元输出的平均值，若将每个单元可能带来的误差均可看成随机误差且服从正态分布，根据误差理论，总的误差将减小。

可见，在传感器中利用平均技术不仅可使传感器误差减小，且可增大信号量，即增大传感器灵敏度。

光栅、磁栅、容栅、感应同步器等传感器，由于其本身的工作原理决定有多个传感单元参与工作，可取得明显的误差平均效应的效果，这也是这一类传感器固有的优点。另外，误差平均效应对某些工艺性缺陷造成的误差同样能起到弥补作用。在懂得这种道理之后，设计时在结构允许情况下，适当增多传感单元数，可收到很好的效果。例如，圆光栅传感器，若让全部栅线都同时参与工作，设计成"全接收"形式，误差平均效应就可较充分地发挥出来。

（3）补偿与修正技术。补偿与修正技术在传感器中得到了广泛的应用，这种技术的运用大致是针对两种情况：一种是针对传感器本身特性的，另一种是针对传感器的工作条件或外界环境的。

对于传感器特性，可以找出误差的变化规律，或者测出其大小和方向，采用适当的方法加以补偿或修正。

针对传感器工作条件或外界环境进行误差补偿，也是提高传感器精度的有力技术措施。不少传感器对温度敏感，由于温度变化引起的误差十分可观。为了解决这个问题，必要时可以控制温度，建立恒温装置，但往往费用太高，或使用现场不允许。在传感器内引入温度误差补偿又常常是可行的，这时应找出温度对测量值影响的规律，然后引入温度补偿措施。

在激光式传感器中，常常把激光波长作为标准尺度，而波长受温度、气压、温度的影响，在精度要求较高的情况下，就需要根据这些外界环境情况进行误差修正才能满足要求。补偿与修正，可以利用电子线路（硬件）来解决，也可以采用微型计算机通过软件来实现。

（4）屏蔽、隔离与干扰抑制。传感器大都要在现场工作的，现场的条件往往难以充分预料，有时是极其恶劣的，各种外界因素会影响传感器的精度与各有关性能。为了减小测量误差，保证其原有性能，就应设法削弱或消除外界因素对传感器的影响。其方法归纳起来有两个：一是减小传感器对影响因素的灵敏度；二是降低外界因素对传感器实际作用的烈度。

对于电磁干扰，可以采用屏蔽、隔离等措施，也可用滤波等方法抑制；对于温度、湿度、机械振动、气压、声压、辐射、甚至气流等，可采用相应的隔离措施，如隔热、密封、隔振等，或者在变换成电量后对干扰信号进行分离或抑制，以减小其影响。

（5）稳定性处理。传感器作为长期测量或反复使用的器件，其稳定性显得特别重要，其重要性甚至超过精度指标，尤其是在那些很难或无法定期鉴定的场合。

造成传感器性能不稳定的原因是：随着时间的推移和环境条件的变化，构成传感器的各种材料与元器件性能发生了变化。

为了提高传感器性能的稳定性，应该对材料、元器件或传感器整体进行必要的稳定性处理，如结构材料的时效处理、冰冷处理，永磁材料的时间老化、温度老化、机械老化及交流稳磁处理，电气元件的老化筛选等。

在使用传感器时，若测量要求较高，必要时也应对附加的调整元件、后续电路的关键元器件进行老化处理。

2.4.2 传感器的发展方向

1. 运用新原理

新型传感器大致应包括采用新原理的、填补传感器空白的、仿生传感器等，它们之间是相互渗透的。我们知道，传感器以各种效应和定律为其工作机理，这就启发人们进一步探索具有新效应的敏感功能材料，并以此研制出具有新原理的新型物性型传感器件，这是发展高性能、多功能、低成本和小型化传感器的重要途径。其中利用量子力学等效应研制的低灵敏阈传感器，用来检测微弱的信号，是发展的新动向之一。

例如，利用核磁共振吸收效应的磁敏传感器，可将灵敏阈提高到地磁强度；利用约瑟夫逊效应的热噪声温度传感器，可测得超低温；利用光子滞后效应，可做出响应速度极快的红外传感器等。此外，利用化学效应和生物效应开发的、可供实用化学传感器和生物传感器，更是有待开拓的新领域。

大自然是生物传感器最优秀的设计师，经过漫长岁月的进化，大自然不仅造就了万物之灵长的人类，使其具有多种感觉器官，而且还创造了许许多多功能奇特、性能高超的各类动植物的生物感官。例如，狗的嗅觉比人类强很多，而鸟的视觉也使人类相形见绌，蝙蝠、飞蛾、海豚的听觉更是令人惊叹（主动型生物雷达、超声波传感器就是在其启发下研制的）。这些动物的感官功能，超过了当今传感器技术所能实现的范围，研究它们的机理，开发仿生传感器，也是引人注目的方向。

2. 开发新材料

近年来对传感器材料的开发研究有较大的进展，其主要发展趋势有以下几个方面。

- 单晶体到多晶体、非晶体；
- 从单一型材料到复合材料；
- 原子（分子）型材料的人工合成。

由复杂材料来制造性能更加良好的传感器是今后的发展方向之一。

（1）半导体敏感材料。半导体敏感材料在传感器技术中具有较大的技术优势，在今后相当长时间内仍会占主导地位。半导体硅在力敏、热敏、光敏、磁敏、气敏、离子敏及其他敏感元件，具有广泛用途。硅材料可分为单晶硅、多晶硅和非晶硅。单晶硅最简单，非晶硅最复杂。单晶硅内的原子处处规则排列，整个晶体内有 1 个固定晶向。多晶硅是由许多单晶颗粒构成的，每一单晶颗粒内的原子处处规则排列，单晶颗粒之间以界面相分离，且各单晶颗粒晶向不同，故整个多晶硅并无固定的晶向。非晶硅又叫无序型硅或无定型硅，从宏观看，原子排列是无序的，即远程无序；但从微观看，原子排列也绝非完全无序，即近程有序，特别是能够用来制造传感器的非晶硅中都含有微晶，微晶尺寸一般为 10 nm 左右，这种非晶硅又称为微晶硅。非晶硅中微晶粒子的大小及其分布对其性能有重要影响。用这 3 种材料都可制成压力传感器，这些压力传感器大致可分为 4 种形式，即压阻式、电容式、MOS 式和薄膜式。目前压力传感器仍以单晶硅为主，但有向多晶和非晶硅的薄膜方向发展的趋势。

蓝宝石上外延生长单晶硅膜是单晶硅用于敏感元件的典型应用。由于绝缘衬底蓝宝石是良好的弹性材料，而在其上异质结外延生长的单晶硅是制作敏感元件的半导体材料，故用这种材料研制的传感器具有无须结隔离、耐高温、高频响、寿命长、可靠性好等优点，可以制作磁敏、热敏、离子敏、力敏等敏感元件。多晶硅压力传感器的发展十分引人注目，这是由于这种传感器具有一系列优点，如温度特性好、制造容易、易小型化、成本低等。非晶硅应用于传感器，主要有应变传感器、压力传感器、热电传感器、光传感器（如摄像传感器和颜色传感器）等，非晶硅由于具有光吸收系数大，可用于薄膜光电器件，具有对整个可见光区域都敏感、薄膜形成温度低等极为诱人的特性而获得迅速的发展。

在半导体传感器中，场效应晶体管 FET 的应用令人瞩目。FET 是一种电压控制器件，若在栅极上加一反向偏压，偏压的大小可控制漏极电流的大小。若用某种敏感材料将所要测量的参量以偏压的方式加到栅极上，就可以从漏极电流或电压的数值来确定该参量的大小。

（2）陶瓷材料。陶瓷敏感材料在敏感技术中具有较大的技术潜力。陶瓷材料可分为很多种，具有电功能的陶瓷又叫做电子陶瓷，电子陶瓷可分为绝缘陶瓷、压电陶瓷、介电陶瓷、热电陶瓷、光电陶瓷和半导体陶瓷。这些陶瓷在工业测量方面都有广泛的应用，其中以压电陶瓷、半导体陶瓷应用最为广泛。陶瓷敏感材料的发展趋势是继续探索新材料、发展新品种，向高稳定性、高精度、长寿命、小型化、薄膜化、集成化和多功能化方向发展。

（3）磁性材料。不少传感器采用磁性材料，目前磁性材料正向非晶化、薄膜化方向发展。非晶磁性材料具有导磁率高、矫顽力小、电阻率高、耐腐蚀、硬度大等特点，因而将获得越来越广泛的应用。由于非晶体不具有磁的各向同性，因而是一种导磁率高和损耗低的材料，很容易获得旋转磁场，而且在各个方向都可得到高灵敏度的磁场，故可用来制作磁力计或磁通敏感元件，也可利用应力磁效应制作高灵敏度的应力传感器，基于磁致伸缩效应的力敏元件也得到发展。由于这类材料灵敏度比坡莫合金（铁镍合金）高几倍，这就可以大大降低涡流损耗，从而获得优良的磁特性，这对高频更为可贵。利用这一特点，可以制造出用磁性晶体很难获得的快速响应型传感器。合成物可以在任意高于居里温度（200～300K）下产生，这就使得发展快速响应的温度传感器成为可能。

（4）智能材料。智能材料是指设计和控制材料的物理、化学、机械、电学等参数，研制出生物体材料所具有的特性或者优于生物体材料性能的人造材料。有人认为，具有下述功能的材料可称为智能材料：具备对环境的判断可自适应功能；具备自诊断功能；具备自修复功能；具备自增强功能（或称为时基功能）。生物体材料的最突出特点是具有时基功能，因此这种传感器特性是微分型的，它对变化部分比较敏感。反之，长期处于某一环境并习惯了此环境，则灵敏度下降。一般说来，它能适应环境，调节其灵敏度。除了生物体材料外，最引人注目的智能材料是形状记忆合金、形状记忆陶瓷和形状记忆聚合物。智能材料的探索工作刚刚开始，相信不久的将来会有很大的发展。

3．采用新工艺

在发展新型传感器中，离不开新工艺的采用。新工艺的含义范围很广，这里主要指与发展新兴传感器联系特别密切的微细加工技术，该技术又称为微机械加工技术，是近年来随着集成电路工艺发展起来的，它是离子束、电子束、分子束、激光束和化学刻蚀等用于微电子加工的技术，目前已越来越多地用于传感器领域，如溅射、蒸镀、等离子体刻蚀、化学气体淀积（CVD）、外延、扩散、腐蚀、光刻等。

这里，以应变式传感器为例进行介绍。应变片可分为体型应变片、金属箔式应变片、扩散型应变片和薄膜应变片，而薄膜应变片则是今后的发展趋势，这主要是由于近年来薄膜工艺发展迅速，除采用真空淀积、高频溅射外，还发展了磁控溅射、等离子体增强化学汽相淀积、金属有机化合物化学汽相淀积、分子束外延、光CVD技术，这些对传感器的发展起了很大推动作用。例如，目前常见的溅射型应变计，是采用溅射技术直接在应变体，即产生应变的柱梁、振动片等弹性体上形成的。这种应变计厚度很薄，大约为传统的箔式应变计的十分之一以下，故又称为薄膜应变计。溅射型应变计的主要优点是：可靠性好、精度高，容易做成高阻抗的小型应变计，无迟滞和蠕变现象，具有良好的耐热性和冲击性能等。

4．集成化与智能化

传感器集成化包括两种含义，一是同一功能的多元件并列化，即将同一类型的单个传感元件用集成工艺在同一平面上排列起来，排成一维的为线性传感器，CCD图像传感器就属于这种情况；集成化的另一个含义是多功能一体化，即将传感器与放大、运算及温度补偿等环节一体化，组装成一个器件。

目前，各类集成化传感器已有许多系列产品，有些已得到广泛应用。集成化已经成为传感器技术发展的一个重要方向。

随着集成化技术的发展，各类混合集成和单片集成式压力传感器相继出现。集成化压力传感器有压阻式、电容式等类型，其中压阻式集成化传感器发展快、应用广。自从压阻效应发现后，有人把4个力敏电阻构成的全桥做在硅膜上，就成为一个集成化压力传感器。国内在20世纪80年代就研制出了把压敏电阻、电桥、电压放大器和温度补偿电路集成在一起的单块压力传感器，其性能与国外同类产品相当。由于采用了集成工艺，将压敏部分和集成电路分为几个芯片，然后混合集成为一体，从而提高了输出性能及可靠性，有较强的抗干扰能力，完全消除了二次仪表带来的误差。

20世纪70年代国外就出现了集成温度传感器，它基本上是利用晶体管作为温度敏感元件的集成电路，其性能稳定、使用方便，温度范围在$-40\sim+150℃$。国内在这方面也有不少进展，如近年来研制的集成热电堆红外传感器等。集成化温度传感器具有远距离测量和抗干扰能力强等优点，具有很大的实用价值。

传感器的多功能化也是发展方向之一。多功能化的典型实例是美国某大学传感器研究发展中心研制的单片硅多维力传感器，可以同时测量3个线速度、3个离心加速度（角速度）和3个角加速度。主要元件是由4个正确设计安装在一个基板上的悬臂梁组成的单片硅结构，9个正确布置在各个悬臂梁上的压阻敏感元件。多功能化不仅可以降低生产成本、减小体积，而且可以有效提高传感器的稳定性、可靠性等性能指标。把多个功能不同的传感元件集成在一起，除了可同时进行多种参数的测量外，还可对这些参数的测量结果进行综合处理和评价，可反映出被测系统的整体状态。由上还可以看出，集成化给固态传感器带来了许多新的机会，同时它也是多功能化的基础。

传感器与微处理机相结合，使之不仅具有检测功能，还具有信息处理、逻辑判断、自诊断及"思维"等人工智能，称之为传感器的智能化[32]。智能传感器又称为灵巧（Smart）传感器，这一概念最早是由美国宇航局在开发宇宙飞船过程中提出来的。飞船上天后需要知道其速度、位置、姿态等数据；为使宇宙员能正常生活，需要控制舱内的温度、湿度、气压、加速度、空气成分等；为了进行科学考察，需要进行各种测试工作。所有这些都需要大量的传感器。众多传感器获得的大量数据需要处理，显然在飞船上安放大型电子计算机是不合适的。为了不丢失数据，又要降低费用，提出了分散处理这些数据的方法，即传感器获得的数据自行处理，只送出必要的少量数据。由此可见，智能传感器是电五官与微处理器的统一体，是对外界信息具有检测、数据处理、逻辑判断、自诊断和自适应能力的集成一体化多功能传感器。这种传感器还具有与主机互相对话的功能，也可以自行选择最佳方案，它还能将已获得的大量数据进行分割处理，实现远距离、高速度、高精度传输等。

借助于半导体集成化技术把传感器部分与信号预处理电路、输入输出接口、微处理器等制作在同一块芯片上，即可构成大规模集成智能传感器。可以说，智能传感器是传感器技术与大规模集成电路技术相结合的产物，它的实现将取决于传感技术与半导体集成化工艺水平的提高与发展。这类传感器具有多功能、高性能、体积小、适宜大批量生产和使用方便等优点，是传感器重要的发展方向之一。

2.5 本章小结

本章对传感器原理及其应用进行了概述，从原理、用途、输出信号三个方面对传感器进行了分类。本章重点介绍了一线总线接口的温度传感器 DS18B20、湿度传感器 DHT11、I2C 接口数字温湿度传感器 SHT10、SPI 总线接口的温度传感器、RS 系列接口的传感器、RJ-45 接口的传感器、红外热释电传感器[33]、气体传感器、可见光光照传感器、红外对射传感器，阐述了它们的原理与应用。最后，我们探讨了传感器的发展趋势，特别提到了新技术、新材料对传感器发展所起的作用，其中，智能传感器值得我们重视。

思考与练习

（1）什么是传感器？传感器是如何发展起来的？

（2）与人的感官相比，传感器有什么优势？体现在哪些方面？

（3）如何对传感器进行分类？为什么传感器有很多种类？

（4）按用途分，传感器有哪些类型？

（5）试描述一个你使用过的传感器，包括结构、原理、应用方法等。

（6）传感器与处理器（或计算机）有哪些接口方式？各种接口方式有何适用场合？

（7）试描述一种温度传感器的工作原理。

（8）试描述一种速度传感器的工作原理。

（9）试描述一种气体传感器的工作原理。

（10）传感器的发展方向是什么？

（11）怎样从技术上改进传感器？

（12）什么是智能传感器？智能传感器与传统传感器相比，有什么特点和优势？

参考文献

[1] 唐文彦. 传感器[M]. 北京：机械工业出版社，2011.

[2] IF. Akyildiz, W. Su, Y. Sankarasubramaniam, E. Cayirici. A Survey on Sensor Networks[J], IEEE communications magazine，2002，40:102-114.

[3] Katsuhiko Ogata. Modern Control Engineering[M]. 3rd ed. 北京：电子工业出版社，2000.

[4] 曹文. 传感器技术在自动化领域的应用[J]. 魅力中国，2011(5):373.

[5] 宫在超. 传感器自动化技术的发展现状与趋势[J]. 中国科技财富，2010(6):67.

[6] 任红军，张小水，祁明锋. 传感器行业产业化现状和产业化要素浅析[J]. 仪表技术与传感器，2009(z1):10-11.

[7]　F. Y. Ren，H. N. Huang，C. Lin. Wireless Sensor Networks[J]，Journal of Software，2003(8):1282-1291.

[8]　Creed Huddleston. 智能传感器设计[M]. 北京：人民邮电出版社，2009.

[9]　孙晓冰，王德生，刘海波，等. 红外全反射式雨量传感器设计研究[J]. 仪器技术与传感器，2010(9):96-98.

[10]　何明，江俊，陈晓虎，等. 物联网技术及其安全性研究[J]. 计算机安全，2011(4):49-52.

[11]　赵燕. 传感器原理及应用[M]. 北京：北京大学出版社，2010.

[12]　郭铨. 物理传感器的原理与应用[J]. 物理教学探讨，2006,24(8): 45-46.

[13]　F. Stann，J. Heidemann. RMST:Reliable Data Transport in Sensor Network. 1st IEEE International Workshop on Sensor Net Protocols and Applications(SNPA),2003:102-112.

[14]　Y. Zhang，J. H. Liu,Y. H. Zhang,X. J. Tang. Cross Sensitivity Reduction of Gas Sensors Using Genetic Algorithm Neural Network[J]. SCIENCE IN CHINA SERIES E，2002(03) .

[15]　毛斌，马莉萍，刘斌，等. 生物传感器研究、应用及产业化现状. 第十届全国化学传感器学术会议论文摘要集[C]. 生物传感器，2009:75-76.

[16]　丁小平，王薇，付连春.光纤传感器的分类及其应用原理[J].光谱学与光谱分析，2006,(26)6:1176-1178.

[17]　刘凯，陈志东，邹德福，等. MEMS 传感器和智能传感器的发展[J]. 仪表技术与传感器，2007(9):9-10.

[18]　Lee，K. Sensor Networking and Interface Standardization//Proceedings of the 18th IEEE[C]. Instumentation and Measurement Technology Conference，2001:147-152.

[19]　刘武光. RS-232 到 RS-485/RS-422 接口的智能转换器[J]. 电子技术应用，2010,26(5): 46-48.

[20]　陈秀国. 电力自动化系统 RS-232 信号的传输和测试[J]. 电力系统通信，2011,31(8):48-57.

[21]　易志明，林凌，郝丽宏，等. SPI 串行总线接口及其实现[J]. 自动化与仪器仪表，2002(6):45-48.

[22]　杨云飞. I2C 接口 ZLG7289 在智能控制器测试仪中的应用[J]. 低压电器，2007(9):15-20.

[23]　郑鹏峰，冯勇建，张春红. 温度传感器 I2C 接口设计[J]. 电子测试，2009(6): 21-24.

[24]　洪家平. 数字温度传感器 TC77 与 AVR 单片机的接口设计[J]. 国外电子元器件，2007(5): 61-64.

[25]　田昊，刘阳. 基于 Atmega16L 的智能温控饮水机设计[J]. 数字技术与应用，2010(7): 46-47.

[26]　姚善卓，张玲玲，李友杰. 氨气来源及氨气传感器应用[J]. 广州化工，2011,39(2):44-46.

[27]　唐惠龙. 传感器应用中的抗干扰技术[J]. 硅谷，2009 (1):27-28.

[28]　汤晓君，刘君华. 多传感器技术的现状与展望[J]. 仪器仪表学报，2005,26(12):1309-1312.

[29]　傅建红，胡绍忠. 浅析传感器发展的新趋势[J]. 科技广场，2009(3): 251-252.

[30]　李景丽，陈瑞球. 我国传感器现状及其发展趋势[J]. 仪表技术，2003(5): 39-40.

[31]　陶红艳. 传感器与现代检测技术[M]. 北京：清华大学出版社，2009.

[32]　Johson，Robert N. Building Plug-and-Play Networked Smart Transducer[J]. Sensors Magazine. Helmers Published，1997:40-46.

[33]　黄鑫. 热释电红外无线传感器网络人体定位系统设计与实现[D]. 广州：中山大学硕士学位论文，2009.

第**3**章

近距离无线通信技术

近距离无线通信技术是物联网架构体系中的重要支撑技术，旨在解决近距离设备的连接问题，可以支持动态组网并灵活实现与上层网络的信息交互功能。该技术的定位满足了物联网终端组网、物联网终端网络与电信网络互连互通的要求，这是近距离无线通信技术在物联网发展背景下彰显活力的根本原因。近距离无线通信技术通常是指有效通信距离在数厘米至百米范围内的无线通信技术，典型的技术包括蓝牙、Wi-Fi、ZigBee、NFC、UWB等。近距离无线通信技术以其丰富的技术种类和优越的技术特点，可以满足物物相连的应用需求，现已广泛用于家庭办公网络、智能楼宇、物流运输管理等方面。

本章首先介绍无线通信系统的一般概念及发展历程，并对射频通信、微波通信系统的频段使用及其工作特点做一简单介绍。接着，详细介绍各种典型的近距离无线通信技术的特点以及发展概况，并对近场通信（Near Field Communications，NFC）技术进行重点阐述，包括其工作原理、技术标准、技术特点、应用范围等。

3.1　无线通信系统概述

自 1897 年意大利科学家马可尼首次成功利用无线电波进行信息传输以来，经过一个多世纪的时间，无线通信取得了迅速的发展，特别在飞速发展的计算机和半导体技术的推动下，无线通信的理论和技术不断取得进步和突破。时至今日，由于使用的灵活性、方便性，无线通信已逐渐成为人们日常生活中不可或缺的重要通信方式之一。

3.1.1　无线与移动通信的概念

无线通信（Wireless Communication）是指利用电磁波信号可以在空间传播的特性进行信息交换的一种通信方式。无线通信包括固定体之间的无线通信和移动通信两大部分。由于人类社会活动具有显著的移动性，因而移动通信在无线通信中占主导地位。所谓移动通信（Mobile Communication），就是移动体之间的通信，或者移动体与固定体之间的通信。

移动体可以是人，也可以是汽车、火车、轮船、收音机等处于移动状态中的物体。移动通信可认为是在移动中实现的无线通信，人们常常把二者合称为无线与移动通信。

移动通信与固定物体之间的通信比较起来，具有一系列的特点。

（1）移动性。就是要保持物体在移动状态中的通信，因而它必须是无线通信，或无线通信与有线通信的结合。

（2）电磁波传播条件复杂。因移动体可能在各种环境中运动，电磁波在传播时会产生反射、折射、绕射、多普勒效应等现象，产生多径干扰、信号传播延迟和展宽等效应。

（3）噪声和干扰严重。在城市环境中的汽车火花噪声、各种工业噪声，移动用户之间的互调干扰、邻道干扰、同频干扰等。

（4）系统和网络结构复杂。它是一个多用户通信系统和网络，必须使用户之间互不干扰、协调一致地工作。此外，移动通信系统还应与市话网、卫星通信网、数据网等互连，整个网络结构更加复杂。

（5）要求频带利用率高、设备性能好。

按用途不同，现代无线与移动通信系统可以分为：陆地公众蜂窝移动通信系统、宽带无线接入系统、无线局域网、无线个域网、无绳电话、集群通信、卫星移动通信等[1,7]。其中陆地公众蜂窝移动通信系统是移动通信中发展最快、规模最大的系统。另外，按使用的频段，现代无线与移动通信又可分为：中长波通信（小于1 MHz）、短波通信（1～30 MHz）、超短波通信（30 MHz～1 GHz）、微波通信（1 GHz到几十吉赫兹）、毫米波通信（几十吉赫兹）、红外光通信、红外光通信、大气激光通信等。

3.1.2　无线与移动通信的发展历程

现代无线与移动通信技术的发展始于20世纪20年代。20世纪20年代至40年代，在短波频段上开发出专用移动通信系统，其代表是美国底特律市警察使用的车载无线电系统。该系统工作频率为2 MHz，到40年代工作频率提高到30～40 MHz。通常认为这个阶段是现代移动通信的起步阶段，多为专用系统，特点是工作频率较低。

20世纪40年代中期至60年代初期，公用移动通信业务开始问世。1946年，根据美国联邦通信委员会（FFC）的计划，贝尔系统在圣路易斯城建立了世界上第一个公用汽车电话网，称为"城市系统"。当时使用三个频道，每个频道间隔为120 kHz，采用单工通信方式。随后，德国（1950年）、法国（1956年）、英国（1959年）等相继研制了公用移动电话系统，美国贝尔实验室完成了人工交换系统的接续问题，这一时期的移动通信从专用移动网向公用移动网过渡，采用人工接续方式，全网的通信容量较小。

从 20 世纪 60 年代中期到 70 年代中期，美国推出了改进型移动电话系统（IMTS），使用 150 MHz 和 450 MHz 频段，采用大区制、中大容量，实现了无线频道自动选择并能够自动接续到公司电话网。同期，德国也推出了具有相同技术水平的 B 网。这一时期，移动通信系统的特点是采用大区制、中小容量，使用 450 MHz 频段，实现了自动选频与自动连续。

20 世纪 70 年代中期至 80 年代中期是移动通信蓬勃发展的时期。1978 年年底，美国贝尔实验室研制成功了采用小区制的先进移动电话系统（AMPS），建成了蜂窝状移动通信网，大大提高了系统容量，开始了第一代陆地公众蜂窝移动通信系统。1983 年，该系统首次在芝加哥投入商用；同年 12 月，在华盛顿也开始启用。之后，服务区域在美国逐渐扩大，到 1985 年 3 月已扩展到 47 个地区，约 10 万移动用户。其他工业化国家也相继开发出蜂窝式公用移动通信网。日本于 1979 年推出 800 MHz 汽车电话（HAMTS），在东京、大阪、神户等地投入商用。德国于 1984 年完成 C 网，频段为 450 MHz。英国在 1985 年开发出全地址通信系统（TACS），首先在伦敦投入使用，以后覆盖了全国，频段是 900 MHz。加拿大推出 450 MHz 移动电话系统 MTS。瑞典等北欧四国于 1980 年开发出 NMT-450 移动通信网，并投入使用，频段为 450 MHz。这一时期，无线与移动通信系统发展的主要特点是小区制、大容量的蜂窝状移动通信网成为使用系统，并在世界各地迅速发展，奠定了现代移动通信高速发展的基础。

移动通信大发展的原因，除了用户需求这一主要推动力之外，相关方面的技术进展也提供了条件。首先，微电子技术在这一时期得到长足发展，这使得通信设备的小型化、微型化有了可能性，各种轻便终端设备被不断地推出。其次，提出并形成了移动通信新体制。随着用户数量增加，大区制所能提供的容量很快饱和，这就必须探索新体制。在这方面最重要的突破是贝尔实验室在 20 世纪 70 年代提出的蜂窝网的概念。蜂窝网，即所谓小区制，由于实现了频率复用，大大提高了系统容量。可以说，蜂窝概念真正解决了公用移动通信系统的要求与频率资源有限的矛盾。第三方面的进展是微处理器技术日趋成熟，以及计算机技术的迅猛发展，这为大型通信网的管理与控制提供了技术手段。

以 AMPS 和 TACS 为代表的第一代蜂窝移动通信网是模拟系统。模拟蜂窝网虽然取得了很大成功，但也暴露了一些问题，如频谱利用率低、移动设备复杂、费用较贵、业务种类受限制，以及通话易被窃听等，最主要的问题是其容量已不能满足日益增长的移动用户的需求。解决这些问题的方法是开发新一代数字蜂窝移动通信系统。从 20 世纪 80 年代中期开始，数字移动通信系统逐渐发展和成熟。数字通信的频谱利用率高，可大大提高系统的容量，能提供语音、数据等多种业务服务。欧洲首先推出了泛欧数字移动通信网（GSM）的体系，随后，美国和日本也制定了各自的数字移动通信体制。GSM 于 1991 年 7 月开始投入商用，在世界各地，特别是在亚洲，GSM 系统取得了极大成功，并更名为全球通移动通信系统。在十多年内，数字蜂窝移动通信处于一个大发展时期，GSM 已成为陆地公用移动通信的主要系统。

移动通信技术在 20 世纪 90 年代呈现出加快发展的趋势。当数字蜂窝网刚进入实用阶段时，关于未来移动通信的讨论已如火如荼地展开，新技术与新系统不断推出。美国 Qualcomm 公司于 90 年代初推出了窄带码分多址（CDMA）蜂窝移动通信系统，这是移动通信中具有重要意义的事件，从此码分多址这种新的无线接入技术在移动通信领域占有了越来越重要的地位。这个时期，不断推出的移动通信系统还有移动卫星通信系统、数字无绳电话系统等，移动通信呈现出多样化的趋势。

从 20 世纪末到 21 世纪初，第三代移动通信系统（3G）的开发和推出，使移动通信进入了一个全新的发展阶段。国际电联正式将第三代移动通信系统（3G）命名为 IMT-2000，其主要特性有频谱利用率高、高速传输支持多媒体业务、支持全球无缝漫游等。第三代移动通信系统的国际主要标准有 WCDMA、TD-SCDMA、CDMA2000。

目前我国及世界上部分发达国家已经开始了面向未来的移动通信技术与系统的研究。未来移动通信系统将是多功能集成的宽带移动通信系统，将能为用户提供在高速移动的环境下高达 100 Mbps 以上的信息传输，频谱利用率比现有系统提高 10 倍以上。未来的无线移动通信技术将走向宽带化、智能化、个人化，与固定网络形成统一的综合宽带通信网。

3.1.3　宽带无线接入技术

随着无线通信技术的发展，宽带无线接入技术能通过无线的方式，以与有线接入技术相当的数据传输速率和通信质量接入核心网络，有些宽带无线接入技术还能支持用户终端构成小规模的 Ad hoc 网络。因此，宽带无线接入技术在高速 Internet 接入、信息家电联网、移动办公、军事、救灾、空间探险等领域具有非常广阔的应用空间。国际电子电气工程师协会（IEEE）成立了无线局域网（Wireless Local Area Network，WLAN）标准委员会，并于 1997 年制定出第一个无线局域网标准 IEEE 802.11，此后 IEEE 802.11 迅速发展了一个系列标准，并在家庭、中小企业、商业领域等方面取得了成功的应用。1999 年，IEEE 成立了 IEEE 802.16 工作组开始研究建立一个全球统一的宽带无线接入城域网（Wireless Metropolitan Area Network，WMAN）技术规范。虽然宽带无线接入技术的标准化历史不长，但发展却非常迅速，已经制定或正在制定的 IEEE 802.11、IEEE 802.15、IEEE 802.20、IEEE 802.22 等宽带无线接入标准集，覆盖了无线局域网（WLAN）、无线个域网（WMAN）、无线城域网（Wireless Personal Area Network，WPAN）等领域，宽带无线接入技术在无线通信领域的地位越来越重要。

3.2 射频通信

3.2.1 射频的概念

射频（Radio Frequency，RF）[8]表示可以辐射到空间的电磁波频率，通常所指的频率范围为 300 kHz～30 GHz。射频简称 RF，其本质是射频电流，是一种高频交流电的简称。每秒变化小于 1000 次的交流电称为低频电流，大于 10000 次的称为高频电流，而射频就是这样一种高频电流。

在电子学理论中，电流流过导体，导体周围会形成磁场；交变电流通过导体，导体周围会形成交变的电磁场，称为电磁波。在电磁波频率低于 100 kHz 时，电磁波会被地表吸收，不能形成有效的传输，但电磁波频率高于 100 kHz 时，电磁波可以在空气中传播，并经大气层外缘的电离层反射，形成远距离传输能力，我们把具有远距离传输能力的高频电磁波称为射频。射频技术在无线通信领域中被广泛使用，如将电信号（模拟或数字的）用高频电流进行调制（调幅或调频），形成射频信号，经过天线发射到空中；在远端，射频信号被接收后，接收设备会对信号进行解调，还原成电信号，这一过程称为无线传输。

在电子通信领域，信号采用的传输方式和信号的传输特性是由工作频率决定的。对于电磁频谱，按照频率从低到高（波长从长到短）的次序，可以划分为不同的频段。不同频段电磁波的传播方式和特点各不相同，它们的用途也不相同，因此射频通信采用了不同的工作频率，以满足多种应用的需要。在无线电频率分配上有一点需要特别注意，那就是干扰问题，无线电频率可供使用的范围是有限的，频谱被看成大自然中的一项资源，不能无秩序地随意占用，而需要仔细地计划加以利用。频率的分配主要是根据电磁波传播的特性和各种设备通信业务的要求而确定的，但也要考虑一些其他因素，如历史的发展、国际的协定、各国的政策、目前使用的状况和干扰的避免等。

3.2.2 频谱的划分

因为电磁波是在全球存在的，所以需要国际协议来分配频谱。频谱的分配，是指将频率根据不同的业务加以分配，以避免频率使用方面的混乱。现在进行频率分配的世界组织有国际电信联盟（ITU）、国际无线电咨询委员会（CCIR）和国际频率登记局（IFRB）等，我国进行频率分配的组织是工业和信息化部无线电管理局。

1．IEEE 划分的频谱

由于应用领域的众多，对频谱的划分有多种方式，而今较为通用的频谱分段法是 IEEE 建立的，如表 3.1 所示。

表 3.1　IEEE 频谱

频　段	频　率	波　长
ELF（极低频）	30～300 Hz	10 000～1 000 km
VF（音频）	300～3 000 Hz	1 000～100 km
VLF（甚低频）	3～30 kHz	100～10 km
LF（低频）	30～300 kHz	10～1 km
MF（中频）	300～3 000 kHz	1～0.1 km
HF（高频）	3～30 MHz	100～10 m
VHF（甚高频）	30～300 MHz	10～1 m
UHF（超高频）	300～3 000 MHz	100～10 cm
SHF（特高频）	3～30 GHz	10～1 cm
EHF（极高频）	30～300 GHz	1～0.1 cm
亚毫米波	300～3 000 GHz	1～0.1 mm
P 波段	0.23～1 GHz	130～30 cm
L 波段	1～2 GHz	30～15 cm
S 波段	2～4 GHz	15～7.5 cm
C 波段	4～8 GHz	7.5～3.75 cm
X 波段	8～12.5 GHz	3.75～2.4 cm
Ku 波段	12.5～18 GHz	2.4～1.67 cm
K 波段	18～26.5 GHz	1.67～1.13 cm
Ka 波段	26.5～40 GHz	1.13～0.75 cm

2．微波和射频

微波也是经常使用的波段，微波是指频率为 300 MHz～3 000 GHz 的电磁波，对应的波长为 1 m～0.1 mm，分为分米波、厘米波、毫米波和亚毫米波 4 个波段。

目前射频没有一个严格的频率范围定义，广义地说，可以向外辐射电磁信号的频率称为射频，在射频识别中，频率一般选为 10 kHz 至几 GHz。从上面的频率划分可以看出，目前射频频率与微波频率之间没有定义出明确的频率分界点，微波的低频端与射频频率相重合。

3．工业、科学和医用频率

无线电业务的种类较多。有些无线电业务，如标准频率业务、授时信号业务和业余无线电业务等，是公认不应该被干扰的，分配给这些业务使用的频率，其他业务不应该使用，或只在不干扰的条件下才能使用。ISM（Industrial Scientific Medical Band）频段主要是开放给工业、科学和医用 3 个主要机构使用的频段。由于它们的功率有时很大，为了防止它们对其他通信的干扰，划出一定的频率给它们使用。ISM 频段属于无许可（Free License）频段，使用者无须许可证，没有所谓使用授权的限制。ISM 频段允许任何人随意地传输数据，但是对功率进行了限制，使得发射与接收之间只能是很短的距离，因而不同使用者之间不会相互干扰。

在美国，ISM 频段是由美国联邦通信委员会（FCC）定义的，其他大多数政府也都已经留出了 ISM 频段，用于非授权用途。目前，许多国家的无线电设备（尤其是家用设备）都使用了 ISM 频段，如车库门控制器、无绳电话、无线鼠标、蓝牙耳机及无线局域网等。

射频工作频率的选择要顾及其他无线电服务，不能对其他服务造成干扰和影响，因而射频通信系统通常只能使用特别为工业、科学和医疗应用而保留的 ISM 频率。ISM 频段的主要频率范围如下。

（1）频率 6.78 MHz。这个频率范围为 6.765～6.795 MHz，属于短波频率，这个频率范围在国际上已由国际电信联盟指派为 ISM 频段使用，并将越来越多地被射频识别（RFID）系统使用。

这个频段起初是为短波通信设置的，根据这个频段电磁波的传播特性，短波通信白天只能达到很小的作用距离，最多几百千米，夜间可以横贯大陆传播。这个频率范围的使用者是不同类别的无线电服务，如无线电广播服务、无线电气象服务和无线电航空服务等。

（2）频率 13.56 MHz。这个频率范围为 13.553～13.567 MHz，处于短波频段，也是 ISM 频段。在这个频率范围内，除了电感耦合 RFID 系统外，还有其他的 ISM 应用，如遥控系统、远距离控制模型系统、演示无线电系统和传呼机等。

这个频段起初也是为短波通信设置的，根据这个频段电磁波的传播特性，无线信号允许昼夜横贯大陆，这个频率范围的使用者是不同类别的无线电服务机构，如新闻机构和电信机构等。

（3）频率 27.125 MHz。这个频率范围为 26.957～27.283 MHz，除了电感耦合 RFID 系统外，这个频率范围的 ISM 应用还有医疗用电热治疗仪、工业用高频焊接装置和传呼机等。在安装工业用 27 MHz 的 RFID 系统时，要特别注意附近可能存在的任何高频焊接装置，高频焊接装置产生很高的场强，将严重干扰工作在同一频率的 RFID 系统。另外，在规划医院 27 MHz 的 RFID 系统时，应特别注意可能存在的电热治疗仪干扰。

（4）频率 40.680 MHz。这个频率范围为 40.660～40.700 MHz，处于 VHF 频带的低端，在这个频率范围内，ISM 的主要应用是遥测和遥控。

在这个频率范围内，电感耦合射频识别的作用距离较小，而这个频率 7.5 m 的波长也不适合构建较小的和价格便宜的反向散射电子标签，因此该频段目前没有射频识别系统工作，属于对射频识别系统不太适用的频带。

（5）频率 433.920 MHz。这个频率范围为 430.050～434.790 MHz，在世界范围内分配给业余无线电服务使用，该频段大致位于业余无线电频带的中间，目前已经被各种 ISM 应用占用。这个频率范围属于 UHF 频段，电磁波遇到建筑物或其他障碍物时，将出现明显的衰减和反射。

该频段可用于反向散射 RFID 系统，除此之外，还可用于小型电话机、遥测发射器、无线耳机、近距离小功率无线对讲机、汽车无线中央闭锁装置等。但是，在这个频带中，由于应用众多，ISM 的相互干扰比较大。

（6）频率 869.0 MHz。这个频率范围为 868～870 MHz，处于 UHF 频段。自 1997 年以来，该频段在欧洲允许短距离设备使用，因而也可以作为 RFID 频率使用。一些远东国家也在考虑对短距离设备允许使用这个频率范围。

（7）频率 915.0 MHz。在美国和澳大利亚，频率范围 888～889 MHz 和 902～928 MHz 已可使用，并被反向散射 RFID 系统使用，这个频率范围在欧洲还没有提供 ISM 应用，与此邻近的频率范围被按 CT1 和 CT2 标准生产的无绳电话占用。

（8）频率 2.45 GHz。这个 ISM 频率的范围为 2.400～2.4835 GHz，属于微波波段，也处于 UHF 频段，与业余无线电爱好者和无线电定位服务使用的频率范围部分重叠。该频段电磁波是准光线传播，建筑物和障碍物都是很好的反射面，电磁波在传输过程中衰减很大。

这个频率范围适合反向散射 RFID 系统，除此之外，该频段的典型 ISM 应用还有蓝牙和 IEEE 802.11 协议的无线网络等。

（9）频率 5.8GHz。这个 ISM 频率的范围为 5.725～5.875 GHz，属于微波波段，与业余无线电爱好者和无线电定位服务使用的频率范围部分重叠。

这个频率范围内的典型 ISM 应用是反向散射 RFID 系统，可以用于高速公路 RFID 系统，还可用于大门启闭（在商店或百货公司）系统。

（10）频率 24.125 GHz。这个 ISM 频率的范围为 24.00～24.25 GHz，属于微波波段，与业余无线电爱好者、无线电定位服务，以及地球资源卫星服务使用的频率范围部分重叠。

在这个频率范围内，目前尚没有射频识别系统工作，此波段主要用于移动信号传感器，也用于传输数据的无线电定向系统。

（11）其他频率的应用。135 kHz 以下的频率范围没有为工业、科学和医疗（ISM）频率保留，这个频段被各种无线电服务大量使用。除了 ISM 频率外，135 kHz 以下的整个频率范围 RFID 也是可用的，因为这个频段可以用较大的磁场强度工作，特别适用于电感耦合的

RFID 系统。

根据这个频段电磁波的传播特性，占用这个频率范围的无线电服务的半径可以达到 1000 km 以上。在这个频率范围内，典型的无线电服务是航空导航无线电服务、航海导航无线电服务、定时信号服务、频率标准服务及军事无线电服务。一个用这种频率工作的射频识别系统，将使读写器周围几百米内的其他无线电业务失效，为了防止这类冲突，未来可能在 70～119kHz 之间规定一个保护区，不允许 RFID 系统占用。

3.2.3 RFID 使用的频段

RFID 产生并辐射电磁波，但是 RFID 系统要顾及其他无线电服务，不能对其他无线电服务造成干扰，因此 RFID 系统通常使用为工业、科学和医疗特别保留的 ISM 频段。ISM 频段为 6.78 MHz、13.56 MHz、27.125 MHz、40.68 MHz、433.92 MHz、869.0 MHz、915.0 MHz、2.45 GHz、5.8 GHz 及 24.125 GHz 等，RFID 常采用上述某些 ISM 频段，除此之外，RFID 也采用 0～135 kHz 之间的频率。

RFID 系统在读写器和电子标签之间通过射频无线信号自动识别目标对象，并获取相关数据。读写器和电子标签之间射频信号的传输主要有两种方式：一种是电感耦合方式，另一种是电磁反向散射方式，这两种方式采用的频率不同，工作原理也不同。低频和高频 RFID 的工作波长较长，基本上都采用电感耦合识别方式，电子标签处于读写器天线的近区，电子标签与读写器之间通过感应而不是通过辐射获得信号和能量；微波波段 RFID 的工作波长较短，电子标签基本都处于读写器天线的远区，电子标签与读写器之间通过辐射获得信号和能量。微波 RFID 是视距传播，电波有直射、反射、绕射和散射等多种传播方式，电波传播有自由空间传输损耗、菲涅尔区、多径传输和衰落等多种现象，并可能产生集肤效应，这些现象均会影响电子标签与读写器之间的工作状况。

1. RFID 电感耦合方式使用的频率

在电感耦合方式的 RFID 系统中，电子标签一般为无源标签，其工作能量是通过电感耦合方式从读写器天线的近场中获得的。电子标签与读写器之间传送数据时，电子标签需要位于读写器附近，通信和能量传输由读写器和电子标签谐振电路的电感耦合来实现。在这种方式中，读写器和电子标签的天线是线圈，读写器的线圈在它周围产生磁场，当电子标签通过时，电子标签线圈上会产生感应电压，整流后可为电子标签上的微型芯片供电，使电子标签开始工作。RFID 电感耦合方式中，读写器线圈和电子标签线圈的电感耦合如图 3.1 所示。

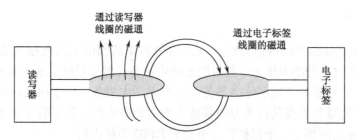

图 3.1　读写器线圈和电子标签线圈的电感耦合

计算表明，在与线圈天线的距离增大时，磁场强度的下降起初为 60 dB/十倍频程，当过渡到距离天线/2 之后，磁场强度的下降为 20 dB/十倍频程。另外，工作频率越低，工作波长越长，例如，6.78 MHz、13.56 MHz 和 27.125 MHz 的工作波长分别为 44 m、22 m 和 11 m。可以看出，在读写器的工作范围内（如 0～10 cm），使用频率较低的工作频率有利于读写器线圈和电子标签线圈的电感耦合。现在电感耦合方式的 RFID 系统，一般采用低频和高频频段，典型的频率为 125 kHz、135 kHz、6.78 MHz、13.56 MHz 和 27.125 MHz。

低频频段的 RFID 系统最常用的工作频率为 125 kHz。该频段 RFID 系统的工作特性和应用如下：工作频率不受无线电频率管制约束；阅读距离一般情况下小于 1 m；有较高的电感耦合功率可供电子标签使用；无线信号可以穿透水、有机组织和木材等；典型应用为动物识别、容器识别、工具识别、电子闭锁防盗等；与低频电子标签相关的国际标准有用于动物识别的 ISO 11784/11785 和空中接口协议 ISO 18000-2（125～135 kHz）等；非常适合近距离、低速度、数据量要求较少的识别应用。

高频频段的 RFID 系统最典型的工作频率为 13.56 MHz。该频段的电子标签是实际应用中使用量最大的电子标签之一；该频段在世界范围内用于 ISM 频段使用；我国第二代身份证采用该频段；数据传输快，典型值为 106 kbps；时钟频率高，可实现密码功能或使用微处理器；典型应用包括电子车票、电子身份证、电子遥控门锁控制器等；相关的国际标准有 ISO 14443、ISO 15693 和 ISO 18000-3 等；电子标签一般制成标准卡片形状。

2. RFID 电磁反向散射方式使用的频率

电磁反向散射 RFID 系统采用雷达原理模型，发射出去的电磁波碰到目标后反射，同时携带回目标的信息。该方式一般适合于微波频段，典型的工作频率有 433 MHz、800/900 MHz、2.45 GHz 和 5.8 GHz，属于远距离 RFID 系统。

微波电子标签分为有源标签与无源标签两类，电子标签工作时位于读写器的远区，电子标签接收读写器天线的辐射场，读写器天线的辐射场为无源电子标签提供射频能量，将有源电子标签唤醒。该方式 RFID 系统的阅读距离一般大于 1 m，典型情况为 4～7 m，最大可达 10 m 以上。读写器天线一般为定向天线，只有在读写器天线定向波束范围内的电子标签可以被读写。该方式读写器天线和电子标签天线的电磁辐射如图 3.2 所示。

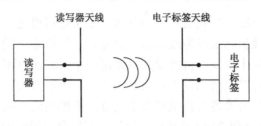

读写器天线   电子标签天线

图 3.2   读写器天线和电子标签天线的电磁辐射

800/900 MHz 频段是实现物联网的主要频段。例如，860～960 MHz 是 EPC Gen2 标准描述的第二代 EPC 标签与读写器之间的通信频率。EPC Gen2 标准是 EPC Global 最主要的 RFID 标准，Gen2 标签能够工作在 860～960 MHz 频段。我国根据频率使用的实际状况及相关的试验结果，结合我国相关部门的意见，并经过频率规划专家咨询委员会的审议，规划 840～845 MHz 及 920～925 MHz 频段用于 RFID 技术。以目前技术水平来说，无源微波标签比较成功的产品相对集中在 800/900 MHz 频段，特别是在 902～928 MHz 工作频段上。此外，800/900 MHz 频段的设备造价较低。

2.45 GHz 频段也是实现物联网的主要频段。例如，日本泛在识别 UID（Ubiquitous ID）标准体系是射频识别三大标准体系之一，UID 是使用 2.45 GHz 的 RFID 系统。

5.8 GHz 频段的使用比 800/900 MHz 及 2.45 GHz 频段少。国内外在道路交通方面使用的典型频率为 5.8 GHz。5.8 GHz 多为有源电子标签，5.8 GHz 比 800/900 MHz 的方向性更强，数据传输速度也更快，但其相关设备的造价也较高。

3.3   微波通信

微波通信[10]（Microwave Communication）是使用波长在 0.1 mm～1 m（300 MHz～3000 GHz）之间的电磁波——微波进行的通信。微波通信不需要固体介质，当两点间直线距离内无障碍时就可以使用微波传送。利用微波进行通信具有容量大、质量好并可传至很远的距离，因此是国家通信网的一种重要通信手段，也普遍适用于各种专用通信网。

我国微波通信广泛应用 L、S、C、X 诸频段，K 频段的应用尚在开发之中。由于微波的频率极高，波长又很短，它在空中的传播特性与光波相近，也就是直线前进，遇到阻挡就被反射或被阻断，因此微波通信的主要方式是视距通信，超过视距以后需要中继转发。

一般说来，由于地球曲面的影响及空间传输的损耗，每隔 50 km 左右，就需要设置中继站，将电波放大后转发。这种通信方式也称为微波中继通信或微波接力通信。长距离微波通信干线可以经过几十次中继而传至数千千米仍可保持很高的通信质量。

微波站的设备包括天线、收发信机、调制器、多路复用设备，以及电源设备、自动控制设备等。为了把电波聚集起来成为波束送至远方，一般都采用抛物面天线，其聚焦作用可大大增加传送距离。多个收发信机可以共同使用一个天线而互不干扰，我国现用微波系统在同一频段同一方向可以实现六发六收同时工作，也可以八发八收同时工作以增加微波电路的总体容量。多路复用设备有模拟和数字之分，模拟微波系统每个收发信机可以工作于 60 路、960 路、1800 路或 2700 路通信，可用于不同容量等级的微波电路；数字微波系统应用数字复用设备以 30 路电话按时分复用原理组成一次群，进而可组成二次群 120 路、三次群 480 路、四次群 1920 路，并经过数字调制器调制于发射机上，在接收端经数字解调器还原成多路电话。最新的微波通信设备，其数字系列标准与光纤通信的同步数字系列（SDH）完全一致，称为 SDH 微波。这种新的微波设备在一条电路上，八个波束可以同时传送 3 万多路数字电话电路（2.4 Gbps）。

由于微波通信的频带宽、容量大，可以用于各种电信业务的传送，如电话、电报、数据、传真及彩色电视等均可通过微波电路传输。微波通信具有良好的抗灾性能，对水灾、风灾及地震等自然灾害，微波通信一般都不受影响。但微波经空中传送，易受干扰，在同一微波电路、同一方向上不能使用相同的频率，因此微波电路必须在无线电管理部门的严格管理之下进行建设。此外由于微波直线传播的特性，在电波波束方向上，不能有高楼阻挡，因此城市规划部门要考虑城市空间微波通道的规划，使之不受高楼的阻隔而影响通信。

3.4 近距离无线通信技术概览

当今，无线通信在人们的生活中扮演越来越重要的角色，低功耗、微型化是用户对当前无线通信产品，尤其是便携产品的强烈追求，因此，作为无线通信技术一个重要分支——近距离无线通信技术正逐渐引起越来越广泛的关注。

近距离无线通信技术的范围很广，在一般意义上，只要通信收发双方通过无线电波传输信息，并且传输距离限制在较短的范围内，通常是几十米以内，就可以称为近（短）距离无线通信。低成本、低功耗和对等通信，是近距离无线通信技术的三个重要特征和优势[3]。

首先，低成本是近距离无线通信的客观要求，因为各种通信终端的产销量都很大，要提供终端间的直通能力，没有足够低的成本是很难推广的。

其次，低功耗是相对其他无线通信技术而言的一个特点，这与其通信距离短这个先天特点密切相关，由于传播距离近，遇到障碍物的几率也小，发射功率普遍都很低，通常在 mW 量级。

第三，对等通信是近距离无线通信的重要特征，有别于基于网络基础设施的无线通信技术。终端之间对等通信，无须网络设备进行中转，因此空中接口设计和高层协议都相对比较简单，无线资源的管理通常采用竞争的方式（如载波侦听）。

近距离无线通信通常指的是 100 m 以内的通信，一般分为高速近距离无线通信和低速近距离无线通信两类。高速近距离无线通信最高数据速率>100 Mbps，通信距离<10 m，典型技术有高速超宽带（UWB）；低速近距离无线通信的最低数据速率<1 Mbps，通信距离<100 m，典型技术有 ZigBee、Bluetooth 等。目前，比较受关注的近距离无线通信技术[2-5]包括蓝牙、802.11（Wi-Fi）、ZigBee、红外（IrDA）、超宽带（UWB）、近距场无线通信（Near Field Communication，NFC）等，它们都有其立足的特点，或基于传输速度、距离、耗电量的特殊要求；或着眼于功能的扩充性；或符合某些单一应用的特别要求；或建立竞争技术的差异化等。但是没有一种技术可以完美到足以满足所有的要求。

近距离无线通信技术以其丰富的技术种类和优越的技术特点，满足了物物互联的应用需求，逐渐成为物联网架构体系的主要支撑技术。同时，物联网的发展也为近距离无线通信技术的发展提供了丰富的应用场景，极大地促进了近距离无线通信技术与行业应用的融合。

1. 蓝牙

蓝牙[11,12]（Bluetooth）是一种无线数据与语音通信的开放性全球规范，它以低成本的短距离无线连接为基础，可为固定或移动终端设备（如掌上电脑、笔记本电脑和手机等）提供廉价的接入服务。其实质内容是为固定设备或移动设备之间的通信环境建立通用的近距离无线接口，将通信技术与计算机技术结合起来，使各种设备在没有电线或电缆相互连接的情况下，能在近距离范围内实现相互通信或操作。其传输频段为全球公众通用的 2.4 GHz ISM 频段，提供 1 Mbps 的传输速率和 10 m 的传输距离。

蓝牙技术诞生于 1994 年，爱立信公司（Ericsson）当时决定开发一种低功耗、低成本的无线接口，以建立手机及其附件间的通信。该技术还陆续获得 PC 行业业界巨头的支持。1998 年 5 月，爱立信联合诺基亚（Nokia）、英特尔（Intel）、IBM、东芝（Toshiba）这 4 家公司一起成立了蓝牙特殊利益集团（Special Interest Group，SIG），负责蓝牙技术标准的制定、产品测试，并协调各国蓝牙技术的具体使用。3COM、朗讯（Lucent）、微软（Microsoft）和摩托罗拉（Motorola）也很快加盟到 SIG，与 SIG 的 5 个创始公司一同成为 SIG 的 9 个倡导发起者。自蓝牙规范 1.0 版推出后，蓝牙技术的推广与应用得到了迅猛的发展，截至目前，SIG 的成员已经超过了 2500 家，几乎覆盖了全球各行各业，包括通信厂商、网络厂商、外设厂商、芯片厂商、软件厂商等，甚至消费类电器厂商和汽车制造商也加入了 Bluetooth SIG。

蓝牙协议的标准版本为 IEEE 802.15.1[13]，基于蓝牙规范 V1.1 实现[14]，后者已构建到现行很多蓝牙设备中。新版 IEEE 802.15.1a[15]基本等同于蓝牙规范 V1.2[16]标准，具备一定的 QoS 特性，并完整保持后向兼容性。IEEE 802.15.1a 的 PHY 层中采用先进的扩频跳频技术，提供 10 Mbps 的数据速率。另外，在 MAC 层中改进了与 IEEE 802.11 系统的共存性，并提供增强的语音处理能力、更快速的建立连接能力、增强的服务品质，以及提高蓝牙无线连接安全性的匿名模式。

从目前的应用来看，由于蓝牙体积小、功率低，其应用已不局限于计算机外设，几乎可以被集成到任何数字设备之中，特别是那些对数据传输速率要求不高的移动设备和便携设备。蓝牙技术的特点可归纳为如下几点[17,18]。

（1）全球范围适用：蓝牙工作在 2.4 GHz 的 ISM 频段，全球大多数国家 ISM 频段的范围是 2.4～2.4835 GHz，使用该频段无须向各国的无线电资源管理部门申请许可证。

（2）可同时传输语音和数据：蓝牙采用电路交换和分组交换技术，支持异步数据信道、三路语音信道，以及异步数据与同步语音同时传输的信道。每个语音信道数据速率为 64 kbps，语音信号编码采用脉冲编码调制（PCM）或连续可变斜率增量调制（CVSD）方法。当采用非对称信道传输数据时，速率最高为 721 kbps，反向为 57.6 kbps；当采用对称信道传输数据时，速率最高为 342.6 kbps。蓝牙有两种链路类型：异步无连接（Asynchronous Connection-Less，ACL）链路和同步面向连接（Synchronous Connection-Oriented，SCO）链路。

（3）可以建立临时性的对等连接（Ad-hoc Connection）：根据蓝牙设备在网络中的角色，可分为主设备（Master）与从设备（Slave）。主设备是组网连接主动发起连接请求的蓝牙设备，几个蓝牙设备连接成一个皮网（Piconet，又称为微微网）时，其中只有一个主设备，其余的均为从设备。皮网是蓝牙最基本的一种网络形式，最简单的皮网是一个主设备和一个从设备组成的点对点的通信连接。通过时分复用技术，一个蓝牙设备便可以同时与几个不同的皮网保持同步。具体来说，就是该设备按照一定的时间顺序参与不同的皮网，即某一时刻参与某一皮网，而下一时刻参与另一个皮网。

（4）具有很好的抗干扰能力：工作在 ISM 频段的无线电设备有很多种，如家用微波炉、无线局域网 WLAN 和 HomeRF 等产品，为了很好地抵抗来自这些设备的干扰，蓝牙采用了跳频（Frequency Hopping）方式来扩展频谱（Spread Spectrum），将 2.402～2.48 GHz 频段分成 79 个频点，相邻频点间隔 1 MHz。蓝牙设备在某个频点发送数据之后，再跳到另一个频点发送，而频点的排列顺序则是伪随机的，每秒频率改变 1600 次，每个频率持续 625 μs。

（5）蓝牙模块体积很小、便于集成：由于个人移动设备的体积较小，嵌入其内部的蓝牙模块体积就应该更小，如爱立信公司的蓝牙模块 ROK101008 的外形尺寸仅为 32.8 mm×16.8 mm×2.95 mm。

（6）低功耗：蓝牙设备在通信连接（Connection）状态下，有四种工作模式：激活（Active）模式、呼吸（Sniff）模式、保持（Hold）模式和休眠（Park）模式。Active 模式是正常的工作状态，另外三种模式是为了节能所设定的低功耗模式。

（7）开放的接口标准：SIG 为了推广蓝牙技术的使用，将蓝牙的技术标准全部公开，全世界范围内的任何单位和个人都可以进行蓝牙产品的开发，只要最终通过 SIG 的蓝牙产品兼容性测试，就可以推向市场。

（8）成本低：随着市场需求的扩大，各个供应商纷纷推出自己的蓝牙芯片和模块，蓝牙产品价格飞速下降。

蓝牙无线技术的应用大体上可以划分为替代线缆（Cable Replacement）、因特网桥（Internet Bridge）和临时组网（Ad Hoc Network）3 个领域。

（1）替代线缆。1994 年，Ericsson 公司就将其作为替代设备之间线缆的一项短距离无线技术。与其他短距离无线技术不同，蓝牙从一开始就定位于结合语音和数据应用的基本传输技术，最简单的一种应用就是点对点（Point to Point）的替代线缆。例如，耳机和移动电话、笔记本电脑和移动电话、PC 和 PDA（数据同步）、数码相机和 PDA，以及蓝牙电子笔和移动电话之间的无线连接。

围绕替代线缆再复杂一点的应用，就是多个设备或外设在一个简单的个人局域网（PAN）内建立通信连接，如在台式计算机、鼠标、键盘、打印机、PDA 和移动电话之间建立无线连接。为了支持这种应用，蓝牙还定义了皮网（Piconet）的概念，同一个 PAN 内至多有 8 个数据设备（1 个主设备（Master）和 7 个从设备（Slave））共存。

（2）因特网桥。蓝牙标准还更进一步地定义了网络接入点（Network Access Point）的概念，它允许一台设备通过此网络接入点来访问网络资源，如访问 LAN、Intranet、Internet和基于 LAN 的文件服务和打印设备。这种网络资源不仅仅可以提供数据业务服务，还可以提供无线的语音业务服务，从而可以实现蓝牙终端和无线耳机之间的移动语音通信。通过接入点和微型网的结合，可以极大地扩充网络基础设施、丰富网络资源，从而最终实现不同类型和功能的多种设备依托此种网络结构共享语音和数据业务服务。

建立这样一个安全和灵活的蓝牙网络需要以下 3 部分软件和硬件设施组成：一是蓝牙接入点（Bluetooth Access Point，BAP），它们可以安装在提供蓝牙网络服务的公共、个人或商业性建筑物上，目前大多数接入点只能在 LAN 和蓝牙设备之间提供数据业务服务，而少数高档次的系统可以提供无线语音连接；二是本地网络服务器（Local Network Server），此设备是蓝牙网络的核心，它提供基本的共享式网络服务，如接入 Internet、Intranet 和连接基于 PBX 的语音系统等；三是网络管理软件（Network Management Software），此软件也是网络的核心，集中式管理的形式能够提供诸如网络会员管理、业务浏览、本地业务服务、语音呼叫路由、漫游和计费等功能。蓝牙无线网络的结构如图 3.3 所示。

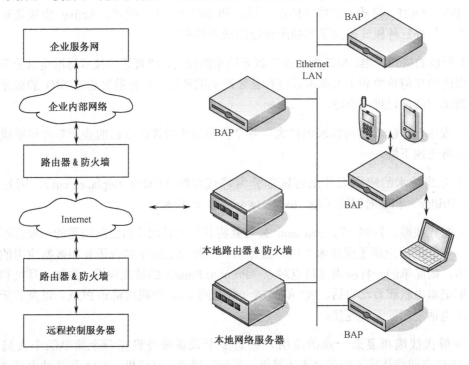

图 3.3　蓝牙无线网络结构

　　基于上述蓝牙网络的商业化应用已经浮出水面。在分布了多个蓝牙接入点的商店，顾客可以利用带有 WAP、蓝牙和 Web 浏览功能的移动电话付款、结账和浏览店内提供的商品；在装有基于蓝牙的饭店客人服务系统的 Holiday Inn 中，客人使用 Ericsson 的 R520m 具备蓝牙功能的移动电话就可以进行入住登记和结账服务，甚至可以用移动电话打开预定客房的房门。

　　在欧美国家，配备蓝牙等无线因特网接入服务的设施被称为 Hot Spot，它们和日本等国都在积极探索开展 Hot Spot 业务的商业模式。

　　（3）临时组网。上述的网络接入点是基于网络基础设施（Infrastructured Network）的，即网络中存在固定的、有线连接的网关。蓝牙标准还定义了基于无网络基础设施（Infrastructure-less Network）的"散型网"（Scatternet）的概念，意在建立完全对等（P2P）的 Ad Hoc 网络。所谓的 Ad Hoc 网络是一个临时组建的网络，其中没有固定的路由设备，网络中所有的节点都可以自由移动，并以任意方式动态连接（随时都有节点加入或离开），网络中的一些节点可由路由器来发现和维持与网络其他节点间的路由。Ad Hoc 网络应用于紧急搜索和救援行动中、会议和大会进行中及参加人员希望快速共享信息的场合。蓝牙标准中微网采用主/从工作模式，若干个临时组建的微网可以建立连接构成散型网。由主设备的蓝牙地址（BD-ADDR）及本地时钟（CLKN）决定一个微网的信道跳频序列（Channel Hopping Sequence）及同步时钟（CLK），微网内的所有从设备与此跳频序列保持同步。一个微网内的从设备可以同时作为其他微网的从设备，而一个微网的主设备在其他微网内只能作为从设备。在保证一定误码率及冲突限度的前提下，一个散型网可由至多 10 个微网构成。由此可见，在一定范围内可支持的蓝牙无线设备的密度相当高。当前的蓝牙协议并不支持完全对等的通信，如果在临时组建的微网内充当主单元的设备突然离去，剩余的设备不会自发地组建起一个新的微网；同时，蓝牙协议也不支持 Ad Hoc 业务的分配和管理。蓝牙的业务发现协议（SDP）为适应蓝牙通信的动态特性进行了优化，但 SDP 集中于对蓝牙设备上可利用业务的发现，而没有定义如何访问这些业务的方法（包括发现和得到协议、访问方式、驱动和使用这些业务所需的代码），以及对访问业务的控制和选择等。尽管如此，蓝牙的 SDP 可以与其他的业务发现协议共存，也可以通过蓝牙定义的其他协议来访问这些业务。为部分解决上述问题，北欧一家产品工作平台开发商、蓝牙 SIG 成员之一的 Pocit Lab 开发出了自发的短距离 P2P 业务平台——BlueTalk，以及智能的无线对等网络——BlueTalkNet。他们的工作平台在基于 PDA 的游戏上得到了应用，并且获得了 Bluetooth Congress 2001 的"最具创新产品奖"（Most Innovative Product）。

2. Wibree

Wibree[19]，超低功耗蓝牙无线技术，又被称为"小蓝牙"，是一种能够方便快捷地接入手机和一些诸如翻页控件、个人掌上电脑（PDA）、无线计算机外围设备、娱乐设备和医疗设备等便携式设备的一种低能耗无线局域网（WLAN）互动接入技术。

作为一种新的短距离无线通信技术，Wibree 技术于 2001 年最先由诺基亚公司率先提出。之后，诺基亚公司与 Broadcom、CSR 等一些其他半导体厂商一起联合推动该项技术的发展。2007 年 6 月 12 日，蓝牙 SIG 与 Wibree 论坛宣布 Wibree 并入蓝牙，Wibree 将作为蓝牙的超低耗电通信标准重新进行定义。类似于蓝牙技术，Wibree 技术可以在设备间进行连接，并且突破了蓝牙固有的能量局限，功耗仅为蓝牙的 1/10。Wibree 技术的信号能够在 2.4 GHz 的无线电频率上以最高达 1 Mbps 的数据传输率覆盖方圆 5～10 m 的范围。Wibree 技术可以很方便地和蓝牙技术一起部署到一块独立宿主芯片上或一块双模芯片上。

Wibree 由于其自身短距离、超低能耗、高数据传输率的特点，被广泛认为是新一代的蓝牙技术，或者蓝牙技术的补充。

3. Wi-Fi

Wi-Fi（Wireless Fidelity，无线高保真）的正式名称是 IEEE 802.11b[20]，与蓝牙一样，同属于短距离无线通信技术。Wi-Fi 速率最高可达 11 Mbps。虽然在数据安全性方面比蓝牙技术要差一些，但在电波的覆盖范围方面却略胜一筹，可达 100 m 左右。

Wi-Fi 是以太网的一种无线扩展，理论上只要用户位于一个接入点四周的一定区域内，就能以最高约 11 Mbps 的速度接入 Web。但实际上，如果有多个用户同时通过一个点接入，带宽将被多个用户分享，Wi-Fi 的连接速度一般将只有几百 kbps 的信号不受墙壁阻隔，但在建筑物内的有效传输距离会小于户外。

Wi-Fi 技术未来最具潜力的应用将主要在 SOHO、家庭无线网络，以及不便安装电缆的建筑物或场所。目前这一技术的用户主要来自机场、酒店、商场等公共热点场所。Wi-Fi 技术可将 Wi-Fi 与基于 XML 或 Java 的 Web 服务融合起来，可以大幅度减少企业的成本。例如，企业选择在每一层楼或每一个部门配备 IEEE 802.11b 的接入点，而不是采用电缆线把整幢建筑物连接起来，这样一来，可以节省大量铺设电缆所需花费的资金。

最初的 IEEE 802.11 规范是在 1997 年提出的，称为 IEEE 802.11b[20]，其主要目的是提供无线局域网（Wireless Local Area Network，WLAN）接入，也是目前 WLAN 的主要技术标准，它的工作频率是 ISM 2.4 GHz，与无绳电话、蓝牙等许多不需频率使用许可证的无线设备共享同一频段。随着 Wi-Fi 协议新版本，如 IEEE 802.11a[21]和 IEEE 802.11g[22]的先后推出，Wi-Fi 的应用将越来越广泛。速度更快的 IEEE 802.11g 使用与 IEEE 802.11a 相同的 OFDM（正交频分多路复用调制）技术，同样工作在 2.4 GHz 频段，速率达 54 Mbps。根据最近国际消费电子产品的发展趋势判断，IEEE 802.11g 将有可能被大多数无线网络产品制造商选择作为产品标准。当前在各地如火如荼展开的"无线城市"的建设，强调将 Wi-Fi 技术与 3G、LTE 等蜂窝通信技术的融合互补，通过 WLAN 对于宏网络数据业务的有效补充，为电信运营商创造出一种新的盈利运营模式；同时，也为 Wi-Fi 技术带来了新的巨大市场增长空间。

4. WiGig（60 GHz）

无线千兆比特（Wireless Gigabit，WiGig）是一种更快的短距离无线技术，可用于在家中快速传输大型文件。WiGig 和 WirelessHD 都使用 60 GHz 的频段，这一基本尚未使用的频段可以在近距离内实现极高的传输速率。WiGig 不是 WirelessHD（无线高清）等技术的直接竞争对手，它拥有更广泛的用途，其目标不仅是连接电视机，还包括手机、摄像机和个人电脑。

WiGig 可以达到 6 Gbps 的传输速率，差不多能在 15 s 内传输一部 DVD 的内容。WiGig 技术比 Wi-Fi 技术快 10 倍，且无须网线就可以将高清视频由电脑和机顶盒传输到电视机上。WiGig 的传输距离比 Wi-Fi 短，WiGig 可以在一个房间内正常运转，也许能延伸至相邻房间。

WiGig 的技术规范为 WiGig 1.0[23]无线标准，其核心内容如下：支持高达 7 Gbps 的数据传输速率，比 IEEE 802.11n 的最高传输速率快 10 倍以上；作为 IEEE 802.11 介质访问控制层（MAC）的补充和延伸，兼容 IEEE 802.11 标准；物理层同时满足了 WiGig 设备对低功耗和高稳定的要求，可确保设备互操作性和以千兆位以上速率通信的要求；协议适应层目前正在开发当中，以支持特定的系统接口，如 PC 外围设备的系统总线、HDTV 的显示接口，以及显示器和投影仪等；支持波束成形技术，支持 10 m 以上的可靠通信；为 WiGig 设备提供广泛、高级的安全和功耗管理机制等。

从技术上来说，WiGig 1.0 标准融合了 WirelessHD 和传统 Wi-Fi 技术的各项优点，因此，相对于 WirelessHD 而言，WiGig 1.0 标准有着自己的优势。

第一，WiGig 1.0 与 Wi-Fi 融合的优势。除了拥有接近 7 Gbps 的传输速率之外，WiGig 1.0 标准的一大优势在于它可以跟目前的 Wi-Fi 很好地融合。WiGig 技术很大部分是由传统 Wi-Fi 延伸而来的，因此它拥有向下兼容 IEEE 802.11n 的能力。当用户距离接入点（Access Point，AP）较远时，其无线连接将选择传输速度较慢但传输距离更远的频段（如 IEEE 802.11n）；而当用户距离 AP 较近时，系统将自动切换到 60 GHz 频段，以获得更高的连接速率。另外，在信号加密方面，WiGig 设备将兼容 IEEE 802.11 的 WPA2 加密算法，确保它与现有无线网络的互连互通。

正是由于 WiGig 1.0 标准良好的互连互通能力，现在有一些芯片制造商和 WiGig 内部已经开始讨论把 WiGig 融入 Wi-Fi 标准，以弥补目前 IEEE 802.11 规范在超高速无线标准中的缺失，其中就包括了英特尔、Broadcom 和 Atheros 等。Wi-Fi 联盟认证组织表示：WiGig 可以作为 Wi-Fi 标准的一个补充，随着各种条件的成熟，Wi-Fi 和 WiGig 将来完全有可能融合到一起。

第二，WiGig 1.0 标准瞄准多平台应用。最初，WiGig 技术瞄准的是家庭内部的无线高清传输市场，但是当正式的标准出台之后人们惊奇地发现，也许可以将 WiGig 技术应用到其他领域。

除了能满足高分辨率视频信号的传输需求外，WiGig 所具有的高带宽和低延迟特点也是其他几种应用的理想选择，如把笔记本电脑上的内容传输到台式机上播放和存储，以及无须电缆就能把视频从高清摄像机传输到电视上。支持 WiGig 标准的网卡功耗和成本与现有 802.11n 产品相当，因此完全可以将它移植到移动领域，如让手机无线连接电视、电脑，传输视频、音乐或照片等，而不是仅仅局限于高清视频的传输。这预示着智能手机也是它的发展方向之一。

此外，WiGig 技术并非只是面向视频和文件的传输，该标准的协议适应层目前正在发展当中，希望支持特定的系统接口，以替代 HDMI 或 Display Port，这意味着未来显卡和显示器之间也可以通过无线来进行连接，NVIDIA、AMD 和 Intel 齐聚 WiGig 就显示了这一美好前景。

5. IrDA

红外线数据协会（Infrared Data Association，IrDA）成立于 1993 年。起初，采用 IrDA 标准的无线设备仅能在 1 m 范围内以 115.2 kbps 速率传输数据，很快发展到 4 Mbps 及 16 Mbps 的速率。

IrDA[24-26]是一种利用红外线进行点对点通信的技术，是第一个实现无线个人局域网（Wireless Personal Area Network，WPAN）的技术。目前它的软/硬件技术都很成熟，在小型移动设备，如 PDA、手机上广泛使用。事实上，当今每一个出厂的 PDA 及许多手机、笔记本电脑、打印机等产品都支持 IrDA。

IrDA 的主要优点是无须申请频率的使用权，因而红外通信成本低廉，还具有移动通信所需的体积小、功耗低、连接方便、简单易用的特点；此外，红外线发射角度较小，传输上安全性高。

IrDA 的不足在于它是一种视距传输，两个相互通信的设备之间必须对准，中间不能被其他物体阻隔，因而该技术只能用于 2 台（非多台）设备之间的连接；而蓝牙就没有此限制，且不受墙壁的阻隔。IrDA 目前的研究方向是如何解决视距传输问题，以及提高数据传输率。

6. ZigBee

ZigBee[27,28]主要应用在短距离范围之内并且数据传输速率不高的各种电子设备之间。ZigBee 名字来源于蜂群使用的赖以生存和发展的通信方式，蜜蜂通过跳 ZigZag 形状的舞蹈来分享新发现的食物源的位置、距离和方向等信息。

ZigBee 联盟成立于 2001 年 8 月。2002 年下半年，Invensys、Mitsubishi、Motorola 及 Philips 半导体公司四大巨头共同宣布加盟 ZigBee 联盟，研发名为 ZigBee 的下一代无线通信标准。到目前为止，该联盟已有包括芯片、IT、电信和工业控制领域内约 500 多家世界著名企业会员。ZigBee 联盟负责制定网络层、安全层和 API（应用编程接口）层协议。2004 年 12 月 14 日，ZigBee 联盟发布了第一个 ZigBee 技术规范。ZigBee PHY 和 MAC 层由 IEEE 802.15.4[29]标准定义，IEEE 802.15.4 定义了两个物理层标准，分别对应于 2.4 GHz 频段和 868/915 MHz 频段。两者均基于直接序列扩频，物理层数据包格式相同，区别在于工作频率、调制技术、扩频码片长度和传输速率，具体见表 3.2。

表 3.2 2.4GHz 频段和 868/915 MHz 频段物理层的区别

工作频率/MHz	频段/MHz	数据速率/kbps	调制方式
868/915	868～868.6	20	BPSK
	902～928	40	BPSK
2450	2400～2483.5	250	O-QPSK

2.4 GHz 频段为全球免许可 ISM 频段，可以降低 ZigBee 设备的生产成本，该物理层采用高阶调制技术，提供 250 kbps 的传输速率，有助于获得更高的吞吐量、更小的通信时延和更短的工作周期，从而更加省电。ZigBee 技术在该频段采用 O-QPSK 调制，其调制过程如图 3.4 所示。

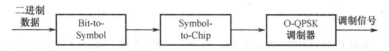

图 3.4 ZigBee 技术在 2.4 GHz 频段的调制过程

868 MHz 为欧洲 ISM 频段，915 MHz 为美国的 ISM 频段，它们的引入避免了 2.4 GHz 附近各种无线通信设备的相互干扰，传输速率分别为 20 kbps 和 40 kbps。这两个频段上无线信号传播损耗较小，可以降低对接收机灵敏度的要求，获得较远的有效通信距离，从而可以用较少的设备覆盖给定的区域。该频段的 ZigBee 系统采用差分编码和 BPSK 技术，调制过程如图 3.5 所示。

图 3.5 869/915 MHz 频段的 ZigBee 系统的调制过程

ZigBee 可以说是蓝牙的同族兄弟。与蓝牙相比，ZigBee 更简单、速率更慢、功率及费用也更低。它的基本速率是 250 kbps，当降低到 28 kbps 时，传输范围可扩大到 134 m，并获得更高的可靠性。另外，它可与 254 个节点连网，可以比蓝牙更好地支持游戏、消费电子、仪器和家庭自动化应用。此外，人们期望能在工业监控、传感器网络、家庭监控、安全系统和玩具等领域拓展 ZigBee 的应用，其技术特点如下。

- 数据传输速率低：只有 10～250 kbps，专注于低传输应用。
- 功耗低：在低耗电待机模式下，两节普通 5 号干电池可使用 6 个月以上，这也是 ZigBee 支持者所一直引以为豪的独特优势。
- 成本低：因为 ZigBee 数据传输速率低，协议简单，所以大大降低了成本；积极投入 ZigBee 开发的 Motorola 及 Philips，均已在 2003 年正式推出芯片，philips 预估，应用于主机端的芯片成本和其他终端产品的成本比蓝牙更具价格竞争力。
- 网络容量大：每个 ZigBee 网络最多可支持 255 个设备，也就是说，每个 ZigBee 设备可以与另外 254 台设备相连接。
- 有效范围小：有效覆盖范围为 10～75 m，具体依据实际发射功率的大小和各种不同的应用模式而定，基本上能够覆盖普通的家庭或办公室环境。
- 工作频段灵活：使用的频段分别为 2.4 GHz、868 MHz（欧洲）及 915 MHz（美国），均为免执照频段。

根据 ZigBee 联盟目前的设想，ZigBee 的目标市场主要有 PC 外设（鼠标、键盘、游戏操控杆）、消费类电子设备（TV、VCR、CD、VCD、DVD 等设备上的遥控装置）、家庭内智能控制（照明、煤气计量控制及报警等）、玩具（电子宠物）、医护（监视器和传感器）、工控（监视器、传感器和自动控制设备）等非常广阔的领域。

7. NFC

NFC[30,31]（Near Field Communication，近距离无线传输）是由 Philips、NOKIA 和 Sony 主推的一种类似于 RFID（非接触式射频识别）的短距离无线通信技术标准。和 RFID 不同，NFC 采用了双向的识别和连接，工作频率为 13.56 MHz，工作距离在 20 cm 以内。

NFC 最初仅仅是 RFID 和网络技术的合并，但现在已发展成无线连接技术，它能快速自动地建立无线网络，为蜂窝设备、蓝牙设备、Wi-Fi 设备提供一个"虚拟连接"，使电子设备可以在短距离范围进行通信。NFC 的短距离交互大大简化了整个认证识别过程，使电子设备间互相访问更直接、更安全和更清楚，不用再听到各种电子杂音。

NFC 通过在单一设备上组合所有的身份识别应用和服务，帮助解决记忆多个密码的麻烦，同时也保证了数据的安全保护。有了 NFC，多个设备如数码相机、PDA、机顶盒、电脑、手机等之间的无线互连，彼此交换数据或服务都将有可能实现。

此外，NFC 还可以将其他类型无线通信（如 Wi-Fi 和蓝牙）"加速"，实现更快和更远距离的数据传输。每个电子设备都有自己的专用应用菜单，而 NFC 可以创建快速安全的连接，而无须在众多接口的菜单中进行选择。与知名的蓝牙等短距离无线通信标准不同的是，NFC 的作用距离进一步缩短且不像蓝牙那样需要有对应的加密设备。

同样，构建 Wi-Fi 家族无线网络需要多台具有无线网卡的电脑、打印机和其他设备，除此之外，还得有一定技术的专业人员才能胜任这一工作。而 NFC 被置入接入点之后，只要将其中两个靠近就可以实现交流，比配置 Wi-Fi 连接容易得多。

NFC 有以下三种应用类型。

（1）设备连接：除了无线局域网，NFC 也可以简化蓝牙连接，比如，手提电脑用户如果想在机场上网，他只需要走近一个 Wi-Fi 热点即可实现。

（2）实时预定：比如，海报或展览信息背后贴有特定芯片，利用含 NFC 协议的手机或 PDA，便能取得详细信息，或者立即联机使用信用卡进行票卷购买，而且这些芯片无须独立的能源。

（3）移动商务：飞利浦 Mifare 技术支持了世界上几个大型交通系统及在银行业为客户提供 Visa 卡等各种服务；索尼的 FeliCa 非接触智能卡技术产品在中国香港及深圳、新加坡、日本的市场占有率非常高，主要应用在交通及金融机构。

总而言之，这项新技术正在改写无线网络连接的游戏规则，但 NFC 的目标并非是完全取代蓝牙、Wi-Fi 等其他无线技术，而是在不同的场合、不同的领域起到相互补充的作用。所以，目前后来居上的 NFC 发展态势相当迅速！本章第 3.5 节还将进一步介绍 NFC 技术。

8. UWB

超宽带[32]（Ultra Wideband，UWB）技术是一种无线载波通信技术，它不采用正弦载波，而是利用纳秒级的非正弦波窄脉冲传输数据，因此其所占的频谱范围很宽。UWB 可在非常宽的带宽上传输信号，美国 FCC 对 UWB 的规定为：在 3.1～10.6 GHz 频段中占用 500 MHz以上的带宽。由于 UWB 可以利用低功耗、低复杂度发射/接收机实现高速数据传输，在近年来得到了迅速的发展。它在非常宽的频谱范围内采用低功率脉冲传送数据，而不会对常规窄带无线通信系统造成大的干扰，并可充分利用频谱资源。

UWB 技术具有系统复杂度低、发射信号功率谱密度低、对信道衰落不敏感、低截获能力、定位精度高等优点，尤其适用于室内等密集多径场所的高速无线接入，非常适于建立一个高效的无线局域网或无线个域网（WPAN）。UWB 主要应用在小范围、高分辨率、能够穿透墙壁、地面和身体的雷达和图像系统中。除此之外，这种新技术适用于对速率要求非常高（大于 100 Mbps）的 LAN 或 PAN。

UWB 最具特色的应用将是视频消费娱乐方面的无线个人局域网（WPAN）。现有的无线通信方式，IEEE 802.11b 和蓝牙的速率太慢，不适合传输视频数据；54 Mbps 速率的 IEEE802.11a 标准可以处理视频数据，但费用昂贵。而 UWB 有可能在 10 m 范围内，支持高达110 Mbps 的数据传输率，不需要压缩数据，可以快速、简单、经济地完成视频数据处理。具有一定相容性和高速、低成本、低功耗的优点使得 UWB 较适合家庭无线消费市场的需求，UWB 尤其适合近距离内高速传送大量多媒体数据，以及可以穿透障碍物的突出优点，让很多商业公司将其看成一种很有前途的无线通信技术，应用于诸如将视频信号从机顶盒无线传送到数字电视等家庭场合。当然，UWB 未来的前途还要取决于各种无线方案的技术发展、成本、用户使用习惯和市场成熟度等多方面因素。

目前 UWB PHY 和 MAC 层的标准化工作主要在 IEEE 802.15.3a 和 IEEE 802.15.4a 中进行，其中 IEEE 802.15.3a 工作组负责高速 UWB，而 IEEE 802.15.4a 负责低速 UWB。我们这里主要介绍高速 UWB。

IEEE 802.15.3a 标准化的众多物理层技术中，目前主要包括两大技术阵营：一个是以Intel 和 TI 为代表的多频带 OFDM（MB-OFDM），将频谱以 500 MHz 带宽大小进行分割，在每个子频带上采用 OFDM 技术；另一个是以 Motorola 和 Freescale 为代表的直接序列 UWB（DS-UWB），采用传统脉冲无线电方案。这两种方案都工作在 FCC 分配的 3.1～10.6 GHz的免许可频段，但两者有不同的频段划分。MB-OFDM 将该频带划分为 13 个频段，每个频段为 528 MHz，用来发送 128 点的 OFDM 信号，每个子载波占用 4 MHz 带宽。根据目前的需要和硬件实现水平，采用 3 带方式（使用子频带 1～3）和 7 带方式（使用子频带 1～3 和 6～9）两种子频带配置方式。MB-OFDM 方案的发射端框架如图 3.6 所示。

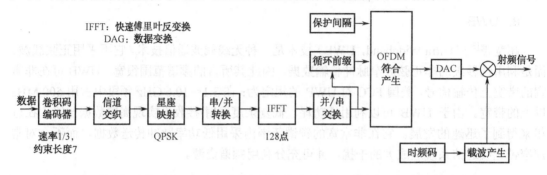

图 3.6　MB-OFDM 超宽带系统发射端框架

DS-UWB 将频带分为两个频段，即 3.1～4.85GHz 和 6.2～9.7GHz，在高低两个频段中基带信号扩频到整个带宽。而为了避免使用 U-NII 频段的其他系统，高低两个频段之间的部分没有使用。两个 DS-UWB 信号占用的带宽远远大于 MB-OFDM 信号的带宽，所以更容易达到很低的功率谱密度。DS-CDMA 系统的发射框架如图 3.7 所示。

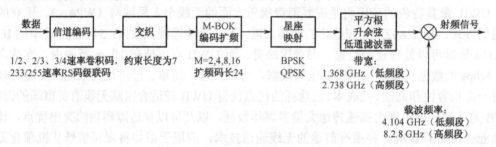

图 3.7　DS-CDMA 系统发射端框架

9. Z-Wave

Z-Wave[5] 是一种新兴的基于射频的、低成本、低功耗、高可靠、适于网络的短距离无线通信技术，工作频带为 868.42 MHz（欧洲）～908.42 MHz（美国），采用 FSK（BFSK/GFSK）调制方式，数据传输速率为 9.6 kbps，信号的有效覆盖范围在室内是 30 m，室外可超过 100 m，适合于窄带应用场合。随着通信距离的增大，设备的复杂度、功耗，以及系统成本通常都会增加，而相对于现有的各种无线通信技术，Z-Wave 技术将是功耗最低和成本最低的技术，有力地推动着低速率无线个人区域网（WPAN）。

Z-Wave 技术设计用于住宅、照明商业控制以及状态读取应用，如抄表、照明及家电控制、HVAC、接入控制、防盗及火灾检测等。Z-Wave 可将任何独立的设备转换为智能网络设备，从而可以实现控制和无线监测。Z-Wave 技术在最初设计时，就定位于智能家居无线控制领域，采用小数据格式传输，40 kbps 的传输速率足以应对，早期甚至使用 9.6 kbps 的速率传输。与同类的其他无线技术相比，拥有相对较低的传输频率、相对较远的传输距离和一定的价格优势。

Z-Wave 最初由丹麦 Zensys 公司提出，目前 Z-Wave 联盟已经具有 160 多家国际知名公司，范围基本覆盖全球各个国家和地区。尤其是思科（Cisco）与英特尔（Intel）的加入，强化了 Z-Wave 在家庭自动化领域的地位。就市场占有率来说，Z-Wave 在欧美普及率比较高，知名厂商如 Wintop、Leviton、Control4 等。在 2011 年美国国际消费电子展（CES）中，Wintop 已经推出基于互联网远程控制的产品，如远程监控、远程照明控制等。随着 Z-Wave 联盟的不断扩大，该技术的应用也将不仅仅局限于智能家居方面，在酒店控制系统、工业自动化、农业自动化等多个领域，都将发现 Z-Wave 无线网络的身影。

10. 小结

对上述各种近距离无线通信技术的特点做一个小结，如表 3.3 所示。

表 3.3 各种近距离无线通信技术比较

	ZigBee	Bluetooth	UWB	Wi-Fi	NFC	IrDA	WiGig	Z-Wave
安全性	中等	高	高	低	极高	低	低	高
传输速度	10～250 kbps	2.1 Mbps	53.3～480 Mbps	54 Mbps	424 kbps	16 Mbps	6 Gbps	9.6 kbps
距离范围	10～74 m（传输速率降到 28 kbps）	10 m	10 m	100 m	<20 cm	1 m	10 m	30 m（室内）、100 m（室外）
频段	2.4 GHz、868 MHz（欧洲）/915 MHz（美国）	2.4 GHz	3.1～10.6 GHz	2.4 GHz	13.56 MHz	红外波段	60 GHz	868 MHz（欧洲）、915 MHz（美国）
国际标准	IEEE 802.15.4	IEEE 802.15.1x	标准尚未制定	IEEE 802.11b、IEEE 802.11g	ISO/IEC 18092(ECMA340)、ISO/IEC 21481(ECMA352)	IRDA1.1	WiGig 1.0	标准尚未制定
成本	中	中	高	高	低	低	高	低

3.5 近场通信（NFC）

3.5.1 NFC 发展概述

NFC 英文全称是 Near Field Communication，即近场通信技术。NFC 是脱胎于无线设备间的一种"非接触式射频识别"（RFID）及互联技术[30]，为所有消费性电子产品提供了一个极为便利的通信方式。NFC 在数厘米（通常是 15 cm 以内）距离之间，以 13.56 MHz 频率范围内运作，通过射频信号自动识别目标对象并获取相关数据，识别工作无须人工干预，任意两个设备（如移动电话）接近而不需要线缆接插，就可以实现相互间的通信，满足任何两个无线设备间的信息交换、内容访问、服务交换。NFC 将非接触读卡器、非接触卡和点对点（Peer-to-Peer）功能整合进一块单芯片，为消费者提供了一个开放接口平台，可以对无线网络进行快速、主动设置，也是虚拟连接器，服务于现有蜂窝状网络、蓝牙和无线 IEEE 802.11 设备。

2004 年 3 月 18 日为了推动 NFC 的发展和普及，NXP（原飞利浦半导体）、索尼和诺基亚创建了一个非营利性的行业协会——NFC 论坛（NFC Forum），旨在促进 NFC 技术的实施和标准化，确保设备和服务之间协同合作。NFC 论坛负责制定模块式 NFC 设备架构的标准，以及兼容数据交换和除设备以外的服务、设备恢复和设备功能的协议。目前，NFC 论坛在全球拥有超过 130 个成员，包括全球各关键行业的领军企业，如万事达卡国际组织、松下电子工业有限公司、微软公司、摩托罗拉公司、NEC 公司、瑞萨科技公司、三星公司、德州仪器制造公司和 Visa 国际组织等。2006 年 7 月复旦微电子成为首家加入 NFC 联盟的中国企业，之后清华同方微电子也加入了 NFC 论坛。

NFC 技术最初只是 RFID 技术和网络技术的简单合并，现在已经演变成一种具有相应标准的短距离无线通信技术，发展态势相当迅速。由于近场通信具有天然的安全性，因此，NFC 技术被认为在手机支付、移动（电子）票务、数据共享等领域具有很大的应用前景。

在美国，从 2005 年 12 月起，在美国的乔治亚州的亚特兰大菲利浦斯球馆，Visa 和飞利浦就开始合作进行主要的 NFC 测试，球迷们可以很轻松地在特许经营店和服装店里买东西。另外，将具有 NFC 功能的手机放在嵌有 NFC 标签的海报前，还可以下载电影内容，如手机铃声、壁纸、屏保和最喜欢的明星及艺术家的剪报。

在欧洲，随着 3G 商用进程的逐步加快，各大移动运营商也在积极推广移动支付业务。2005 年 10 月，在法国诺曼底的卡昂，飞利浦同法国电信、Orange、三星、LaSer 零售集团及 Vinci 公园合作进行了主要的多应用 NFC 测试。在六个月的测试中，200 位居民使用嵌有飞利浦 NFC 芯片的三星 D500 手机在选定的零售点、公园设备进行支付，并可下载著名旅游景点的信息、电影宣传片及汽车班次表。在芬兰，2004 年 5 月起，芬兰国家铁路局在全国推广电子火车票，乘客不仅可以通过国家铁路局网站购买车票，还可以通过手机短信订购电子火车票。

在日本，2004 年，NTT DoCoMo 先后推出了面向 PDC 用户和 FOMA 用户的基于非接触 IC 智能芯片的 Felica 业务，用户可以在各种零售、电子票务、娱乐消费等商户利用这种手机进行支付。

在中国，2006 年 6 月 NXP、诺基亚、中国移动厦门分公司与"厦门易通卡"在厦门展开 NFC 测试，该项合作是中国首次 NFC 手机支付的测试。2006 年 8 月诺基亚与银联商务公司宣布在上海启动新的 NFC 测试，这是继厦门之后在中国的第二个 NFC 试点项目，也是全球范围首次进行 NFC 空中下载试验。参与测试使用的 NFC 手机均为 NOKIA 3220。2007 年 8 月开始，内置 NFC 芯片的 NOKIA6131i 在包括北京、厦门、广州在内的数个城市公开发售。这款手机预下载了一项可以在市政交通系统使用的交通卡，使用该手机，用户只需开设一个预付费账户就可以购买车票和在某些商场购物。

在未来，尤其是方兴未艾的物联网和移动互联网赋予了 NFC 技术更多的前景，比如：

各种电子标签识别：在物联网时代，任何物品都是数字化的，因此，很可能具有一个电子标签，这个电子标签可能就是一个 RFID Tag（类似取代现在的条形码，但成本高点，但高不了多少），只需要将 NFC 设备（如手机）靠近任何物品/商品，即可以通过网络获取物品的相关信息。

点对点付款：这和普通的手机支付不同，点对点付款是指两个人直接用 NFC 设备（如手机）进行交易，比如 A 要给 B n 元钱，直接两个人连上就可以完成转账。

一句话，也许在未来，各种卡片、各种门票、火车票、各种证件都会消失，只剩下一部手机（就像手机曾经干掉 MP3、MP4 一样），而一部手机就几乎能干所有的事。

3.5.2　NFC 工作原理

NFC 有两种工作模式：主动模式和被动模式[31]，其工作原理是有所区别的。在主动模式下，每台设备要向另一台设备发送数据时，都必须产生自己的射频场，如图 3.8 所示，发起设备和目标设备都要产生自己的射频场，以便进行通信。这是对等网络通信的标准模式，可以获得非常快速的连接设置。

在主动模式下，通信双方收发器加电后，任何一方可以采用"发送前侦听"协议来发起。

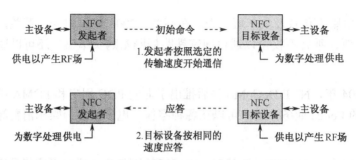

图 3.8　NFC 主动工作模式

在被动模式下，启动 NFC 通信的设备，也称为 NFC 发起设备（主设备），在整个通信过程中提供射频场（RF Field），如图 3.9 所示。它可以选择 106 kbps、212 kbps 和 424 kbps 任一种传输速度，将数据发送到另一台设备。另一台设备称为 NFC 目标设备（从设备），不必产生射频场，而使用负载调制（Load Modulation）技术，即可以相同的速度将数据传回发起设备。此通信机制与基于 ISO 14443A、MIFARE 和 FeliCa 的非接触式智能卡兼容，因此，NFC 发起设备在被动模式下，可以用相同的连接和初始化过程检测非接触式智能卡或 NFC 目标设备，并与之建立联系。

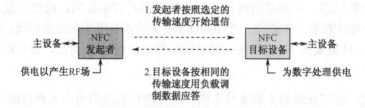

图 3.9　NFC 被动工作模式

在被动模式下，目标是一个被动设备，被动设备从发起者传输的磁场获得工作能量，然后通过调制磁场将数据传送给发起者（后扫描调制，AM 的一种）。移动设备主要以被动模式操作，这样可以大幅降低功耗，延长电池寿命。在一个具体应用过程中，NFC 设备可以在发起设备和目标设备之间转换自己的角色，利用这项功能，电池电量较低的设备可以要求以被动模式充当目标设备，而不是发起设备。

3.5.3　NFC 技术标准

随着短距离无线数据业务迅速膨胀，NFC 于 2004 年 4 月被批准为国际标准。NFC 技术符合 ECMA 340、ETSI TS102 190 V1.1.1 及 ISO/IEC 18092 标准。这些标准详细规定了物理层和数据链路层的组成，具体包括 NFC 设备的工作模式、传输速度、调制方案、编码等[33]，以及主动与被动 NFC 模式初始化过程中，数据冲突控制机制所需的初始化方案和条件。此外，这些标准还定义了传输协议，其中包括协议启动和数据交换方法等。

标准规定 NFC 技术支持三种不同的应用模式：

● 卡模式（如同 FeliCa 和 ISO 14443A/MIFARE 卡的通信）；
● 读写模式（对 FeliCa 或 ISO 14443A 卡的读写）；
● NFC 模式（NFC 芯片间的通信）。

标准规定了 NFC 的工作频率是 13.56 MHz，数据传输速度可以选择 106 kbps、212 kbps 或 424 kbps，在连接 NFC 后还可切换其他高速通信方式。传输速度取决于工作距离，最远可为 20 cm，在大多数应用中，实际工作距离不会超过 10 cm。

标准中对于 NFC 高速传输（>424 kbps）的调制目前还没有做出具体的规定，在低速传输时都采用 ASK 调制，但对于不同的传输速率，具体的调制参数是不同的。

标准规定了 NFC 编码技术包括信源编码和纠错编码两部分。不同的应用模式对应的信源编码的规则也不一样，对于模式 1，信源编码的规则类似于密勒（Miller）码。具体的编码规则包括起始位、"1"、"0"、结束位和空位。对于模式 2 和模式 3，起始位、结束位及空位的编码与模式 1 相同，只是 "0" 和 "1" 采用曼彻斯特（Manchester）码进行编码，或者可以采用反向的曼彻斯特码表示。纠错编码采用循环冗余校验法，所有的传输比特，包括数据比特、校验比特、起始比特、结束比特及循环冗余校验比特都要参加循环冗余校验。由于编码是按字节进行的，因此总的编码比特数应该是 8 的倍数。

为了防止干扰正在工作的其他 NFC 设备（包括工作在此频段的其他电子设备），NFC 标准规定任何 NFC 设备在呼叫前都要进行系统初始化以检测周围的射频场。当周围 NFC 频段的射频场小于规定的门限值（0.1875 A/m）时，该 NFC 设备才能呼叫。如果在 NFC 射频场范围内有两台以上 NFC 设备同时开机的话，需要采用单用户检测来保证 NFC 设备点对点通信的正常进行，单用户识别主要是通过检测 NFC 设备识别码或信号时隙完成的。

3.5.4 NFC 技术特点

技术的发展在于用户的需求，NFC 和其他短距离通信技术一样都是为了满足用户一定的需求。其他短距离通信技术，如 Wi-Fi、UWB、蓝牙等在某个领域都得到了相应的应用，Wi-Fi 提供一种接入互联网的标准，可以看成互联网的无线延伸；UWB 应用在家庭娱乐短距离的通信传输，直接传输宽带视频数据流；蓝牙主要应用于短距离的电子设备直接的组网或点对点信息传输，如耳机、电脑、手机等。NFC 技术将 RFID 技术和互联网技术相融合，为了满足用户包括移动支付与交易、对等式通信及移动中信息访问在内的多种应用。

与其他近距离通信技术相比，NFC 具有鲜明的特点，主要体现在以下几个方面。

（1）距离近、能耗低：NFC 是一种能够提供安全、快捷通信的无线连接技术，但由于

NFC 采取了独特的信号衰减技术，通信距离不超过 20 cm（其他通信技术的传输范围可以达到几米甚至百米）；由于其传输距离较近，能耗相对较低。

（2）NFC 更具安全性：NFC 是一种近距离连接技术，提供各种设备间距离较近的通信。与其他连接方式相比，NFC 是一种私密通信方式，加上其距离近、射频范围小的特点，其通信更加安全。

（3）NFC 与现有非接触智能卡技术兼容：NFC 标准目前已经成为得到越来越多主要厂商支持的正式标准，很多非接触智能卡都能够与 NFC 技术相兼容。

（4）传输速率较低：NFC 标准规定了数据传输速率具备了三种传输速率，最高的仅为 424 kbps，传输速率相对较低，不适合诸如音/视频流等需要较高带宽的应用。

NFC 作为一种新兴的技术，它的目标并非是完全取代蓝牙、Wi-Fi 等其他无线技术，而是在不同的场合、不同的领域起到相互补充的作用。NFC 作为一种面向消费者的交易机制，比其他通信更可靠而且简单得多。NFC 面向近距离交易，适用于交换财务信息或敏感的个人信息等重要数据；但是其他通信方式能够弥补 NFC 通信距离不足的缺点，适用于较长距离数据通信，如快捷轻型的 NFC 协议可以用于引导两台设备之间的蓝牙配对过程，促进蓝牙的使用。因此，NFC 与其他通信方式互为补充，共同存在。

表 3.4 给出了 NFC 与传统近距离无线通信技术的对比。和传统的近距通信相比，近场通信（NFC）有天然的安全性，以及连接建立的快速性。

表 3.4 NFC 与传统近距离通信技术的比较

	NFC	蓝 牙	红 外
网络类型	点对点	单点对多点（WPAN）	点对点
频率	13.56 MHz	2.4～2.5 GHz	红外波段
使用距离	<0.2 m	≈10 m，≈1 m（低能耗模式）	≤1 m
速度	106 kbps、212 kbps、424 kbps，规划速率可达 1 Mbps 左右	2.1～1.0 Mbps（低能耗模式）	≈1.0 Mbps
建立时间	<0.1 s	6 s，1 s（低能耗模式）	0.5 s
安全性	具备，硬件实现	具备，软件实现	不具备，使用 IRFM 时除外
通信模式	主动-主动/被动	主动-主动	主动-主动
RFID 兼容	ISO 18000-3	Active	Active
标准化机构	ISO/IEC	Bluetooth SIG	IrDA
网络标准	ISO 13157 等	IEEE 802.15.1	IRDA1.1
加密	Not With RFID	Available	Available
成本	低	中	低

3.5.5　NFC 技术应用

NFC 采用了双向的识别和连接，NFC 手机具有三种应用模式：NFC 手机作为识读设备（读写器）、NFC 手机作为被读设备（卡模拟）、NFC 手机之间的点对点通信应用。

1. 读卡器模式（Reader/Writer Mode）

在该模式中，具备识读功能的 NFC 手机从 Tag 中采集数据，然后根据应用的要求进行处理，如图 3.10 所示。有些应用可以直接在本地完成，而有些应用则需要通过与网络交互才能完成。基于该模型的典型应用有门禁控制或车票、电影院门票售卖等，使用者只需携带储存有票证或门控代码的设备靠近读取设备即可。它还能够作为简单的数据获取应用，如公交车站站点信息、公园地图信息等。

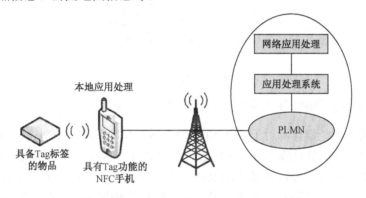

图 3.10　移动设备作为识读设备

2. 卡模式（Card Emulation）

作为被读设备，NFC 在该应用模式中，NFC 识读设备从具备 Tag 能力的 NFC 手机中采集数据，然后通过无线发射功能将数据送到应用处理系统进行处理，如图 3.11 所示。基于该模式的典型应用有本地支付、电子票应用等。此种方式有一个极大的优点，那就是卡片通过非接触读卡器的 RF 区域来供电，即便是寄主设备（如手机）没电也可以工作。

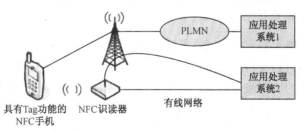

图 3.11　移动设备作为被读设备

3．点对点模式（P2P Mode）

与红外线传输类似，可用于数据交换，只是传输距离比较短，传输创建速度快很多，传输速度也快些，功耗低。将两个具备 NFC 功能的设备连接，能实现数据点对点传输，如建立蓝牙连接、交换手机名片，如图 3.12 所示。因此通过 NFC，多个设备如数字相机、PDA、计算机、手机之间都可以交换资料或者服务。

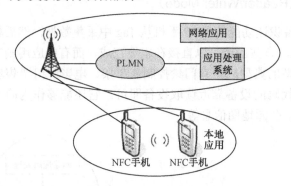

图 3.12　点对点通信应用

从应用范围上看，NFC 技术应用可以分为以下四个基本类型。

（1）NFC 用于智能媒体。对于配备 NFC 的电话，利用其读写器功能，用户只需接触智能媒体即可获取丰富的信息或下载相关内容。此智能媒体带有一个成本很低的 RFID（嵌入或附加在海报中）标签，可以通过移动电话读取，借此发现当前环境下丰富多样的服务项目。并且手机可以启动移动网络服务请求，并立即按比例增加运营商的网络流量。运营商可以投资这个"即时满足"工具，通过铃声下载、移动游戏和其他收费的增值服务来增加收入。

（2）NFC 用于付款和购票等。最早在移动电话上使用非接触式智能卡，只是将卡粘到电话中，并未通过非接触式卡提供任何增值服务，而且也不利用移动电话的功能或移动电话网络。之后经过改进，虽将非接触式智能卡集成到电话中，但仍然是基于传统智能卡部署的封闭系统。我们现在正见证向 NFC 电话发展的趋势，这种电话充分利用移动电话功能和移动电话网络，还提供卡读写器和设备对设备连接功能。

使用非接触式智能卡的支付方式在美国和亚太地区发展势头良好，Visa、MasterCard 和美国运通等信用卡的内置支付程序可以安全地存储在设备上的安全 IC 内。这样，NFC 电话就可以充分利用现有的支付基础架构，并能够支持移动电话公司的新服务项目。

（3）NFC 用于电子票证。电子票证是以电子方式存储的访问权限，消费者可以购买此权限以获得娱乐场所的入场权。整个电子票证购买过程只需几秒，对消费者而言非常简单便捷。在收集并确认了消费者的支付信息后，电子票证将自动传输到消费者的移动电话或安全芯片中。

用户将移动电话靠近自动售票终端，即开始交易。用户与服务设备充分交互，然后通过在移动电话上确认交易，完成购买过程。到娱乐场所时，用户只需将自己的移动电话靠近安装在入口转栅上的阅读器即可，阅读器在检查了票证的有效性后允许进入。

（4）NFC 用于连接和作为无线启动设备。消费者希望无线连接简单便捷，但对消费者承诺的便利性和移动性却仍未兑现。虽然使用方便已成为消费者优先选择的主要动因，但安全性能也是一种必要的因素。

3.6　本章小结

本章首先概述了现代无线与移动通信系统的发展历程，介绍了射频通信的信号传输方式与使用频段，并对微波通信的系统组成及其特点进行了简要分析。接下来对无线通信、物联网等领域的关注热点——近距离无线通信技术进行了详细介绍，对现有的主要近距离无线通信技术，包括蓝牙、Wi-Fi、ZigBee、红外（IrDA）、超宽带（UWB）、近场通信（NFC）等进行了简要概述并分析比较了各自的特点。需要指出的是，上述各种近距离无线通信技术都有其立足的特点，或基于传输速度、距离、耗电量的特殊要求，或着眼于功能的扩充性，或符合某些单一应用的特别要求，或建立竞争技术的差异化等。它们互为补充，共同存在，但是没有一种技术可以完美到足以满足所有的要求。最后，对近场通信（NFC）技术进行了重点分析和阐述，包括其发展历程、工作原理、技术标准、技术特点、应用范围等。

在当今的近距离无线通信领域，每种技术各有优势，如 UWB 具备高传输速率，蓝牙拥有 QoS，ZigBee 适合应用在感测与控制场合，NFC 则在手机支付、电子商务等领域有广阔的天地，它们之间的融合发展将是今后的趋势所在。例如，蓝牙技术联盟已宣布，将在新一代蓝牙技术中融合 UWB 技术，从而解决目前蓝牙传输慢、应用范围窄等技术和市场瓶颈；另一方面，UWB 通过与蓝牙联手，可以与目前全球数以亿计的蓝牙产品直接对接，摆脱了技术和市场发展过程中"后来者"的身份。又如 NFC 与蓝牙的结合，引导两台设备之间的蓝牙配对过程，从而促进蓝牙技术的使用。这一点在 Bluetooth 2.1+EDR 版本的蓝牙技术中已得到体现。

思考与练习

（1）简述无线通信系统发展的各个阶段及其特点。

（2）如何理解微波通信的直线传播特性？

（3）简述射频信号两种传输方式的工作原理与应用场景。

（4）如何理解近距离无线通信技术的特征，以及与物联网之间的关系？

（5）比较各种近距离无线通信技术的特点及应用场景。

（6）如何理解 IrDA 的主要优点是无须申请频率的使用权？为什么 IrDA 只能视距传输，而蓝牙等近距离通信技术可以非视距传输？

（7）选取 Wi-Fi、IrDA、ZigBee、UWB、WiGig 等近距离无线通信技术中的一项，就其原理、技术特征、应用实例，以及发展方向展开调研综述。

参考文献

[1] 朱晓荣，齐丽娜，孙君．物联网与泛在通信技术．北京：人民邮电出版社，2010．

[2] 李劼，姚远，宋俊德．近距离无线通信技术的发展现状与展望．移动通信，2008(3):5-9．

[3] 王亚丽，刘元安，吴帆．近距离无线通信技术与物联网．通信技术与标准，2011(7): 35-42．

[4] 方旭明，何蓉．短距离无线与移动通信网络．北京：人民邮电出版社，2004．

[5] 徐小涛，吴延林．无线个域网（WPAN）技术及其应用．北京：人民邮电出版社，2009．

[6] 郭梯云，杨家玮，李建东．数字移动通信．北京：人民邮电出版社，2001．

[7] 李仲令，李少谦，唐友喜，等．现代无线与移动通信技术．北京：科学出版社，2006．

[8] 射频通信理论与应用[EB/OL]．http://www.eefocus.com/html/09-02/415525030845r2iI.shtml．

[9] 黄玉兰．物联网射频识别（RFID）核心技术详解．北京：人民邮电出版社，2011．

[10] 唐贤远，李兴．数字微波通信系统．北京：电子工业出版社，2004．

[11] Jennifer Bray，Charles F Sturman. Bluetooth Connect- Without Cables. Prentice Hall PTR，2001．

[12] Pravin Bhagwat. Bluetooth，Technology for Short-Range Wireless Applications. IEEE INTERNET COMPUTING，June 2001:96-103．

[13] IEEE Std 802.15.1-2002．

[14] Bluetooth SIG．Specification of the Bluetooth system core version 1.1. 2001．

[15] IEEE Std 802.15.1a-2003．

[16] Bluetooth SIG．Specification of the Bluetooth system core version 1.2. 2003．

[17] Nathan J. Muller 著．蓝牙揭密．周正等译．北京：人民邮电出版社，2001．

[18] 金纯，许光辰，孙睿．蓝牙技术．北京：电子工业出版社，2002．

[19] Ultra-Low Power Radio Technology for small Devices．http://www.wibree.com，2006．

[20] IEEE Std 802.11b-1999．

[21] IEEE Std 802.11a-1999．

[22] IEEE Std 802.11g-2003．

[23] http://wirelessgigabitalliance.org/specifications/．

[24] S. Williams. IrDA: past, present and future. IEEE Personal Communications, vol. 7, no. 1, Feb. 2000:11-19.

[25] 张晓红，Sasan Sadat，乔为民，等. 红外通信 IrDA 标准与应用. 光电子技术，2003(4): 261-265.

[26] 邱磊，肖兵. 基于 IrDA 协议栈的红外通信综述. 无线通信技术，2004(4):261-265.

[27] 蒋挺，赵成林. 紫蜂技术及其应用. 北京：北京邮电大学出版社，2006.

[28] 瞿雷，胡咸斌. ZigBee 技术及应用. 北京：北京航空航天大学出版社，2007.

[29] IEEE Std 802.15.4-2003.

[30] NFC 技术和应用专题[EB/OL]. http://www.rfidworld.com.cn/.

[31] 韩露，桑亚楼. NFC 技术及其应用. 移动通信，2008(3):25-28.

[32] 王金龙，王呈贵，阚春荣，等. 无线超宽带（UWB）通信原理与应用. 北京：人民邮电出版社，2005.

[33] 张士兵，包志华，徐晨. 近距离无线通信及其关键技术. 电视技术，2006(6):62-64.

第 4 章
射频识别技术

射频识别技术是 20 世纪 90 年代兴起的一项自动识别技术，它利用无线电射频方式进行非接触式双向通信。RFID（Radio Frequency Identification）系统中射频卡（应答器）与读写器组成的一个完整射频系统，无须物理接触即可完成识别。作为一种非接触式的自动识别技术，RFID 射频识别通过射频信号自动识别目标对象并获取相关数据，识别工作无须人工干预。RFID 技术可识别高速运动物体并可同时识别多个标签，操作快捷方便，已经在物流管理、生产线工位识别、绿色畜牧业养殖个体记录跟踪、汽车安全控制、身份证、公交等领域大量成功应用，是物联网应用的一项关键技术。

4.1　自动识别技术概述

自动识别技术是以计算机技术和通信技术的发展为基础的综合性科学技术，它是信息数据自动识读、自动输入计算机的重要方法和手段。近几十年，自动识别技术在全球范围内得到了迅猛的发展，初步形成了一个包括条码技术、磁条磁卡技术、IC 卡技术、光学字符识别、射频技术、声音识别及视觉识别等集计算机、光、磁、物理、机电、通信技术为一体的高新技术学科。

4.1.1　自动识别技术的基本概念

在我们的现实生活中，各种各样的活动或者事件都会产生这样或者那样的数据，这些数据包括人的、物质的、财务的，也包括采购的、生产的和销售的，这些数据的采集与分析对于我们的生产或者生活决策来讲是十分重要的。如果没有这些实际工况的数据支援，生产和决策就将成为一句空话，将缺乏现实基础。在计算机信息处理系统中，数据的采集是信息系统的基础，这些数据通过数据系统的分析和过滤，最终成为影响我们决策的信息。在信息系统早期，相当部分数据的处理都是通过手工录入的，不仅数据量十分庞大、劳动强度大，而且数据误码率较高，也失去了实时的意义。为了解决这些问题，人们研究和发展了各种各样的自动识别技术，将人们从繁沉的重复的但又十分不精确的手工劳动中解放出来，提高了系统信息的实时性和准确性，从而为生产的实时调整、财务的及时总结，以及决策的正确制定提供正确的参考依据。

那么，什么是自动识别技术呢？自动识别技术是应用一定的识别装置，通过被识别物品和识别装置之间的接近活动，自动地获取被识别物品的相关信息，并提供给后台的计算机处理系统来完成相关后续处理的一种技术。例如，商场的条形码扫描系统就是一种典型的自动识别技术，售货员通过扫描仪扫描商品的条码，获取商品的名称、价格，输入数量，后台 POS 系统即可计算出该批商品的价格，从而完成顾客的结算。一般来讲，在一个信息系统中，数据的采集（识别）完成了系统的原始数据的采集工作，解决了人工数据输入速度慢、误码率高、劳动强度大、工作简单重复性高等问题，为计算机信息处理快速、准确地进行数据采集输入提供了有效手段，因此，自动识别技术作为一种革命性的高新技术，正迅速为人们所接受。自动识别系统通过中间件或者接口（包括软件的和硬件的）将数据传输给后台计算机处理，由计算机对所采集到的数据进行处理或者加工，最终形成对人们有用的信息。

完整的自动识别计算机管理系统包括自动识别系统（Auto Identification System，AIDS），应用程序接口（Application Interface，API）或者中间件（Middleware）和应用系统软件（Application Software）。也就是说，自动识别系统完成系统的采集和存储工作，应用系统软件对自动识别系统所采集的数据进行应用处理，而应用程序接口软件则提供自动识别系统和应用系统软件之间的通信接口包括数据格式，将自动识别系统采集的数据信息转换成应用软件系统可以识别和利用的信息并进行数据传递。

4.1.2　自动识别技术的种类与特征比较

自动识别系统根据识别对象的特征可以分为数据采集技术和特征提取技术两大类，这两大类自动识别技术的基本功能都是完成物品的自动识别和数据的自动采集。数据采集技术的基本特征是需要被识别物体具有特定的识别特征载体（如标签等，仅光学字符识别例外），而特征提取技术则根据被识别物体的本事的行为特征（包括静态的、动态的和属性的特征）来完成数据的自动采集。

数据采集技术包括

- 利用光学原理的存储器：条码（一维、二维）、矩阵码、光标读写器、光学字符识别。
- 磁存储器：磁条、非接触磁卡、磁/光存储、微波。
- 电存储器：触摸式存储、RFID 射频识别、存储卡（智能卡、非接触式智能卡）、视觉识别、能量扰动识别。

特征提取技术包括

- 动态特征：声音（语音）、键盘敲击、其他感觉特征。
- 属性特征：化学感觉特征、物理感觉特征、生物抗体病毒特征、联合感觉系统。

例如，得到广泛应用的生物识别就属于特征提取识别，生物识别之所以能够作为个人身份鉴别的有效手段，是由它自身的特点所决定的：普遍性、唯一性、稳定性、不可复制性。

- 普遍性：生物识别所依赖的身体特征基本上是人人天生就有的，用不着向有关部门申请或制作。
- 唯一性和稳定性：经研究和经验表明，每个人的指纹、掌纹、面部、发音、虹膜、视网膜、骨架等都与别人不同，且终生不变。
- 不可复制性：随着计算机技术的发展，复制钥匙、密码卡，以及盗取密码、口令等都变得越发容易，然而要复制人的活体指纹、掌纹、面部、虹膜、掌纹等生物特征就困难得多。

这些技术特性使得生物识别身份验证方法不依赖各种人造的和附加的物品来证明人的自身，而用来证明自身的恰恰是人本身，所以，它不会丢失、不会遗忘，很难伪造和假冒，是一种"只认人、不认物"，方便安全的保安手段。

4.1.3 常见的自动识别技术及特征比较

1. 条码技术

条形码是由宽度不同、反射率不同的条和空，按照一定的编码规则（码制）编制成的，用以表达一组数字或字母符号信息的图形标识符，即条形码是一组粗细不同，按照一定的规则安排间距的平行线条图形。常见的条形码是由反射率相差很大的黑条（简称条）和白条（简称空）组成的，这种用条、空组成的数据编码可以供条码读写器识读，而且容易译成二进制和十进制数。这些条和空可以有各种不同的整合方法，构成不同的图形符号，即各种符号体系（也称为码制），适用于不同的场合。

由于不同颜色的物体，其反射的可见光的波长不同，白色物体能反射各种波长的可见光，黑色物体则吸收各种波长的可见光，所以当条形码扫描器光源发出的光经光阑及凸透镜后，照射到黑白相间的条形码上时，反射光经凸透镜聚焦后，照射到光电转换器上，于是光电转换器接收到与白条和黑条相应的强弱不同的反射光信号，并转换成相应的电信号输出到放大整形电路。白条、黑条的宽度不同，相应的电信号持续时间长短也不同。但是，由光电转换器输出的与条形码的条和空相应的电信号一般仅 10 mV 左右，不能直接使用，因而先要将光电转换器输出的电信号送入放大器放大。放大后的电信号仍然是一个模拟电信号，为了避免由条形码中的疵点和污点导致错误信号，在放大电路后需加一个整形电路，把模拟信号转换成数字电信号，以便计算机系统能准确判读。整形电路的脉冲数字信号经译码器译成数字、字符信息。它通过识别起始、终止字符来判别出条形码符号的码制及扫描方向；通过测量脉冲数字电信号 0、1 的数目来判别出条和空的数目，通过测量 0、1 信号持续的时间来判别条和空的宽度。这样便得到了被辩读的条形码符号的条和空的数目，以及相应的宽度和所用码制，根据码制所对应的编码规则，便可将条形符号换成相应的数字、字符信息，通过接口电路送给计算机系统进行数据处理与管理，便完成了条形码辨读的全过程。

目前，通用产品码（Universal Product Code，UPC）和欧洲物品码（European Article Numbering，EAN）是目前使用频率最高的两种码制，在零售业中使用非常广泛，并正在工业和贸易领域中被广泛地接受。UPC/EAN 码是一种全数字的符号法（它只能表示数字）。在工业、药物和政府应用中得最多的是 39 码，39 码是一种字母与数字混合符号法，具有自我检验功能，能够提供不同的长度和较高的信息安全性。与 39 码相比，128 码是一种更便捷的符号法，能够代表整个 ASCII 字母系列，它能提供一种特殊的"双重密度"的全数字模式并有高信息安全性能。图 4.1 为几种常用的条码。

图 4.1　几种常用的条码

条码成本很低，适于大量需求且数据不必更改的场合。例如，商品包装上就很便宜，但是较易磨损、且数据量很小，而且条码只对一种或者一类商品有效，也就是说，同样的商品具有相同的条码。

2. 卡识别技术

（1）磁条（卡）技术。磁条（卡）类似于将一组小磁铁头尾连接在一起，磁条记录信息的方法是变化小块磁物质的极性，识读器材能够在磁条内分辨磁性变换。解码器识读到磁性变换，并将它们转换成字母和数字的形式以便计算机来处理。磁条技术应用了磁学的基本原理，对自动识别设备制造商来说，磁条就是一层薄薄的由定向排列的铁性氧化粒子组成的材料，并用树脂黏合在诸如纸或者塑料这样的非磁性基片上。

磁条技术的优点是数据可读写，即具有现场改写数据的能力；数据存储量能满足大多数需求，便于使用，成本低廉，还具有一定的数据安全性；它能黏附于许多不同规格和形式的基材上。这些优点使之在很多领域得到了广泛应用，如信用卡、银行 ATM 卡、机票、公共汽车票、自动售货卡、会员卡、现金卡（如电话磁卡）等，最著名的磁条应用是为自动提款机和售货点终端机使用的食用卡和信贷卡。磁条（卡）还用于对建筑、旅馆房间和其他设施的进出控制，其他应用包括时间与出勤系统、库存追踪、人员识别、娱乐场所管理、生产控制、交通收费系统和自动售货机。图 4.2 是一种常见的磁卡。

图 4.2　一种常见的磁卡

磁条技术是接触识读，它与条码有三点不同：

- 数据可进行部分读写操作；
- 给定面积编码容量比条码大；
- 对物品逐一标识成本比条码高。

其接触性读写的主要缺点就是灵活性太差。

（2）IC 卡识别技术。IC 卡（Integrated Circuit Card，集成电路卡），有些国家和地区也称智能卡（Smart Card）、智慧卡（Intelligent Card）、微电路卡（Microcircuit Card）或微芯片卡等，它将一个微电子芯片嵌入符合 ISO 7816 标准的卡基中，做成卡片形式。IC 卡读写器是 IC 卡与应用系统间的桥梁，在 ISO 国际标准中称为接口设备（Interface Device，IFD），IFD 内 CPU 通过一个接口电路与 IC 卡相连并进行通信。IC 卡接口电路是 IC 卡读写器中至关重要的部分，根据实际应用系统的不同，可选择并行通信、半双工串行通信和 I2C 通信等不同的 IC 卡读写芯片。通常说的 IC 卡多数是指接触式 IC 卡，非接触式 IC 卡则称射频卡。

IC（Integrated Card）卡是 1970 年由法国人 Roland Moreno 发明的，他第一次将可编程设置的 IC 芯片放于卡片上，使卡片具有更多功能。IC 卡的存储容量大，便于应用，方便保管。IC 卡防磁、防一定强度的静电，抗干扰能力强，可靠性比磁卡高，使用寿命长，一般可重复读写 10 万次以上。IC 卡的价格稍高，接触式 IC 卡的触点暴露在外面，有可能因人为的原因或静电损坏。在我们的生活中，IC 卡的应用也比较广泛，我们接触得比较多的有电话 IC 卡、购电（气）卡、手机 SIM 卡，以及即将大面积推广的智能水表、智能气表等。图 4.3 是一种常见的 IC 卡。

图 4.3　IC 卡示例

3. 射频识别技术（RFID）

射频识别（Radio Frequency Identification，RFID）是一种非接触的自动识别技术，它是利用无线射频技术对物体对象进行非接触式和即时自动识别的无线通信信息系统，如图 4.4 所示。射频技术的基本原理是电磁理论，射频系统的优点是识别距离比光学系统远，射频识别卡具有读写能力、可携带大量数据、难以伪造和智能性较高等特点。射频识别和条码一样都是非接触式识别技术，由于无线电波能"扫描"数据，所以 RFID 的标签可做成隐形的，有些 RFID 识别产品的识别距离可达数百米，RFID 标签可做成可读写的。

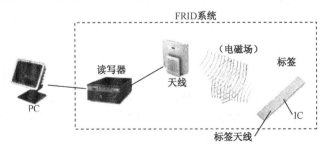

图 4.4　RFID 系统

射频标签的识别过程无须人工干预，适于实现自动化且不易损坏，可识别高速运动物体，并可识别多个射频标签，操作快捷方便。射频标签不怕油渍、灰尘污染等恶劣环境，短距离的射频标签可以在这样的环境中替代条码，如用在工厂的流水线上跟踪物体。长距离的产品多用于智能交通系统中，如自动收费或车辆身份识别，识别距离可达几十米。RFID适用的领域包括物料跟踪、运载工具和货架识别等要求非接触数据采集和交换的场合。由于 RFID 标签具有可读写能力，对于需要频繁改变数据内容的场合尤为适用。

4.2   RFID 的基本原理

与条码相比，RFID 标签具有读取速度快、存储空间大、工作距离远、穿透性强、外形多样、工作环境适应性强和可重复使用等多种优势。那么，RFID 是如何工作的呢？

4.2.1   RFID 工作原理

RFID 技术的基本工作原理并不复杂：标签进入磁场后，会接收到读写器发出的射频信号，凭借感应电流所获得的能量发送出存储在芯片中的产品信息（Passive Tag，无源标签或被动标签），或者主动发送某一频率的信号（Active Tag，有源标签或主动标签）；读写器读取信息并解码后，送至中央信息系统进行有关数据处理。射频识别系统是利用射频标签与射频读写器之间的射频信号及其空间耦合、传输特性，实现对静止的、移动的待识别物品的自动识别的。在射频识别系统中，射频标签与读写器之间，通过两者的天线架起空间电磁波传输的通道，通过电感耦合或电磁耦合的方式，实现能量和数据信息的传输。最基本的 RFID 系统由标签（Tag）、读写器（Reader）、天线（Antenna）三部分组成，如表 4.1 所示。

表 4.1   RFID 系统的组成

读写器（Reader）	读取（有时还可以写入）标签信息的设备，可设计为手持式或固定式
天线（Antenna）	在标签和读写器间传递射频信号
标签（Tag）	由耦合元件及芯片组成，每个标签具有唯一的电子编码，附着在物体上标识目标对象；每个标签都有一个全球唯一的 ID 号码——UID，UID 是在制作芯片时放在 ROM 中的，无法修改

1. 标签（Tag）

由耦合元件及芯片组成，每个标签具有唯一的电子编码，附着在物体上标识目标对象。电子标签中一般保存有约定格式的电子数据，在实际应用中，电子标签附着在待识别物体的表面。读器可无接触地读取并识别电子标签中所保存的电子数据，从而达到自动识别体的目的。通常读写器与电脑相连，所读取的标签信息被传送到电脑上进行下一步处理。在以上基本配置之外，还应包括相应的应用软件。

　　RFID 系统在实际应用中，电子标签附着在待识别物体的表面，电子标签中保存有约定格式的电子数据。读写器可无接触地读取并识别标签中所保存的电子数据，从而达到自动识别物体的目的。读写器通过天线发送出一定频率的射频信号，当标签进入磁场时产生感应电流从而获得能量，发送出自身编码信息，被读写器读取并解码后送至电脑进行有关处理。

　　RFID 标签分为被动标签（Passive Tag）和主动标签（Active Tag）两种。主动标签自身带有电池供电，读写距离较远时体积较大，与被动标签相比成本更高，也称为有源标签，一般具有较远的阅读距离，不足之处是电池不能长久使用，能量耗尽后需更换电池。

　　无源电子标签在接收到读写器（读出装置）发出的微波信号后，将部分微波能量转化为直流电供自己工作，一般可做到免维护，成本很低并具有很长的使用寿命，比主动标签更小也更轻，读写距离则较近，也称为无源标签，如图 4.5 所示。相比有源系统，无源系统在阅读距离及适应物体运动速度方面略有限制。

图 4.5　一种无源标签

　　按照存储的信息是否被改写，标签也被分为只读式标签（Read Only）和可读写标签（Read and Write）。只读式标签内的信息在集成电路生产时就将信息写入，以后不能修改，只能被专门设备读取；可读写标签将保存的信息写入其内部的存储区，需要改写时也可以采用专门的编程或写入设备擦写。一般将信息写入电子标签所花费的时间远大于读取电子标签信息所花费的时间，写入花费的时间为秒级，读取花费的时间为毫秒级。

2. 读写器（Reader）

　　近年来，随着微型集成电路技术的进步，RFID 读写器得到了发展，图 4.6 所示为一种

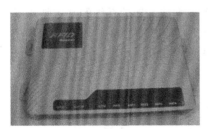

图 4.6　一种 RFID 读写器

RFID 读写器。被动 RFID 标签无须电池，由 RFID 读写器产生的磁场中获得工作所需的能量，但是读取距离较近。过去，RFID 主动标签体积大、功耗大、寿命短，而采用最新技术制造的主动 RFID 标签不仅读取距离远，而且具有被动标签寿命长、性能可靠的优点。读取（有时还可以写入）标签信息的设备，可设计为手持式或固定式。在读写器中，由检波电路将经过 ASK 调制的高频载波进行包络检波，并将高频成分滤掉后将包络还原为应答器单片机所发送的数字编码信号送给读写器上的解码单片机。解码单片机收到信号后控制与之相连的数码管显示电路将该应答器所传送的信息通过数码管显示出来，实现信息传送。

3. RFID 天线及工作频率

在无线通信系统中，需要将来自发射机的导波能量转变为无线电波，或者将无线电波转换为导波能量，用来辐射和接收无线电波的装置称为天线，如图 4.7 所示。发射机所产生的已调制的高频电流能量（或导波能量）经馈线传输到发射天线，通过天线将转换为某种极化的电磁波能量，并向所需方向发射出去。到达接收点后，接收天线将来自空间特定方向的某种极化的电磁波能量又转换为已调制的高频电流能量，经馈线输送到接收机输入端。

图 4.7　RFID 天线

通常读写器发送时所使用的频率被称为 RFID 系统的工作频率。常见的工作频率有低频 125 kHz、134.2 kHz 及 13.56 MHz 等。低频系统一般指其工作频率小于 30 MHz，典型的工作频率有 125 kHz、225 kHz、13.56 MHz 等，这些频点应用的射频识别系统一般都有相应的国际标准予以支持。低频系统的基本特点是电子标签的成本较低、标签内保存的数据量较少、阅读距离较短、电子标签外形多样（卡状、环状、纽扣状、笔状）、阅读天线方向性不强等。

高频系统一般指其工作频率大于 400 MHz，典型的工作频段有 915 MHz、2.45 GHz、5.8 GHz 等。高频系统在这些频段上也有众多的国际标准予以支持。高频系统的基本特点是电子标签及读写器成本均较高、标签内保存的数据量较大、阅读距离较远（可达几米至十几米），适应物体高速运动性能好，外形一般为卡状，阅读天线及电子标签天线均有较强的方向性。RFID 系统的工作频率如表 4.2 所示。

表 4.2　RFID 系统的工作频率

频　段	描　述	作用距离	穿透能力
125~134 kHz	低频（LF）	45 cm	能穿透大部分物体
13.553~13.567 MHz	高频（HF）	1～3 m	勉强能穿透金属和液体
400~1000 MHz	超高频（UHF）	3～9 m	穿透能力较弱
2.45 GHz	微波（Microwave）	3 m	穿透能力最弱

RFID 系统的工作过程是：接通读写器电源后，高频振荡器产生方波信号，经功率放大器放大后输送到天线线圈，在读写器的天线线圈周围会产生高频强电磁场。当应答器线圈靠近读写器线圈时，一部分磁力线穿过应答器的天线线圈，通过电磁感应，在应答器的天线线圈上产生一个高频交流电压，该电压经过应答器的整流电路整流后再由稳压电路进行稳压输出直流电压作为应答器单片机的工作电源，实现能量传送。

应答器单片机在通电之后进入正常工作状态，会不停的通过输出端口向外发送数字编码信号。单片机发送的有高低电平变化的数字编码信号到达开关电路后，开关电路由于输入信号高低电平的变化就会相应地在接通和关断两个状态进行改变。开关电路高低电平的变化会影响应答器电路的品质因素和复变阻抗的大小。通过这些应答器电路参数的改变，会反作用于读写器天线的电压变化，实现 ASK 调制（负载调制）。

RFID 系统组成框图如图 4-8 所示。

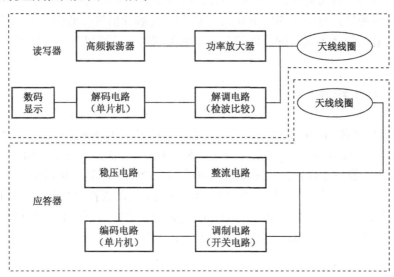

图 4.8 RFID 系统组成框图

4.2.2 RFID 技术的特点

RFID 是一项易于操控，简单实用且特别适合用于自动化控制的灵活性应用技术，识别工作无须人工干预，它既可支持只读工作模式也可支持读写工作模式，且无须接触或瞄准；可自由工作在各种恶劣环境下，短距离射频产品不怕油渍、灰尘污染等恶劣的环境，可以替代条码，如用在工厂的流水线上跟踪物体；长距射频产品多用于交通上，识别距离可达几十米，如自动收费或识别车辆身份等。其所具备的独特优越性是其他识别技术无法企及的。RFID 技术主要有以下几个方面特点。

- 读取方便快捷：数据的读取无须光源，甚至可以通过外包装来进行。有效识别距离更大，采用自带电池的主动标签时，有效识别距离可达到 30 m 以上。
- 识别速度快：标签一进入磁场，解读器就可以即时读取其中的信息，而且能够同时处理多个标签，实现批量识别。
- 数据容量大：数据容量最大的二维条形码（PDF417），最多也只能存储 2725 个数字；若包含字母，存储量则会更少；RFID 标签则可以根据用户的需要扩充到数十 KB。
- 使用寿命长，应用范围广：其无线电通信方式，使其可以应用于粉尘、油污等高污染环境和放射性环境，而且其封闭式包装使得其寿命大大超过印刷的条形码。
- 标签数据可动态更改：利用编程器可以写入数据，从而赋予 RFID 标签交互式便携数据文件的功能，而且写入时间相比打印条形码更少。
- 更好的安全性：不仅可以嵌入或附着在不同形状、类型的产品上，而且可以为标签数据的读写设置密码保护，从而具有更高的安全性。
- 动态实时通信：标签以 50～100 次/秒的频率与解读器进行通信，所以只要 RFID 标签所附着的物体出现在解读器的有效识别范围内，就可以对其位置进行动态的追踪和监控。

4.2.3　RFID 技术标准

RFID 的标准化是当前亟需解决的重要问题，各国及相关国际组织都在积极推进 RFID 技术标准的制定。目前，还未形成完善的关于 RFID 的国际和国内标准。RFID 的标准化涉及标识编码规范、操作协议及应用系统接口规范等多个部分。其中标识编码规范包括标识长度、编码方法等；操作协议包括空中接口、命令集合、操作流程等规范。当前主要的 RFID 相关规范有欧美的 EPC 规范、日本的 UID（Ubiquitous ID）规范和 ISO 18000 系列标准，其中 ISO 标准主要定义标签和读写器之间互操作的空中接口。

EPC 规范由 Auto-ID 中心及后来成立的 EPCglobal 负责制定。Auto-ID 中心于 1999 年由美国麻省理工大学（MIT）发起成立，其目标是创建全球"实物互联"网（Internet of Things），该中心得到了美国政府和企业界的广泛支持。2003 年 10 月 26 日，成立了新的 EPCglobal 组织接替以前 Auto-ID 中心的工作，管理和发展 EPC 规范。

UID（Ubiquitous ID）规范由日本泛在 ID 中心负责制定。日本泛在 ID 中心由 T-Engine 论坛发起成立，其目标是建立和推广物品自动识别技术并最终构建一个无处不在的计算环境。该规范对频段没有强制要求，标签和读写器都是多频段设备，能同时支持 13.56 MHz 或 2.45 GHz 频段。UID 标签泛指所有包含 Ucode 码的设备，如条码、RFID 标签、智能卡和主动芯片等，并定义了 9 种不同类别的标签。

4.3　RFID 技术的应用

目前，RFID 已成为 IT 业界的研究热点，世界各大软/硬件厂商，包括 IBM、Motorola、Philips、TI、Microsoft、Oracle、Sun、BEA、SAP 等在内的公司都对 RFID 技术及其应用表现出了浓厚的兴趣，相继投入大量研发经费，推出了各自的软件或硬件产品及系统应用解决方案。在应用领域，以 Wal-Mart、UPS、Gillette 等为代表的大批企业已经开始准备采用 RFID 技术对业务系统进行改造，以提高企业的工作效率并为客户提供各种增值服务。RFID 典型应用包括

- 在物流领域用于仓库管理、生产线自动化、日用品销售；
- 在交通运输领域用于集装箱与包裹管理、高速公路收费与停车收费；
- 在农牧渔业用于羊群、鱼类、水果等的管理以及宠物、野生动物跟踪；
- 在医疗行业用于药品生产、病人看护、医疗垃圾跟踪；
- 在制造业用于零部件与库存的可视化管理；
- RFID 还可以应用于图书与文档管理、门禁管理、定位与物体跟踪、环境感知和支票防伪等多种应用领域。

4.3.1　RFID 技术应用背景

RFID 最早的应用可追溯到第二次世界大战中用于区分我军和敌军飞机的"敌我辨识"系统。RFID 技术早在二战时就已被美军应用，但到了 2003 年该技术才开始吸引众人的目光。在国外，射频识别技术被广泛应用于工业自动化、商业自动化、交通运输控制管理等众多领域，如交通监控、机场管理、高速公路自动收费、停车场管理、动物监管、物品管理、流水线生产自动化、车辆防盗、安全出入检查等。在国内，RFID 产品的市场十分巨大，该技术主要应用于高速公路自动收费、公交电子月票系统、人员识别与物资跟踪、生产线自动化控制、仓储管理、汽车防盗系统、铁路车辆和货运集装箱的识别等。

RFID 技术长期以来之所以没有得到广泛重视，价格是主要的制约因素。自 RFID 技术出现以来，其生产成本一直居高不下。此外，不成熟的应用技术环境，以及缺乏统一的技术标准也是 RFID 至今才得到重视的重要原因。RFID 技术的成功应用，不仅需要硬件（标签和读写器等）制造、无线数据通信与网络、数据加密、自动数据收集与数据挖掘等技术，还必须与企业的企业资源计划（ERP）、仓库管理系统（WMS）和运输管理系统（TMS）结合起来，同时需要统一的标准以保证企业之间的数据交换和协同工作，否则就很难充分实现这项技术带来的利益。所幸的是，新的制造技术的快速发展使得 RFID 的生产成本不断降低；无线数据通信、数据处理和网络技术的发展都已经日益成熟，而且在 SAP 和 IBM 等 IT 技术巨头的直接推动下，其支持技术已经达到了实际应用水平。可以说，RFID 的软件和硬

件技术应用环境日渐成熟，为大规模的实际应用奠定了基础。

2003 年 6 月，在美国芝加哥市召开的零售业系统展览会上，沃尔玛做出了一项重大决定，要求其最大的 100 个供应商从 2005 年 1 月开始在供应的货物包装箱（或货盘）上粘贴 RFID 标签，并逐渐扩大到单件商品。如果供应商们在 2008 年还达不到这一要求，就可能失去为沃尔玛供货的资格。沃尔玛决定将采用 RFID 技术最终取代目前广泛使用的条码技术，成为第一个公布正式采用该技术时间表的企业，这必将给业界带来一场重大革命，同时将对社会经济和人们生活产生重大影响。与此同时，美国国防部也发布了其 RFID 实施计划，以支持该技术的发展。IBM、SAP、微软等 IT 巨头纷纷以重金投入到该项技术及其解决方案的开发研究中。可以相信，RFID 技术将迎来前所未有的发展机遇，也将拥有广阔的市场前景。

4.3.2　RFID 技术的重要参数

根据行业和性能要求（如读取速度、需要同时读取的 RFID 标签数量）可以采用不同的技术。RFID 技术可以基本分为低频系统、频率为 13.56 MHz 的高频（HF）系统，以及频段在 900 MHz 左右的超高频系统（UHF），还有工作在 2.4 GHz 或者 5.8 GHz（见表 4.3）微波频段的系统。除了频率范围外的另外一个差异性因素是电源：无源 RFID 收发器，这种收发器主要用在物流和目标跟踪，它们自身并没有电源，而是从读写器的 RF 电场获得能量；有源收发器由电池供电，因此具有数十米的长距离，但是体积更大，最重要的是更贵。

表 4.3　目前主要的几种 RFID 技术的主要参数比较

参　　数	低 频 率	高 频 率		PJM 13.56 MHz	UHF	微　　波
频率	125～134 kHz	13.56 MHz	13.56 MHz	PJM 13.56 MHz	868～915 MHz	2.45～5.8 GHz
读取距离	达 1.2 m	0.7～1.2 m	达 1.2 m	达 1.2 m	达 4 m	达 15 m
速度	不快	少于 5 s（8 KB 为 5 s）	中（0.5 m/s）	非常快（4 m/s）	快	非常快
潮湿环境	没有影响	没有影响	没有影响	没有影响	严重影响	严重影响
发送器与阅读器的方向要求	没有	没有	没有	没有	部分必要	总是必要
全球接受的频率	是	是	是	是	部分的（EU/USA）	部分的（欧洲除外）
已有的 ISO 标准	11784/85 和 14223	14443 A+B+C	18000-3.1/15693	18000-3.2	18000-6 和 EPC C0/C1/C1G2	18000-4
主要的应用	门禁、锁车架、加油站、洗衣店	智能卡、电子 ID 票务	针对大型活动、货物物流	机场验票、邮局、药店	货盘记录、卡车登记、拖车跟踪	公路收费、集装箱跟踪

低频 RFID 芯片（无源）工作在 130 kHz 左右的频率上，当前主要应用在门禁控制、动物 ID、电子锁车架、机器控制的授权检查等。该技术读取速度非常慢并不是问题，因为只需要在单方向上传输非常短的信息，相应的 ISO 标准为 11484/85 和 14223。13.56 MHz 系统将在很多工业领域中越来越重要，这种系统归为无源类，具有高度的可小型化特点，在最近几年不断地得到改进。用来获取货物和产品信息，并符合 ISO 标准 14443、18000-3/1 的系统相对较慢，在某些情况下一次读操作需要几秒的时间，不同的数据量所需的具体时间不同。根据不同的种类，ISO 15693 标准类型的系统可以对付最大速度为 0.5 m/s 的运动目标，能获得高达 26.48 kbps 的数据传输速度，每秒能实现 30 个对象的识别。

然而，在未来大规模的物流应用中，工作在 13.56 MHz 的传统方法，甚至在 ISO 15693 中定义的最近的方法都不再能满足需要。在这种应用中出现了相位抖动调制（PJM）技术，PJM 的 RFID 标签适合被标记物体在传输带上的任何地方以高速通过读写器，并必须以非常高数据速率地逐个读取，如识别包装严实的药品、机场行李跟踪或在远达 1.2 米的距离登录文档。

在 8 个射频信道之间连续切换可以增加阅读的速度并保证可靠识别，即使是在很大的吞吐率情况下。在 Magellan 公司的 PJM 技术基础上，英飞凌公司和澳洲的 Magellan 技术公司已经合作开发出了应用于这种目的的芯片。与当前的 13.56 MHz RFID 技术相比，这些芯片能提供的读写速度快 25 倍，数据速率达 848 kbps。PJM 系统为用于物流进行了优化（ISO Standard 18000-3 Mode 2），可以在不到 1 s 的时间内可靠地对多达 500 个电子标签进行识别、读取和写入。甚至在目标运动速度在 4 m/s 的情况下，用于这些新芯片的读取器都能胜任。

10 KB 的可用存储器空间相当于大约两张 A4 纸的简单文本存储。这个存储器空间还可以进一步分成几个扇区，只有被授权的人能进行读写访问。特殊的加密方法可以防止对存储数据的非授权访问。UHF 和微波系统最终可以允许达到几米的覆盖距离，它们通常具有自己的电池，因此适合于例如在装载坡道上货盘内的大型货物的识别，或者甚至是在汽车厂产品线上的车辆底盘。这些频率范围的缺点是受大气湿度的负面影响，以及需要不时地或始终需要保持收发器相对于读写天线的方位。

4.3.3　RFID 技术的典型应用

从全球的范围来看，美国政府是 RFID 应用的积极推动者，在其推动下美国在 RFID 标准的建立、相关软/硬件技术的开发与应用领域均走在世界前列。欧洲 RFID 标准追随美国主导的 EPCglobal 标准。在封闭系统应用方面，欧洲与美国基本处在同一阶段。日本虽然已经提出 UID 标准，但主要得到的是本国厂商的支持，如要成为国际标准还有很长的路要走。RFID 在韩国的重要性得到了加强，政府给予了高度重视，但至今韩国在 RFID 的标准上仍模糊不清。目前，美国、英国、德国、瑞典、瑞士、日本、南非等国家均有较为成熟且先进的 RFID 产品。从全球产业格局来看，目前 RFID 产业主要集中在 RFID 技术应用比较成熟的欧美市场。飞利浦、西门子、ST、TI 等半导体厂商基本垄断了 RFID 芯片市场；IBM、HP、微软、SAP、Sybase、Sun 等国际巨头抢占了 RFID 中间件、系统集成研究的有利位置；Alien、Intermec、Symbol、Transcore、Matrics、Impinj 等公司则提供 RFID 标签、天线、读写器等产品及设备。RFID 技术应用领域极其广泛，其典型应用领域如表 4.4 所示。

表 4.4　RFID 系统典型应用领域

车辆自动识别管理	铁路车号自动识别是射频识别技术最普遍的应用
高速公路收费及智能交通系统	高速公路自动收费系统是射频识别技术最成功的应用之一，它充分体现了非接触识别的优势。在车辆高速通过收费站的同时完成缴费，解决了交通的瓶颈问题，提高了车行速度，避免拥堵，提高了收费结算效率
货物的跟踪、管理及监控	射频识别技术为货物的跟踪、管理及监控提供了快捷、准确、自动化的手段。以射频识别技术为核心的集装箱自动识别，成为全球范围最大的货物跟踪管理应用
仓储、配送等物流环节	射频识别技术目前在仓储、配送等物流环节已有许多成功的应用。随着射频识别技术在开放的物流环节统一标准的研究开发，物流业将成为射频识别技术最大的受益行业
电子钱包、电子票证	射频识别卡是射频识别技术的一个主要应用。射频识别卡的功能相当于电子钱包，实现非现金结算，目前主要的应用在交通方面
生产线加工过程自动控制	主要应用在大型工厂的自动化流水作业线上，实现自动控制、监视，可提高生产效率、节约成本
动物跟踪和管理	射频识别技术可用于动物跟踪。在大型养殖场，可通过采用射频识别技术建立饲养档案、预防接种档案等，达到高效、自动化管理动物的目的，同时为食品安全提供保障。射频识别技术还可用于信鸽比赛、赛马识别等，以准确测定到达时间

4.3.4　RFID 技术的应用前景

近年来，RFID 技术已经在物流、零售、制造业、服装业、医疗、身份识别、防伪、资产管理、食品、动物识别、图书馆、汽车、航空、军事等众多领域开始应用，对改善人们的生活质量、提高企业经济效益、加强公共安全，以及提高社会信息化水平产生了重要的影响。我国已经将 RFID 技术应用于铁路车号识别、身份证和票证管理、动物标识、特种设备与危险品管理、公共交通以及生产过程管理等多个领域。2013 年全球 RFID 规模达到了98 亿美元，2003—2013 年均复合增长率为 19%。

通常总是由某种特定应用来主导采用哪个技术的。对于百货公司，在货品上加上标签仅仅方便在销售终端读取当然是毫无意义，因为在当前的成本环境下，这会使产品更贵。但是，下面的应用非常有意义：在图书馆出借书或 CD 时，粘贴在书或 CD 上的 13.56 MHz标签在经过时的几秒就能读取标签，或者在药物批发商的挑选输送带上可靠地识别药品，以避免可能造成严重后果的药品误发。然而，基本上任何对象的读取、识别和跟踪任务可以受益于经过深思熟虑的 RFID 技术应用，特别是当每个数据都必须被写入到芯片、被授权用户修改，以及防止对可分段存储器的非授权访问，可能的话，甚至可以在非常高的速度，以及对大量的对象进行同时处理。

ABI Research 称 2011 年全球 RFID 市场规模将达到 60 亿美元，成长率约 11%；但若排除汽车防盗系统，市场规模则约 50 亿美元，成长率为 14%。该机构预见，不同应用、垂直市场、区域以及技术的需求与接受度也会有所不同，特别是例如服装零售业，成长率就明显呈现趋缓。但整体看来，整个 RFID 市场仍具备成长潜力。ABI Research 认为，成长最快的 RFID 应用是供应链管理所需的单品追踪（Item-Level Tracking），成长率可超越 37%。该机构表示，其成长动力将来自对于被动式 UHF 系统的大量需求，其支持案例如下。

● 在美国与欧洲等市场的服装零售业卷标应用；
● 韩国因政府规定对药品追踪的应用；
● 对烟酒类产品与其他防止仿冒商品的卷标应用，特别是在中国；
● 化妆品、消费性电子装置等其他商品长期以来的应用。

从垂直市场来看，在五年期间成长最快的应用项目依序为零售消费者包装产品（CPG）、零售商店（Retail In-Store）、医疗与生命科学产业，以及各种非 CPG 制造业与商业服务领域。更具体地说，主要的 RFID 应用可分为传统与现代两大类；前者包括接取控制（Access Control）、动物识别、汽车防盗、AVI 与 e-ID 文件，后者则包括资产管理、行李托运、货柜追踪，以及保全、销售终端非接触式支付、立即寻址、供应链管理与交通票务等。在 2011—2016 年，现代化 RFID 应用的成长性是传统应用的 2 倍。

目前射频识别正在迈入下一阶段的技术演进，包括许多 RFID 项目规模不断扩展、持续部署的基础建设、不断深化的技术融合，以及业界对此技术的投资增长。多种以 RFID 技术为核心的应用，如供应链管理、库存控制、票务、身份证和电子商务等，都在经历前所未有的高速成长。随着 RFID 的应用更加广泛和深入，这个产业也形成了从制造到销售的完整价值链。尽管迄今多数的大型 RFID 项目仍然部署在美洲和欧洲，以及中东和非洲（EMEA）等地，但未来，随着制造业务持续转移到亚太区，加上源卷标（在原始发货点即贴上的卷标）日益成为标准程序，亚太地区（APAC）市场最终将成为全球 RFID 市场中心。

现在大多数最终用户已经体认到，RFID 是一种与自动辨识及资料获取系统互补的解决方案。一些从业者也逐步提升在技术方面的投资，并开始与其他的核心系统融合，如条形码、传感器、防盗、数据采集或全球定位系统（GPS）等，并尝试在更短的时间内对这些汇聚技术进行试行或评估。从这些发展态势来看，未来用户对于 RFID 在企业和整个价值链中的应用将采取更宽阔的视野，而且也将开始思考未来这项技术将扮演的角色及其前景。

所有 RFID 供货商都乐见目前的需求增长，并开始开发及推出可满足未来更复杂应用需求的产品。近年来，几乎所有的主要 RFID 芯片供货商，如恩智浦、Alien、Impinj 等，都推出了更新一代的产品。尽管他们所推出的每一款芯片都有着不同的频率或针对不同的市场，但整体而言，新推出的芯片都添加了新功能，并解决了许多该产业过去所面临的问题，如强化安全性；信息共享和控制、增加内存、可编程触发器或警告器；整合及其他技术的支持和解决方案（如传感器、多功能卷标等）。

VDC 曾在 2010 年针对 582 位终端用户进行了一项调查，发现有超过 80%的现有用户希望扩展其 RFID 解决方案的功能，并进一步将之整合到其他的核心系统中，借此让 RFID 涵盖更多样化的应用领域。这项调查的重要结果如下。

- 有 77%的在制品（WIP）/零组件/组装/设备制造商均表示，他们需要内含更大内存的方案，以便让他们能提供更大量的产品规格文件。
- 68%的运输/物流供货商表示希望能在其现有的 RFID 系统中整合感测/环境监控等功能。
- 72%的现有 RFID 供应链用户对于能够共享和控制储存在卷标和其他价值链参与者的信息存取表现出了强烈的偏好。另外，89%的供应链用户也表示希望强化安全性，通过提高认证和防伪功能进一步保障供应链的安全。
- 超过 60%目前正在使用和评估 RFID 的零售商指出，他们很可能会将既有的解决方案与其他的商店系统，如防盗系统加以整合。

RFID 的发展充满着更多的可能性，这都可望成为未来支撑这个开放市场及其全球价值链的关键。今天，根据所采用的技术、功能设定、频率和外形设计，IC 可占到 RFID 应答器（Transponder）中 30%～65%的成本。而随着市场不断拓展，未来产品势必对价格更加敏感，下一代的先进集成电路也必须以成本竞争力、更大产量为诉求，同时芯片的进展脚步也必须保持与领先应用的发展同步。

4.4 RFID 技术的研究方向

将 RFID 应用到供应链中还存在一些需要解决的问题，如读写设备的可靠性、成本、数据的安全性、个人隐私的保护和与系统相关的网络的可靠性、数据的同步等，不解决好这些问题，RFID 技术的进步就会受到制约。与欧美发达国家或地区相比，我国在 RFID 产业上的发展还较为落后。目前，我国 RFID 企业总数虽然超过 100 家，但是缺乏关键核心技术，特别是在超高频 RFID 方面。从包括芯片、天线、标签和读写器等硬件产品来看，低高频 RFID 技术门槛较低，国内发展较早，技术较为成熟，产品应用广泛，目前处于完全竞争状况；超高频 RFID 技术门槛较高，国内发展较晚，技术相对欠缺，从事超高频 RFID 产品生产的企业很少，更缺少具有自主知识产权的创新型企业。从产业链上看，RFID 的产业链主要由芯片设计、标签封装、读写设备的设计和制造、系统集成、中间件、应用软件等环节组成。目前我国还未形成成熟的 RFID 产业链，产品的核心技术基本还掌握在国外公司的手里，尤其是在芯片、中间件等方面。中低、高频标签封装技术在国内已经基本成熟，但是只有极少数企业已经具备了超高频读写器设计制造能力。国内企业基本具有 RFID 天线的设计和研发能力，但还不具备应用于金属材料、液体环境上的可靠性 RFID 标签天线设计能力。综上所述，RFID 技术主要在以下方面还有待进一步的研究。

（1）芯片设计。RFID 芯片在 RFID 的产品链中占据着举足轻重的位置，其成本占到整个标签的三分之一左右。对于广泛用于各种智能卡的低频和高频频段的芯片而言，以复旦微电子、上海华虹、大唐微电子、清华同方等为代表的中国集成电路厂商已经攻克了相关技术，打破了国外厂商的统治地位。但在 UHF 频段，RFID 芯片设计面临巨大困难，如苛刻的功耗限制、片上天线技术、后续封装问题、与天线的适配技术。目前，国内 UHF 频段 RFID 芯片市场几乎被国外企业垄断。

（2）标签封装。目前国内企业已经熟练掌握了低频标签的封装技术，高频标签的封装技术也在不断完善，出现了一些封装能力很强，尤其是各种智能卡封装能力强的企业，如深圳华阳、中山达华、上海申博等。但是国内欠缺封装超高频、微波标签的能力，当然这部分产品在我国的应用还很少，相关的最终标准也没有出台。我国的标签封装企业大多是做标签的纯封装，没有制作 Inlay 的能力。提高生产工艺，提供防水、抗金属的柔性标签是我国 RFID 标签封装企业面临的问题。

（3）读写设备的设计和制造。国内低频读写器生产加工技术非常完善，生产经营的企业很多且实力相当。高频读写器国内的生产加工技术基本成熟，但还没有形成强势品牌，企业实力差不多，只是注重的应用方向不同。例如，面对消费领域（校园一卡通等）的企业中哈尔滨新中新、沈阳宝石、北京迪科创新等有一定的影响力。国内只有如深圳远望谷、江苏瑞福等少数几家企业具有设计、制造超高频读写器的能力。

（4）系统集成。国内市场上集成商可以分为两类：一类是国外大厂商，如 IBM、HP 等，他们通过与国内集成商和硬件厂商合作，专攻大型的集成项目；第二类是本地较有影响力的集成商，如维深、励格、富天达、实华开、倍思得等，做的大规模有影响力的集成项目不是很多，基本都是中小型的闭环应用。目前，国内 RFID 市场还是处于初级阶段，项目和机会在逐步增加，大规模有影响力的应用项目还有待进一步开发。

（5）RFID 中间件。RFID 中间件又称为 RFID 管理软件，它屏蔽了 RFID 设备的多样性和复杂性，能够为后台业务系统提供强大的支撑，从而驱动更广泛、更丰富的 RFID 应用。当前我国的 RFID 中间件市场还不成熟，应用较少而且缺乏深层次上的功能。市场上比较有影响力的中间件企业有 SAP、Manhattan Associatesz、Oracle、OAT Systems 等。

（6）标准发展。目前，世界一些知名公司各自推出了自己的标准，这些标准互不兼容，表现在频段和数据格式上的差异，这也给 RFID 的大范围应用带来了困难。目前全球有两大 RFID 标准阵营：欧美的 Auto-ID Center 与日本的 Ubiquitous ID Center（UID）。前者的领导组织是美国的 EPC 环球协会，旗下有沃尔玛集团、英国 Tesco 等企业，同时有 IBM、微软、飞利浦、Auto-ID Lab 等公司提供技术支持。后者主要由日系厂商组成。欧美的 EPC 标准采用 UHF 频段，为 860～930 MHz，日本 RFID 标准采用的频段为 2.45 GHz 和 13.56 MHz；日本标准电子标签的信息位数为 128 位，EPC 标准的位数则为 96 位。中国在 RFID 技术与应用的标准化研究工作上已有一定基础，目前已经从多个方面开展了相关标准的研究制定工作，如制定了《中国射频识别技术政策白皮书》、《建设事业 IC 卡应用技术》等应用标准，并且得到了广泛的应用。在频率规划方面，已经做了大量的试验；在技术标准方面，依据 ISO/IEC 15693 系列标准已经基本完成国家标准的起草工作，参照 ISO/IEC 18000 系列标准制定国家标准的工作已列入国家标准制订计划。此外，中国 RFID 标准体系框架的研究工作也基本完成。

4.5 本章小结

自动识别技术是以计算机技术和通信技术的发展为基础的综合性科学技术，它将数据自动识别、自动采集并且自动输入计算机进行处理。自动识别技术近些年的发展日新月异，已成为集计算机、光、机电、通信技术为一体的高新技术学科，是当今世界高科技领域中的一项重要的系统工程，可以帮助人们快速、准确地进行数据的自动采集和输入，解决计算机应用中由于数据输入速度慢、出错率高等问题。目前它已在商业、工业、交通运输业、邮电通信业、物资管理、物流、仓储、医疗卫生、安全检查、餐饮、旅游、票证管理，以及军事装备等国民经济各行各业和人们的日常生活中得到广泛应用。

RFID 射频识别是一种非接触式的自动识别技术，它利用射频信号通过空间耦合实现非接触信息传递并通过所传递的信息达到识别目的的技术。识别工作无须人工干预，可工作于各种恶劣环境。RFID 技术可识别高速运动物体并可同时识别多个标签，操作快捷方便。射频识别技术具有体积小、信息量大、寿命长、可读写、保密性好、抗恶劣环境、不受方向和位置影响、识读速度快、识读距离远、可识别高速运动物体、可重复使用等特点，支持快速读写、非可视识别、多目标识别、定位及长期跟踪管理。RFID 技术与网络定位和通信技术相结合，可实现全球范围内物资的实时管理跟踪与信息共享。

RFID 技术应用于物流、制造、消费、军事、贸易、公共信息服务等行业，可大幅提高信息获取与系统效率、降低成本，从而提高应用行业的管理能力和运作效率，降低环节成本，拓展市场覆盖和盈利水平。同时，RFID 本身也将成为一个新兴的高技术产业群，成为 IT 产业新的增长点。虽然 RFID 技术处于刚刚起步，但它的发展潜力是巨大的，前景非常诱人。因此，研究 RFID 技术、开发 RFID 应用、发展 RFID 产业，在提升信息化整体水平、促进经济的发展、提高人民生活质量、增强公共安全等方面有深远的意义。

思考与练习

（1）用自己的语言描述自动识别技术的概念和基本特征。

（2）自动识别技术包括哪几种类型？

（3）什么是条码？条码有什么用途？条码按码制可分为哪几类？

（4）简述条码技术的应用情况。

（5）描述一个超市里的条码应用系统。

（6）什么是 RFID？它的基本工作原理是什么？一个 RFID 系统有哪些组成部分？

（7）简述射频识别的工作原理。

（8）简述 RFID 技术的主要特点。

（9）简述射频识别技术的应用情况。

（10）简述 RFID 系统的频率分布及应用的特点。

（11）RFID 技术的发展趋势是什么？

参考文献

[1] 张智文. 射频识别技术理论与实践. 北京：中国科学技术出版社，2008.

[2] 郎为民. 射频识别（RFID）技术原理与应用. 北京：机械工业出版社，2006.

[3] http://www.wsn.org.cn.

[4] http://www.autoid-china.com.cn/.

[5] Sung-Lin Chen，Ken-Huang Lin. Characterization of RFID Strap Using Single-Ended Probe. IEEE Transactions on Instrumentation and Measurement，2009，58(10):19-26.

[6] Hossain，M.M.，Prybutok，V.R.. Consumer Acceptance of RFID Technology: An Exploratory Study. IEEE Transactions on Engineering Management，2008,55(2):31-32.

[7] Shi Cho Cha, Kuan Ju Huang, Hsiang Meng Chang. An Efficient and Flexible Way to Protect Privacy inRFID Environment with Licenses. IEEE International Conference on RFID，2008:35-42.

[8] Hori，T.，Wda，T.，Ota，Y.，Uchitomi，N.，Mutsuura，K.，Okada，H.. A Multi-Sensing-Range Method for Position Estimation of Passive RFID Tags. IEEE International Conference on Wireless and Mobile Computing，2008: 208-213.

[9] Sun-Youb Kim, Hyoung-Keun Park, Jung-Ki Lee, Yu-Chan Ra, Seung-Woo Lee. A Study on Control Method to Reduce Collisions and Interferences between Multiple RFID Readers andRFID Tag. International Conference on New Trends in Information and Service Science，2009 :339-343.

[10] Jian Shen，Dongmin Choi，Sangman Moh，Ilyong Chung. A Novel Anonymous RFID Authentication Protocol Providing Strong Privacy and Security. International Conference on Multimedia Information Networking and Security，2010: 584 - 588.

[11] Hossain，M.M.，Prybutok，V.R.. Consumer Acceptance of RFID Technology: An Exploratory Study. IEEE Transactions on Engineering Management，2008,55(2):316-328.

[12] Minho Jo，Hee Yong Youn，Si-Ho Cha，Hyunseung Choo. Mobile RFID Tag Detection Influence Factors and Prediction of Tag Detectability. IEEE Sensors Journal，2009,9(2):112-119.

[13] Zhibin Zhou，Dijiang Huang，RFID Keeper: An RFID Data Access Control Mechanism. IEEE Global Telecommunications Conference，2007:4570 - 4574.

[14] Lu Tan，Neng Wang. Future internet: The Internet of Things. International Conference on Advanced Computer Theory and Engineering (ICACTE)，2010，5:376-380.

[15] Bo Yan，Guangwen Huang. Application of RFID and Internet of Things in Monitoring and Anti-counterfeiting for Products. International Seminar on Business and Information Management，2008，1: 392-395.

[16] Zhang Ji，Qi Anwen. The application of internet of things(IOT) in emergency management system in China. 2010 IEEE International Conference on Technologies for Homeland Security (HST)，2010:139-142.

[17] Ning Kong，Xiaodong Li，Baoping Yan. A Model Supporting Any Product Code Standard for the Resource Addressing in the Internet of Things. International Conference on Intelligent Networks and Intelligent Systems，2008:233-238.

[18] Urien，P.，Nyami，D.，Elrharbi，S.，Chabanne，H.. HIP Tags Privacy Architecture. International Conference on Systems and Networks Communications，2008:179-184.

[19] Hua Zhou，Zhiqiu Huang，Guoan Zhao. A service-centric solution for wireless sensor networks，International ICST Conference on Communications and Networking in China (CHINACOM)，2010: 1-5.

[20] Wang Yanyan，Zhao Xiaofeng，Wu Yaohua，Xu Peipei. The research of RFID middleware's data management model. IEEE International Conference on Automation and Logistics，2008:2565-2568.

[21] Yinggang Xie，JiaoLi Kuang，ZhiLiang Wang，Shanshan Zheng. Indoor location technology and its applications base on improved LANDMARC algorithm. Control and Decision Conference (CCDC)，2011:2453–2458.

[22] 汪浩. 智慧城市的行业实践：基于实时交通路况与用户需求的城市出租车智能调度服务. 北京：北京航空航天大学出版社，2011.

[23] 黄玉兰. 物联网射频识别（RFID）核心技术详解. 北京：人民邮电出版社，2010.

[24] 郑和喜，陈湘国，郭泽荣，等. WSN RFID 物联网原理与应用. 北京：电子工业出版社，2010.

[25] 高飞，薛艳明，王爱华. 物联网核心技术：RFID 原理与应用. 北京：人民邮电出版社，2010.

[26] 张彦，宁焕生. RFID 与物联网：射频中间件解析与服务. 北京：电子工业出版社，2008.

[27] 刘云浩. 物联网导论. 北京：科学出版社，2010.

[28] 朱近之. 智慧的云计算：物联网的平台（第2版）. 北京：电子工业出版社，2011.

[29] 陈海滢，刘昭. 物联网应用启示录：行业分析与案例实践. 北京：机械工业出版社，2011.

[30] 周洪波. 物联网：技术、应用、标准和商业模式（第2版）. 北京：电子工业出版社，2011.

第 5 章

无线传感器网络（WSN）

无线传感器网络（Wireless Sensor Network，WSN）是一种由传感器节点构成的网络，能够实时地监测、感知和采集节点部署区的环境或观察者感兴趣的感知对象的各种信息（如光强、温度、湿度、噪声和有害气体浓度等物理现象），并对这些信息进行处理后以无线的方式发送出去。无线传感器网络使普通物体具有了感知能力和通信能力，在军事侦察、环境监测、医疗护理、智能家居、工业生产控制及商业等领域有着广阔的应用前景。无线传感器网络是物联网的主要组成部分，物联网的两个重要特征：全面的感知能力和可靠的数据传递都是与无线传感器网络技术密不可分的。

5.1 无线传感器网络概述

5.1.1 WSN 对物联网的支撑作用

物联网需要将我们周围物理世界的实体中嵌入具有一定感知能力、计算能力和执行能力的微型芯片并执行程序，使之成为达到"智慧"状态的智能物体。通过网络设施实现信息传输、协同和处理，从而方便对物理实体的识别、管理、控制和使用，实现物与物、物与人之间的通信和互联[1]。其三个关键环节为感知、传输、处理。大体上可分为三个层次：网络感知层、传输网络层、应用网络层[2,4]。

智能物体的感知能力和通信能力是物联网发展和应用的基础之一[3]。无线传感器网络技术是传统传感技术和网络通信技术的融合，通过将无线网络节点附加采集各种物理量的传感器而成为兼有感知能力和通信能力的智能节点，是物联网的核心支撑技术之一[9]，是物联网感知层和传输层的主要实现技术，负责物理世界中的各种物理信号、标识、音频、视频或 GPS 定位信息等数据的采集与感知，并通过广泛、快速和灵活的网络互连，将感知到的数据信息可靠、安全地进行传送。

无线传感器网络跟生物神经网络有特别相似的地方[6,7]：无线传感器网络的节点就好比神经元，具有感受和处理的功能；而 WSN 节点之间的连接，则好比通过突触的神经元的连接，完成信号的传递。无线传感器网络节点之间通过无线信号进行互联结构，非常类似于大脑中大量的神经元通过突触连接形成了一个复杂的网络系统。如果将物联网比喻成一个智能生物的话，无线传感器网络则形成了遍布该智能生物的神经系统，而无线传感器网络的节点则是该智能生物的神经末梢。

随着物联网概念的提出和对各个产业巨大拉伸作用的逐渐体现，无线传感器网络已成为当前国际上备受关注的、有多学科交叉的新兴前沿研究热点领域。无线传感器网络综合了传感器技术、嵌入式计算技术、无线通信技术、分布式信息处理技术等技术，是这些技术发展到一定程度后融合的新技术[5]，它可以广泛应用于军事、交通、环境监测和预报、卫生保健、空间探索、智能家居[8]等各个领域，是物联网的核心组成环节之一。与塑料电子学和仿生人体器官合称为全球未来的三大高科技产业[19]。

5.1.2　WSN 的概念

无线传感器网络是由一组稠密布置、随机散布的传感器节点构成的无线自组织网络，其目的是协作感知、采集和处理网络覆盖的地理区域内感知对象的信息，并将其提供给用户。在整个网络系统中，大量的传感器节点收集、处理、交换来自于外界环境的数据，最终传输到外部基站。传感器节点、感知对象和观察者构成了传感器网络的三个要素[7]。传感器网络的用户，是感知信息的观察者和应用者，它可以是人，也可以是计算机或其他设备。观察者可以主动查询或收集传感器网络的感知信息，也可以被动地接收传感器网络发布的信息。观察者将对感知信息进行观察、分析、挖掘，从而制定决策，或对感知对象采取相应的行动。感知对象一般通过表示物理现象、化学现象或其他现象的数字量来表征，如温度、湿度等。一个传感器网络可以感知网络分布区域内的多个对象，一个对象也可以被多个传感器网络所感知。

无线传感器网络节点的传感器是一种检测装置，能感受到被测量的信息，并能将检测感受到的信息，按一定规律变换成为电信号或其他所需形式的信息输出，以满足信息的传输、处理、存储、显示、记录和控制等要求。它是实现自动检测和自动控制的首要环节，是机器感知物质世界的"感觉器官"，通过感知热、力、光、电、声、位移等物理信号，为网络系统的处理、传输、分析和反馈提供最原始的信息。随着科技技术的进步，正不断向微型化、智能化、信息化、网络化的方向发展。经历了从模拟传感器、数字传感器、智能传感器、现场传感器、无线智能传感器到无线传感器网络等若干发展阶段。

从功能上来看，现场传感器具有了联网功能，智能传感器则将计算能力嵌入到传感器中，使传感器节点不仅具有数据采集能力，而且具有信息处理能力。无线智能传感器在智能传感器的基础上，增加了无线通信能力。无线通信能力大大增加了传感器节点的部署的灵活性和方便性，为传感器技术在除工控环境之外的各个领域，如野外勘测、室内家居等场景的广泛应用打下了基础。无线传感器网络则将交换网络技术引入到无线智能传感器中，使传感器在感知功能基础上还具备交换信息、协调控制功能，扩展了无线传感器节点的部署范围，并使其能够进入传统的通信网和互联网，使超远程控制和更高层次的数据处理和融合成为可能。

无线传感器网络的应用一般不需要很高的带宽，但是对功耗要求却很严格，大部分时间必须保持较低的功耗，因此节点间的通信连网技术主要使用近距离无线通信技术。该技术的主要特点是通信距离较短，一般在 100 m 的范围内。但成本较低，功耗较小，发射功率通常在毫瓦量级，比较适合于无线传感器网络节点布点较多，能耗有限的场合，是传感网、个域网、家庭网、工控网等延伸网的底层通信基础。其代表技术有蓝牙、超宽带（UWB）、低速低功耗通信（802.15.4）等物理层和链路层技术，以及 ZigBee、ISA100、Wi-Fi、Wireless HART、基于 IPv6 的 WPAN 等低速低功耗无线通信组网技术[12,18]。

5.1.3 WSN 的发展历史

可以认为，无线传感器网络技术是从早期的传感器技术和工业现场总线技术发展而来的。最早的传感器网络出现在 20 世纪 70 年代，将传统传感器采用点对点传输、连接传感控制器而构成传感器网络，我们称之为第一代传感器网络。随着传感器技术及计算机技术的发展，传感器网络同时还具有了获取多种信息信号的综合处理能力，并通过与传感控制器的相连，组成了有信息综合和处理能力的传感器网络，这是第二代传感器网络。而从 20 世纪末开始，现场总线技术开始应用于传感器网络，人们用其组建智能化传感器网络，大量多功能传感器被运用，并使用无线技术连接，无线传感器网络逐渐形成。简而言之，传统的传感器的设备，加上通信的模块，以及数据传输和处理的模块，构成了传感器节点，使它具有感知、计算和通信的能力。传感器节点之间，在通过无线通信技术和自组织的方式形成一种新的网络形式——无线传感器网络[17]。

随着传感器技术和网络技术的不断发展融合，无线传感器网络的概念开始产生并出现了针对无线传感器网络的专门研究和应用。1993 年，美国加州大学洛杉矶分校（UCLA）联合 Rockwell 研究中心在 DARPA 的资助下开始进行了 WINS（Wireless Integrated Network Sensors）的项目研究。该项目的主要目的是为嵌入仪器、设备和环境中的传感器、执行机构和处理器构建一个分布式网络环境，并提供对互联网的访问能力。该项目研究了传感器和接收器、信号处理结构、网络协议设计和检测理论的基本原理，对传感器网络设计的各个方面都进行了初步探索，开始了对传感器网络的系统和专门研究。

1996 年起，麻省理工学院（MIT）进行了 μAMPS（Micro.Adaptive Multi.domain Power.aware Sensors）项目的研究，该项目主要关注网络问题，提出了无线传感器网络的组织应该以节能、自组织和可重构为目标。该项目针对无线传感器网络的网络层提出了一种层次路由协议——LEACH（低功耗应分簇层次路由算法）。该算法对无线传感器网络进行分簇管理，后来成为了拓扑和路由控制算法的基础。

加州大学伯克利分校（UC Berkeley）于1999年在DARPA的资助下开始进行Smart Dust项目的研究，该项目的目标是研制体积不超过1 mm^3，使用太阳能电池供电，具有光通信能力的自治传感器节点。之所以称为smart Dust，是希望能够研制出该节点体积小、重量轻，甚至可以飘浮在空气中并附着在其他物体上的传感器节点。该项目的实际成果是在形如硬币大小的节点中配置了温度、湿度、压力、磁场等多种传感器，该传感器在车辆跟踪、动物学家关于水鸟活动的研究中都得到了成功应用。

该项目还开发出了一系列的用于研究和试验的无线传感器节点和节点软件，如Mica系列无线传感器网络硬件平台和TinyOS操作系统。Mica的硬件采用模块式结构，将运算和通信平台与传感平台分开设计，有利于其他研究者自由组合。TinyOS采用轻量级线程、主动消息机制和事件驱动模型，以适应无线传感器网络节点资源少，并行度相对较高的要求；而且采用了组件模型，扩展性较好。由于Mica和TinyOS都是公开的和开放的，因此成为许多机构采用的公共研究平台，并且成为很多后续的项目的基础。

在美国自然科学基金（NSF）等单位的资助下，UCLA联合其他一些机构成立了CENS（Center for Embedded Network Sensing）中心。该中心对无线传感器网络相关的很多领域进行了研究，在多个方面取得成果，如跟踪定位与节点部署、调试工具、数据存储与查询、能量管理等诸多方面。UC Berkeley则成立了WEBS（wireless Embedded Systems），WEBS负责很多项目，包括前面所述的Smart Dust，以及NEST项目（含原来的Mica、TinyOS及一些关联项目，如数据查询系统 TinyDB）。该项目组的研究涉及硬件平台、安全路由、环境监测和定位系统等许多方面。

无线传感器网络技术最先在空间探索领域和军事领域上得到展开，如NASA的JPL（Jet Propulsion Lab）实验室研制的应用于火星探测Sensor Web项目；如2000年被美国国防部定为国防部科学技术五个尖端项目之一Smart Sensor Web项目；又如DARPA资助的Sensor IT（Sensor Information Technology）项目，通过部署战场的不同种类的传感器组成的传感器网络，使士兵可迅速全面地获得战场实信息。美国海军研究局则资助了由国家航空航天局实施的DADS（Deployable Autonomous Distributed System）项目，旨在开发可在近海水域部署的水下无线传感器网络，利用多传感器数据融合技术，监测水下的敌军潜艇活动情况，并引导攻击敌军目标。

在民用方面，Intel和微软等大公司也开始关注传感器网络方面的研究工作，纷纷设立或启动相应的行动计划。2002年10月24日，Intel公司发布了"基于微型传感器网络的新型计算发展规划"。今后，Intel将致力于微型传感器网络在预防医学、环境监测、森林灭火乃至海底板块调查、行星探查等领域的应用。

除美国以外，英国、日本、韩国、意大利、巴西等国家也对传感器网络表现出了极大的兴趣，并各自展开了该领域的研究工作，如日本总务省在 2004 年 3 月成立了泛在传感器网络调查研究会，该研究会的主要目的就是对无线传感器网络的研究开发课题、标准化课题、社会的认知性和该技术推进政策等进行探讨。NEC 等公司已经推出了相关产品，并进行了一些应用试验。韩国信息通信部所制定的信息技术"839"战略中，"3"就是指 IT 产业的三大基础设施即宽带融合网络、无线传感器网络和下一代互联网协议。为实现"839"战略，韩国目前已经采取了推动无线传感器技术发展的一系列具体措施。

中国现代意义的无线传感器网络及其应用研究几乎与发达国家同步启动，首先被记录在 1999 年发表的中国科学院《知识创新工程试点领域方向研究》的信息与自动化领域研究报告中。2001 年，中国科学院挂靠中科院上海微系统所成立了微系统研究与发展中心，旨在整合中科院内部的相关单位，共同推进传感器网络的研究[18]。

从 2002 年开始，中国国家自然科学基金委员会开始部署传感器网络相关的课题。截至 2008 年年底，中国国家自然基金共支持面上项目 111 项，重点项目 3 项；国家"863"重点项目发展计划共支持面上项目 30 余项，国家重点基础研究发展计划"973"也设立了 2 项与传感器网络直接相关的项目。国家发改委的"中国下一代互联网工程项目（CNGI）"也对传感器网络项目进行了连续资助。"中国未来 20 年技术预见研究"提出的 157 个技术课题中有 7 项直接涉及无线传感器网络。2006 年初发布的《国家中长期科学与技术发展规划纲要》为信息技术确定了 3 个前沿方向，其中 2 个与无线传感器网络研究直接相关；中国工业和信息化部在 2008 年启动的"新一代宽带移动通信网"国家级重大专项中，第 6 个子专题"短距离无线互联与无线传感器网络研发和产业化"是专门针对传感器网络技术而设立的。

近年来，随着物联网概念的兴起，无线传感器网络的研究进展十分迅速，取得了较为丰富的研究成果。别是进入 21 世纪后，对无线传感器网络的核心问题有了许多新颖的解决方案和设想。但已有的研究工作也为该领域提出了越来越多需要解决的问题，如无线传感器网络频谱的认知和利用、节点的协同和通信安全等问题。随着这些关键性问题的解决，以及传感器节点价格的逐步下降，无线传感器网络将进一步得到广泛应用。

5.1.4 WSN 的特点和优点

作为一种由若干微小节点组成，实时地监测、感知和采集节点部署区的感知对象的各种信息（如光强、温度、湿度、噪音和有害气体浓度等物理现象），并对这些信息进行处理后以无线的方式发送出去以提供各种控制和决策依据的网络，在实际的部署和使用中，具有以下特点[16]。

（1）网络规模大：大部分无线传感器网络的节点分布在很大的地理区域内，覆盖范围很大并且部署密集，有些应用下传感器节点的数量可能达到几百万个，在单位面积内可能存在大量的传感器节点。

（2）节点微型化：电源能量、通信能力、计算存储能力有限。传感器网络节点一般采用电池供电，能量有限，节能设计非常关键。无线传感器网络以"多跳"方式传输数据，通信范围一般在百米之内。其节点由于体积、成本及能量的限制，处理器和存储器的能力和容量有限，计算能力十分有限。因此对节点运行的程序包括使用的存储空间、算法时间开销有较高的要求。

（3）动态性：网络的拓扑结构可能因为很多因素的改变而变化，如环境因素、新节点的加入离开或已有节点失效等，而且对于很多野外架设无线传感器网络，为更好地节省能源，延长生存时间，其节点具有休眠功能。这就要求网络协议具有足够的灵活性，能适应节点周期性睡眠特性。

（4）自组织：无线传感器网络的动态性，要求传感器节点需要具有自组织的能力，能够行配置和管理，通过拓扑控制机制和网络协议自动形成能够转发数据的多跳无线网络系统。

（5）可靠性：节点的维护可能性很小，通信机密和安全十分重要，传感器网络具有强壮性和容错性。

（6）时效性：无线传感器网络采集的光强、温度、湿度、噪声或有害气体浓度等数据都需要在一定时间内及时送达观察者或是数据处理中心，以便及时监控环境或设备的状态，对可能发生的事故和危险情况进行及时预告和提醒。

（7）以数据为中心：在无线传感器网络中，位于监测区域的传感器节点负责采集相关观察者感兴趣的数据信息，最终将数据传送至汇聚节点并转发给观察者。其网络感知和通信的目标是采集具有某种特征属性的数据或报告事件的发生，而不关心数据具体来源于哪个传感器节点。其传感器节点可以采用编号标识，但发送数据时并不一定发送节点编号，而是通告数据或事件的类型和特征。因此无线传感器网络是一个以数据为中心组织的通信网络[22]。

（8）应用相关性强：不同的传感器网络应用关心不同的物理量，对系统的要求也不同，其硬件平台、软件系统和网络协议有很大差别。这要求操作系统具有良好的移植性能，能满足各种各样的硬件平台，同时能够提供各种不同的功能，满足实际需要。

在上述的特点中，节点的可感知、微型化和自组织能力是无线传感器网络所具有的三个最基本的特点。

基于上述特点，无线传感器网络非常适合应用于恶劣的环境，尤其是无人值守的场景中。即使被监测区域中的部分节点损坏或休眠时，也不会造成该区域的无线传感网络崩溃或影响数据的获得，网络仍能为系统提供可靠的监测数据。因此，无线传感网络可应用于航空航天、野外勘测、军事国防，农业生态、应急指挥等诸多领域。其优势集中体现在以最少的成本和最大的灵活性，连接任何有通信需求的终端设备，采集数据并发送指令。作为无线自组网络，能以最大的灵活性自动完成不规则分布的各种传感器与控制节点的组网，同时适应一定的移动能力和动态调整能力。

通过引入无线传感器网络，可以使系统在信息获取方面具有以下优点。

（1）分布节点中多角度和多方位信息的综合，有效地提高了对被监测区域的观测的准确度和信息的全面性。

（2）传感器网络低成本、高冗余的设计原则为整个系统提供了较强的容错能力，即使在极为恶劣的应用环境中，监控系统也可以正常工作。

（3）节点中多种传感器的混合应用有利于提高探测的性能指标。

（4）多节点联合，可形成覆盖面积较大的实时探测区域，借助于个别具有移动能力的节点对网络拓扑结构进行调整，可以有效地消除探测区域内的阴影和盲点。

5.1.5　WSN 的发展趋势

在今后的发展中，无线传感器网络将结合物联网的应用更大规模地应用到太空、野外、工控，以及室内各种有人或无人的场景中，节点的体积和生存时间仍然是实际应用中所考虑的主要问题。无线传感器网络节点将产生海量的、各具特征的传感数据，包括音频、视频等多媒体数据。同时会对网络的灵活性，网络管理和配置的开销，数据的可靠性和安全性提出更高要求；对可能有冲突和冗余的传感器数据进行进一步融合也是重要的发展方向。总体来说，未来传感器网络的研究主要有以下几个方面[18]。

（1）节点进一步微型化。利用现在的芯片集成技术、微机电技术和微无线通信技术，设计体积更小、生存周期更长，成本更低的无线传感器网络节点仍然是无线传感器网络发展一个基础的研究方面。

（2）寻求更好的系统节能策略。绝大部分无线传感器网络的电源不可更换或不能短时间更换，因此功耗问题一直是制约无线传感器网络发展的核心。现在国内外在节点的低功耗问题上已经取得了很大的研究成果，提出了一些低功耗的无线传感器网络协议，这方面未来将会取得更大的进步。

（3）进一步降低节点成本。由于传感器网络的节点数量非常大，往往是成千上万个。

要使传感器网络达到实用化，要求每个节点都控制在较为低廉的价格，甚至是一次性使用。而现在每个传感器节点的造价仍然无法满足普通工业环境或家居环境的高密度使用，如果能够有效地降低节点的成本，将会大大推动传感器网络的发展。

（4）提高传感器网络安全性和抗干扰能力。与普通的网络一样，传感器网络同样也面临着安全性的考验，即如何利用较少的能量和较小的计算量来完成数据加密、身份认证等功能，在破坏或受干扰的情况下可靠地完成执行的任务，也是一个重要的研究课题。

（5）提高节点的自动配置能力。对于逐渐增大的网络，将研究如何在部分节点出现错误或休眠时，能将大量的节点迅速按照一定的规则组成一定的结构，研究在网络拓扑变化的情况下数据实时性的保证，并减少网络管理的开销。

（6）完善高效的跨层网络协议栈。在无线传感器网络已有的分层体系结构上引入跨层的机制和参数，打破层的界限多层合作实现某些优化目标，从而在无线传感器节点上构造高效精巧的网络协议栈，达到性能平衡。

（7）网络的多应用和异构化。随着无线传感器网络的发展，同一传感器网络将从支持单一应用向支持多种不同应用发展，大规模的无线传感器网络中将包括大量的异构传感器节点。作为以数据为中心的网络，这样的无线传感器网络中将产生具有不同属性的、海量的传感数据。传感器节点的功能不一定相同，它们产生的传感数据种类可能不同。同时由于需要满足不同的服务质量要求，传感数据的分发速率也可能不同。传感器节点的异构性还体现在节点的能源状况、通信能力、数据处理能力和数据处理等方面的不同。无线传感器网络是与应用相关的网络，支持多种应用必然导致网络节点的异构化。

（8）进一步与其他网络的融合。无线传感器网络与现有网络的融合将带来新的应用，传感器网络专注于探测和收集环境信息，复杂的数据处理和存储等服务则交给基于无线传感器网络的网格体系来完成，将能够为大型的军事应用、科研、工业生产和商业交易等应用领域提供一个集数据感知、密集处理和海量存储于一体的强大的操作平台。

无线传感器网络目前已经展示出了非凡的应用前景。在今后的发展中，随着新材料、新能源技术的进步和物联网的兴起应用，通过进一步与其他产业的结合，无线传感器网络节点成本、功耗和体积等关键问题会逐渐得到解决，无线传感器的更多应用也将逐渐被发掘出来，并对整个社会和经济的发展起到巨大的推动作用。

5.2　无线传感器网络的系统结构

在无线传感器网络的传感器节点、感知对象和观察者三要素中，大量的传感器节点随机部署，通过自组织的方式构成网络，以协作的方式实时感知、采集和处理网络覆盖区域中的感知对象，检测到的信号由本地传感器节点通过邻近传感器节点多跳传输到观测者。在传感信息从本地到观测者的过程中，有三类无线传感器节点参与了信息的产生、交换和接收，分别是本地观测节点、中继节点和汇聚节点，有的网络还具有管理节点。

（1）本地观测节点：该节点利用本身加装的传感器检测感知对象的各种物理信号，并能够对信号进行简单的处理再发送出去。

（2）中继节点：该节点接收本地观测节点或其他中继节点传来的信息并通过路由策略选择下一跳节点将其向观察者传递，中继节点的选择策略和中继节点的路由策略决定了无线传感器网络的网络结构。

（3）汇聚节点：该节点通常具有比普通节点更强大的处理能力和通信能力，往往直接或通过其他网络与观察者相连，可将分布到各处的传感器节点采集的数据送往观察者，这类节点起着无线传感器网络网关的作用。管理节点可能是网关或观察者，也可能是不同于观察者但可以与无线传感器网络通信的其他机器或设备，起着对无线传感器网络进行配置和管理的作用。

可以从这几个角度来认识无线传感器网络的系统结构。

● 无线传感器网络的节点结构；
● 无线传感器网络的软件体系结构；
● 无线传感器网络的网络拓扑结构；
● 无线传感器网络的协议结构。

5.2.1 节点结构

传感器网络节点就是一个微型的嵌入式系统，构成了无线传感器网络的基础支持平台，监测感知对象及其变化过程。本地观测节点和中继节点都是普通的传感器节点，所谓的观测和中继的划分只是针对某个具体观测对象在数据采集和传输上的功能划分，其节点结构包括运行的程序都是完全相同的，一个本地观测节点在相对其他观测节点时可以成为一个中继节点。在不同的应用中，传感器网络节点的结构不尽相同。但无论是本地观测节点，中继节点和汇聚节点都会有如图 5.1 所示的 4 个主要的组成部分[15]：数据采集模块（传感器、A/D 转换器），数据处理和控制模块（微处理器、存储器），无线通信模块（无线收发器）和能量供应模块（电池），可以选择的其他功能单元包括定位模块、移动模块及电源自供电模块等。

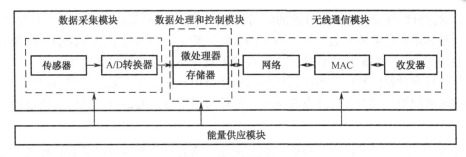

图 5.1　传感器节点体系结构

数据采集模块负责监测区域内针对特定观测对象和物理信号的采集和数据转换；数据处理和控制模块负责控制整个传感器的硬件，存储和处理本身采集的或其他节点发来的数据；无线通信模块负责与其他传感器节点进行无线通信，交换应用数据和网络管理控制数据；能量供应模块为传感器节点提供运行所需要的能量，通常采用微型电池供电；定位模块用于得到节点的位置信息，该模块通常要利用已知位置的几个锚点信息；移动模块支持节点在自身或被观测对象移动的情况下采集、通信和定位的功能；电源自供电模块将节点周围的太阳能、化学能或节点自身的动能转化为电能为节点供电，延长节点的生存时间。

对于无线传感器网络节点结构的设计，微型化和低功耗的应用意义重大。在今后的发展中，可研究采用微电子机械系统（Micro Electro Mechanical Systems，MEMS）加工技术，并结合新材料的研究，设计符合未来要求的微型传感器；其次，需要研究智能传感器网络节点的设计理论，使之可识别和配接多种敏感元件，并适用于主/被动各种检测方法；第三，各节点必须具备足够的抗干扰能力和适应恶劣环境的能力，并能够适合不同应用场合、尺寸的要求；第四，研究利用传感器网络节点具有的局域信号处理功能，在传感器节点附近局部完成多种信号信息处理工作，将原来由中央处理器实现的串行处理、集中决策的系统，改变为一种并行的分布式信息处理系统。

5.2.2　软件结构

无线传感器网络节点的软件结构与其他大多数嵌入系统的软件结构类似，最靠近基础硬件并对各种软/硬件资源进行管理的是操作系统。但相比一般的嵌入式系统，无线传感器网络节点对操作系统的体积大小、能量利用率、节点相互间通信，以及可重配置、可靠性和适应性等方面提出了更高的要求。传感器网络的操作系统均采用微内核的设计，需要具有代码量小、耗能量少、并发性高、鲁棒性好并可以适应不同的应用的特性。目前无线传感器网络操作系统大多采用事件驱动的组件设计模式，完整的系统由调度器和分层组件组成，高层组件面向应用，向低层组件发出命令；底层组件管理硬件，向高层组件报告事件[11]。

对于每一类完整的无线传感器网络的软件结构，都需要有面向特定应用的业务逻辑部分软件。这部分软件类似微机上普通的应用程序，可根据传感器网络节点采集的数据类型、特性、用途和用户的需要对数据进行特定的处理。除了管理各种节点资源的无线传感器网络操作系统和面向应用的应用软件，在现代的无线传感器网络软件体系中，还会设计处理分布系统所特有功能的软件，形成无线传感器网络中间件软件，无线传感器网络中间件将使无线传感器网络应用业务的开发者集中在设计与应用有关的部分，从而简化设计和维护工作。

无线传感器网络中间件和平台软件构成无线传感器网络业务应用的公共基础，提供了高度的灵活性、模块性和可移植性。在一般无线传感器网络应用系统中，管理和信息安全纵向贯穿各个层次的技术架构，最底层是无线传感器网络基础设施层，逐渐向上展开的是应用支撑层、应用业务层、具体的应用领域，如军事、环境、健康和商业等。无线传感器网络中间件和平台软件在无线传感器网络软件系统架构中的位置如图 5.2 所示[17]。

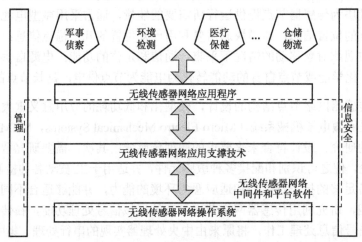

图 5.2　无线传感器网络软件体系结构

无线传感器网络应用支撑层、无线传感器网络基础设施和基于无线传感器网络应用业务层的一部分共性功能，以及管理、信息安全等部分组成了无线传感器网络中间件和平台软件。其中应用支撑层支持应用业务层，为各个应用领域服务，提供所需的各种通用服务，在这一层中核心的是中间件软件，管理和信息安全是贯穿各个层次的保障。

无线传感器网络中间件和平台软件采用层次化、模块化的体系结构，使其更加适应无线传感器网络应用系统的要求，并用自身的复杂换取应用开发的简单。一方面，中间件提供满足无线传感器网络个性化应用的解决方案，形成一种特别适用的支撑环境；另一方面，中间件通过整合，使无线传感器网络应用只需面对一个可以解决问题的软件平台，因而以无线传感器网络中间件和平台软件的灵活性、可扩展性保证了无线传感器网络安全性，提高了无线传感器网络数据管理能力和能量效率，降低了应用开发的复杂性。

5.2.3　拓扑结构

通常将网络中的主机、终端和其他通信控制与处理设备抽象为结点，将通信线路抽象为线路，而将结点和线路连接而成的几何图形称为网络的拓扑结构。网络拓扑结构可以反映出网络中各实体之间的结构关系。无线传感器网络的拓扑结构是组织无线传感器节点的组网技术，有多种形态和组网方式。常用的拓扑结构有平面网络结构、分级网络结构、混合网络结构和 Mesh 网络结构[21,22]。下面根据节点功能及结构层次分别加以介绍。

1．平面网络结构

平面网络结构是无线传感器网络中最简单的一种拓扑结构，如图 5.3 所示，所有节点均为对等结构，具有完全一致的功能特性。也就是说，每个节点均包含相同的 MAC、路由、管理和安全等协议。这种网络拓扑结构简单，易维护，具有较好的健壮性，事实上就是一种 Ad hoc 网络结构形式。由于没有中心管理节点，故采用自组织协同算法形成网络，其组网算法比较复杂。

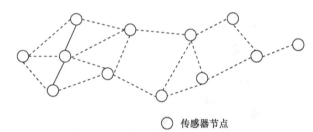

○　传感器节点

图 5.3　无线传感器平面网络结构

2．分级网络结构（层次网络结构）

分级网络结构是无线传感器网络中平面网络结构的一种扩展拓扑结构，如图 5.4 所示，网络分为上层和下层两个部分：上层为中心骨干节点；下层为一般传感器节点。通常网络可能存在一个或多个骨干节点，骨干节点之间或一般传感器节点之间采用的是平面网络结构，具有汇聚功能的骨干节点和一般传感器节点之间采用的是分级网络结构。所有骨干节点均为对等结构，骨干节点和一般传感器节点有不同的功能特性。也就是说，每个骨干节点均包含相同的 MAC、路由、管理和安全等功能协议，而一般传感器节点可能没有路由、管理及汇聚处理等功能。这种分级网络通常以簇的形式存在，按功能分为簇首（具有汇聚功能的骨干节点，Cluster-Head）和成员节点（一般传感器节点，Members）。这种网络拓扑结构扩展性好，便于集中管理，可以降低系统建设成本，提高网络覆盖率和可靠性，但是集中管理开销大，硬件成本高，一般传感器节点之间可能不能够直接通信。

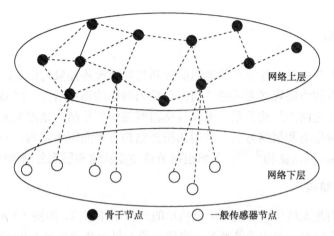

图 5.4　无线传感器网络分级网络结构

3. 混合网络结构

混合网络结构是无线传感器网络中平面结构和分级结构的一种混合拓扑结构，如图 5.5 所示。

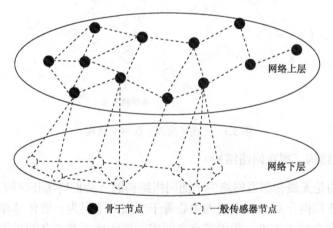

图 5.5　无线传感器网络混合网络结构

网络骨干节点之间和一般传感器节点之间都采用平面网络结构，而网络骨干节点和一般传感器节点之间采用分级网络结构。这种网络拓扑结构和分级网络结构不同的是一般传感器节点之间可以直接通信，可不需要通过骨干节点来转发数据。这种结构同分级网络结构相比较，支持的功能更加强大，但所需硬件成本更高。

4. Mesh 网络结构

Mesh 网络结构是一种新型的无线传感器网络结构，较前面的传统无线网络拓扑结构具有一些结构和技术上的不同。从结构来看，Mesh 网络是规则分布的网络，不同于完全连接的网络结构，该结构中通常只允许和节点最近的邻居通信，如图 5.6 所示，网络内部的节点一般都是相同的，因此 Mesh 网络也称为对等网。

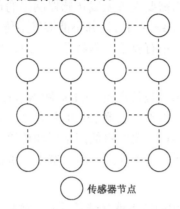

传感器节点

图 5.6　无线传感器网络 Mesh 网络结构

Mesh 网络是构建大规模无线传感器网络的一个很好的结构模型，特别是那些分布在一个地理区域的传感器网络，如人员或车辆安全监控系统。由于通常 Mesh 网络结构节点之间存在多条路由路径，网络对于单点或单个链路故障具有较强的容错能力和鲁棒性。Mesh 网络结构最大的优点就是尽管所有节点都是对等的地位，且具有相同的计算和通信传输功能。

Mesh 网络可采用如图 5.7 所示的分级网络结构，在这种结构中，由于一些数据处理可以在每个分级的层次里面完成，因而比较适合于无线传感器网络的分布式信号处理和决策。

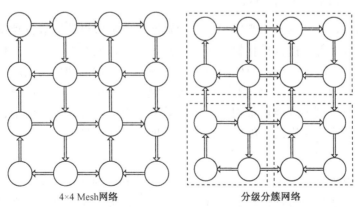

4×4 Mesh网络　　　　　分级分簇网络

图 5.7　采用分级网络结构技术的 Mesh 结构

在无线传感器网络实际应用中，通常根据应用需求来灵活地选择合适的网络拓扑结构。

5.2.4 协议结构

无线传感器网络的协议结构需要支持无线传感器网络的自组织，现有的有线网络协议栈，如TCP/IP协议栈和一些自组织网络协议并不能够满足传感器网络的需求。相对于一般意义上的自组织网络，传感器网络有以下一些特色，在对无线传感器网络协议结构的设计中需要特殊考虑。

（1）无线传感器网络中的节点数目高出Ad hoc网络节点数目几个数量级，这就对传感器网络的可扩展性提出了要求。由于传感器节点的数目多、开销大，传感器网络通常不具备全球唯一的地址标识。这使得传感器网络的网络层和传输层相对于一般网络而言，有很大的简化。此外，由于传感器网络节点众多，单个节点的价格对于整个传感器网络的成本而言非常重要。

（2）自组织传感器网络最大的特点就是能量受限。传感器节点受环境的限制，通常电量有限且不可更换的电池供电，所以在考虑传感器网络体系结构及各层协议设计时，节能是设计的主要考虑目标之一。

（3）由于传感器网络应用环境的特殊性、无线信道不稳定，以及能源受限的特点，传感器网络节点受损的概率远大于传统网络节点，因此自组织网络的健壮性是必须的，以保证部分传感器网络的损坏不会影响到全局。

（4）传感器节点高密度部署，网络拓扑结构变化快，对于拓扑结构的维护也提出了挑战。上述这些特点使得无线传感器网络有别于传统的自组织网络，并在当前的一些体系结构设计的尝试中得到了突出的表现。

根据以上特性，传感器网络需要根据用户对网络的需求设计适应自身特点的网络体系结构，为网络协议和算法的标准化提供统一的技术规范，使其能够满足用户的需求。传感器网络体系结构具有二维结构，即如图5.8（a）所示的横向的通信协议层和纵向的传感器网络管理面。通信协议层可以划分为物理层、数据链路层、网络层、传输层和应用层五层[15]，而网络管理面则可以划分为能量管理平台、移动性管理平台及任务管理平台。管理面的存在主要是用于协调不同层次的功能以求在能量管理、移动性管理和任务管理方面获得综合考虑的最优设计。

图5.8（b）是对图5.8（a）的细化和改进。定位和时间同步子层在协议栈中的位置比较特殊，它们既要依赖于数据传输通道进行协作定位和时间同步协商，同时又要为网络协议各层提供信息支持，如基于时分复用的MAC协议，基于地理位置的路由协议等很多传感器网络协议都需要定位和同步信息。右边的诸多机制一部分融入到所示的各层协议中，用以优化和管理协议流程，另一部分则独立在协议外层，通过各种手机和配置接口对相应机

制进行配置和监控。

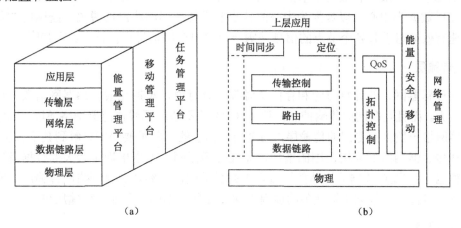

图 5.8　无线传感器网络协议结构

1．物理层

无线传感器网络的传输介质可以是无线、红外或者光介质，如在微尘项目中，使用了光介质进行通信；还有使用红外技术的传感器网络，它们都需要在收发双方之间存在视距传输通路；而大量的传感器网络节点基于射频电路。

2．数据链路层

数据链路层负责数据流的多路复用、数据帧检测、媒体接入和差错控制，数据链路层保证了传感器网络内点到点和点到多点的连接。

（1）媒体接入控制。在无线多跳 Ad hoc 网络中，媒体访问控制（MAC）层协议主要负责两个职能：其一是网络结构的建立，因为成千上万个传感器节点高密度地分布于待测地域，MAC 层机制需要为数据传输提供有效的通信链路，并为无线通信的多跳传输和网络的自组织特性提供网络组织结构；其二是为传感器节点有效合理地分配资源。

（2）差错控制。数据链路层的另一个重要功能是传输数据的差错控制，在通信网中有两种重要的差错控制模式，分别是前向差错控制（FEC）和自动重传请求（ARQ）。在多跳网络中，由于重传的附加能耗和开销而很少使用 ARQ，即使使用 FEC 方式，也只有低复杂度的循环码被考虑到，而其他的适合传感器网络的差错控制方案仍处在探索阶段。

3．网络层

传感器网络节点高密度地分布于待测环境内或周围，在传感器网络节点和接收器节点之间需要特殊的多跳无线路由协议。无线传感器网络的路由算法在设计时需要特别考虑能耗的问题。基于节能的路由有若干种，如最大有效功率（PA）路由算法、最小能量路由算法，以及基于最大最小有效功率节点路由算法等[29]。传感器网络的网络层设计的设计特色还体现在以数据为中心，以数据为中心的特点要求传感器网络能够脱离传统网络的寻址过程，快速有效地组织起各个节点的信息并融合提取出有用信息直接传送给用户[23,24]。

4. 传输层

无线传感器网络的计算资源和存储资源都十分有限，早期无线传感器网络数据传输量并不是很大。而且互联网的传输控制协议（TCP）并不适应无线传感器网络环境，因此早先的传感器网络一般没有专门的传输层，而是把传输层的一些重要功能分解到其下各层实现。随着无线传感器网络的应用范围的增加，无线传感器网络上也出现了较大的数据流量，并开始传输包括音/视频数据的媒体数据流。因此目前面向无线传感器网络的传输层研究也在展开，以在多种类型数据传输任务的前提下保障各种数据的端到端的传输质量。

5. 应用层

包括一系列基于监测任务的应用层软件。与传输层类似，应用层研究也相对较少。应用层的传感器管理协议、任务分配和数据广播管理协议，以及传感器查询和数据传播管理协议是传感器网络应用层需要解决的三个潜在问题。

网络协议结构是网络的协议分层及网络协议的集合，是对网络及其部件所应完成功能的定义和描述。对无线传感器网络来说，其网络协议结构不同于传统的计算机网络和通信网络。相对已有的有线网络协议栈和自组织网络协议栈，需要更为精巧和灵活的结构，用于支持节点的低功耗、高密度，提高网络的自组织能力、自动配置能力、可扩展能力和传感器数据的实时性保证。

在未来，有许多广阔的应用领域，传感器网络将成为人们生活中的一个不可缺少的组成部分。实现传感器网络的应用需要自组织网络技术，充分认识和研究传感器网络自组织方式及传感器网络的体系结构，为网络协议和算法的标准化提供理论依据，为设备制造商的实现提供参考，成为目前的紧迫任务。也只有从网络体系结构的研究入手，带动传感器组织方式及通信技术的研究，才能更有力地推动这一具有战略意义的新技术的研究和发展。

5.3　无线传感器网络的应用

无线传感器网络的快速布置、自组织性和容错能力使其不会因为某些节点在恶意攻击中的损坏而导致整个系统的崩溃。快速布置、自组织和容错能力等特性使其非常适合应用于各种恶劣的、不适合有人值守或参与的环境中，如战场侦察环境，因此受到了军事发达国家的普遍重视。同时，无线传感器网络在工农业、生物医疗、环境监测、抢险救灾等很多民用领域也都拥有十分广阔的应用前景。特别适用于那些设备成本较低，传输数据量较少，使用电池供电并且要求工作时间较长的应用场合。正是这些特点，传感器网络在现代社会的诸多领域显现了很有价值的应用前景[17]。

1. 军事领域

早在 20 世纪 90 年代美国就开始了传感器网络的军事应用研究工作。无线传感器网络非常适合应用于恶劣的战场环境中，因此军事领域成为无线传感器网络最早展开的领域。目前国际许多机构的课题都是以战场需求为背景展开的。例如，美军开展的如 C4ISRT（Command，Control，Communication，Computing，Intelligence，Surveillance，Reconnaissance And Targeting）计划、Smart Sensor Web、灵巧传感器网络通信、无人值守地面传感器群、传感器组网系统、网状传感器系统 CEC 等。未来战争中的战场指挥系统将会是一个集命令、控制、通信、计算、智能、监视、侦察和定位于一体的战场指挥系统。在该领域，无线传感器网络将会成为军事作战不可或缺的一部分[25]。

由于战争的伤亡性，传感器设备将取代人去执行一些危险任务，如监控我军兵力、装备和物资，监视冲突区，侦察敌方地形和布防，定位攻击目标，评估损失，侦察和探测核、生物和化学攻击等。另外由于传感器网络是由密集型、低成本、随机分布的节点组成的，自组织性和容错能力使其不会因为某些节点在恶意攻击中的损坏而导致整个系统的崩溃，这一点是传统的传感器技术所无法比拟的[30]。

因此，可以通过传感器网络来获取战争信息。例如，在友军人员、装备及军火上加装传感器节点以供识别，随时掌控自己情况；还可以利用飞机或火炮等发射装置，将大量廉价传感器节点按照一定的密度布置在待测区域或敌方阵地，对周边的各种参数，如温度、湿度、声音、磁场、红外线等各种信息进行采集，然后由传感器自身构建的网络，通过网关、互联网、卫星等信道，传回战场指挥中心，做到知己知彼，先发制人。传感器网络也可以为火控和制导系统提供准确的目标定位信息，传感器节点可作为智慧型武器的引导器，与雷达、卫星等相互配合，利用自身接近环境的特点，可避免盲区，使武器的使用效果大幅度提升。

狙击手定位系统如图 5.9 所示。

一些典型的军方展开的与无线传感器网络相关的项目有 2001 年美国陆军提出的"灵巧传感器网络通信"计划、"无人值守地面传感器群"项目与"战场环境侦察与监视系统"。2002 年 5 月美国 Sandia 国家实验室与美国能源部共同研究开发的基于传感器网络的防生化武器袭击系统。2004 年 12 月美国陆军进行的"ExScal"的网络，该网络是迄今为止最大规模的无线传感器网络试验。还有 2005 年 Crossbow 公司所构建了枪声定位系统。

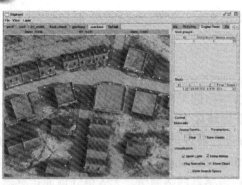 

（a）检测区域俯瞰　　　　　　　（b）狙击手定位图（○为狙击手的位置，□为节点位置）

图 5.9　狙击手定位系统

2．环境观测和预报领域

随着人们对于环境的日益关注，环境科学所涉及的范围越来越广泛。通过传统方式采集环境数据是一件困难的工作，传感器网络正适合解决环境科学研究中遇到的普遍问题，通过布置传感器节点，可以跟踪候鸟昆虫的迁移以便研究它们的生活习性；可以通过撒播微型传感器于海洋以监测海洋状况；传感器网络还可以监测土壤状态，利用多种传感器来监测降雨量、河水水位和土壤水分，并依此预测爆发山洪的可能性。类似地，无线传感器网络可在森林防火中提高预报的准确性和及时性：传感器节点被随机密布在森林之中，平常状态下定期报告森林环境数据，当发生火灾时，这些传感器节点通过协同合作会在很短的时间内将火源的具体地点、火势的大小等信息传送给相关部门。

环境观测和预报领域的一些常见的应用包括[13]

- 可通过跟踪珍稀鸟类、动物和昆虫的栖息、觅食习惯等进行濒临种群的研究等；
- 可在河流沿线分区域布设传感器节点，随时监测水位及相关水资源被污染的信息；
- 在山区中泥石流、滑坡等自然灾害容易发生的地方布设节点，可提前发出预警，以便做好准备，采取相应措施，防止进一步的恶性事故发生；
- 可在重点保护林区铺设大量节点随时监控内部火险情况，一旦有危险，可立刻发出警报，并给出具体方位及当前火势大小；
- 布放在地震、水灾、强热带风暴灾害地区、边远或偏僻野外地区，用于紧急和临时场合应急通信。

以上应用都有一些成功的范例，如夏威夷大学在夏威夷火山国家公园内铺设的无线传感器网络，以监测那些濒临灭种的植物所在地的微小气候变化。美国俄勒冈州研究生院在哥伦比亚河设置了 13 个站来监测每个站所在区域的流速、盐度、温度及水位。上海交通大学自动化系基于气体污染源浓度衰减模型，开展了气体源预估定位系统。同样，该项技术也可推广到放射性元素、化学元素等的跟踪定位中。

在生物种群研究方面，2002 年，由英特尔的研究小组和加州大学伯克利分校，以及巴港大西洋大学的科学家把无线传感器网络技术应用于监视大鸭岛海鸟的栖息情况。2005 年，澳洲的科学家利用无线传感器网络来探测北澳大利亚蟾蜍的分布情况，由于蟾蜍的叫声响亮而独特，因此利用声音作为检测特征非常有效。科研人员将采集到的信号在节点上就地处理，然后将处理后的少量结果数据发回给控制中心。通过处理，就可以大致了解蟾蜍的分布、栖息情况，如图 5.10 所示。

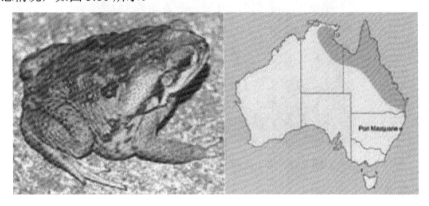

图 5.10　北澳大利亚的蟾蜍的分布情况

3. 空间、海洋探索

探索外部星球一直是人类梦寐以求的理想，借助于航天器布撒的传感器节点可实现对星球表面大范围、长时期和近距离的监测和探索，是一种经济可行的方案。NASA 的 JPL 实验室研制的 Sensor Webs 就是为将来的火星探测、选定着陆场地等需求进行技术准备的。现在该项目已在佛罗里达宇航中心的环境监测项目中进行测试和完善，如图 5.11 所示。

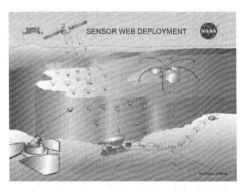

图 5.11　美国宇航局空间探索计划中无线传感器网络的应用模式示意图

21 世纪是人类深入开发利用海洋资源的世纪，海洋物理研究、数据采集、交通导航、资源勘探、污染监控、灾难预防，以及对水下军事目标的监测、定位、跟踪与分类等，都迫切需要高度智能化、自主性强、分布式、全天候的信息采集、传输、处理及融合技术。印度洋海啸之后，全球领导人在印尼雅加达举行峰会，议程的首要事务就是计划在印度洋构建传感器网络，以便对未来的海底地震做出预警，如图 5.12 所示。

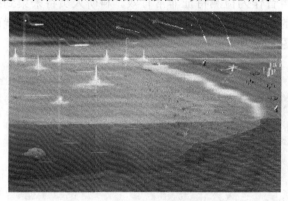

图 5.12　水下无线传感器网络技术示意图

4．工业领域

无线传感器网络可用于工业领域中的危险环境。在煤矿、石化、冶金行业对工作人员安全、易燃、易爆、有毒物质的监测的成本一直居高不下，通过无线传感器网络可方便地对煤矿、石油钻井、核电厂和组装线工作的员工随时进行监控，可及时得到工作现场有哪些员工、员工当前的身体状况，以及他们的安全保障等重要信息。在相关的工厂每个有可能产生有毒物质的排放口可以安装相应的无线节点，可以完成对工厂废水、废气污染源的监测，以及样本的采集、分析和流量测定。无线传感器网络技术几乎可在各个工业的安防得到了应用，而使用规模也会从几十个节点或几百个节点的规模到数以万计节点的规模[23]。

无线传感器网络把部分操作人员从高危环境中解脱出来的同时，也提高了险情的反应精度和速度。尤其是在我国的煤炭开采行业，一度频繁发生的矿难使得对先进的井下安全生产保障系统的需求非常巨大。我国有大型煤矿 600 多家，中型煤矿 2000 多家，中小型煤矿 1 万余家，这些煤矿可利用无线传感器网络对运动目标的跟踪功能和对周边环境的多传感器融合监测功能，使其在井下安全生产的诸多环节得到更高的安全保障，也为矿难发生后的搜救工作提供了更多的便利。

成功应用的系统还有成峰公司与陕西天和集团共同研发的矿工井下区段定位系统，其结构框图如图 5.13 所示。各个工作地点放置一定数量的传感器节点，通过接收矿工随身携带的节点所发射的具有唯一识别码的无线信号进行人员定位；同时各个传感器节点还可以进行温度、湿度、光、声音、风速等参量的实时检测，并将结果传输至基站，进而传至管理中心。

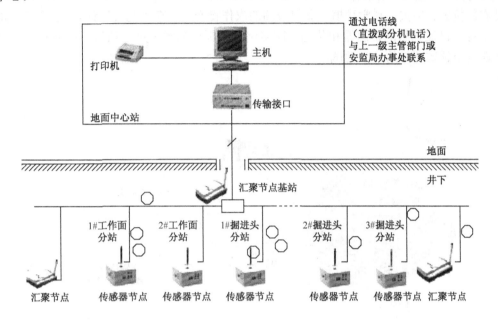

图 5.13   煤矿安全环境监测无线传感器网络的基本结构

除了煤矿、石化和冶金等行业，其他普通制造行业的生产设备监控也是无线传感器网络的重要应用。制造业技术的发展，使各类生产设备越来越复杂精密，在生产流水线到复杂机器设备上安装相应的传感器节点，可时刻掌握设备的工作状况，及早发现问题及早处理，从而有效地减少损失，降低事故发生率。

成功应用的例子有电子科技大学、中国空气动力研究与发展中心，以及北京航天指挥控制中心利用无线传感器网络技术设计的大型风洞测控系统，该系统可以对旋转机构、气源系统、风洞运行系统，以及其他没有基础设施而有线传感器系统安装又不方便或不安全的应用环境进行全方位的检测。

5. 农业领域

农作物的优质高产对经济发展的意义重大，在农业领域无线传感器网络有着卓越的技术优势，它可用于监视农作物灌溉情况、土壤空气变更情况、牲畜和家禽的环境状况，以及大面积地表检测。一个典型的系统通常由环境监测节点、基站、通信系统、互联网，以及监控软/硬件系统构成，典型系统如图 5.14 所示。根据需要，人们可以在待测区域安放不同功能的传感器并组成网络，长期、大面积地监测微小的气候变化，包括温度、湿度、风力、大气和降雨量等，收集有关土地的湿度、氮浓缩量和土壤 pH 值等，从而进行科学预测，帮助农民抗灾、减灾、科学种植，获得较高的农作物产量。在"九五"计划中，"工厂高效农业工程"已经把智能传感器和传感器网络化的研制列为国家重点项目。以下介绍几种国内外在这个领域所作的一些尝试。

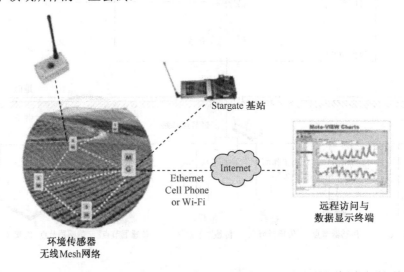

图 5.14　农业生态环境监测实例结构图

2002 年，英特尔公司率先在俄勒冈建立了世界上第一个无线葡萄园。传感器节点被分布在葡萄园的每个角落，每隔一分钟检测一次土壤温度、湿度或该区域有害物的数量，以确保葡萄可以健康生长。研究人员发现，葡萄园气候的细微变化可极大地影响葡萄酒的质量。通过长年的数据记录及相关分析，便能精确地掌握葡萄酒的质地与葡萄生长过程中的日照、温度、湿度的确切关系。这是一个典型的精准农业、智能耕种的实例（见图 5.15）。

图 5.15　葡萄园环境监测系统示意图

北京市科委计划项目"蔬菜生产智能网络传感器体系研究与应用"正式把农用无线传感器网络示范应用于温室蔬菜生产中。在温室环境里单个温室即可成为无线传感器网络的一个测量控制区，采用不同的传感器节点构成无线网络来测量土壤湿度、土壤成分、pH 值、降水量、温度、空气湿度和气压、光照强度、CO_2 浓度等，来获得农作物生长的最佳条件，为温室精准调控提供科学依据，最终使温室中传感器和执行机构标准化、数字化、网络化，从而达到增加作物产量、提高经济效益的目的，如图 5.16 所示。

图 5.16　多温室间无线传感器网络通信的示意图

6. 医疗健康与监护领域

传感器节点小的特点在医学上有特殊的用途。可以利用传感器监测病人的心率和血压等生理特征，利用传感器网络，医生就可以随时了解病人的病情，以便进行及时有效的处理。可以利用传感器网络长期不间断地收集医学实验对象的生理数据，这对医学实验提供了极大的帮助，改变了传统数据采集模式，其收集的生理数据可以被长期保存用于医学研究。此外，在药物管理等诸多方面也有独特的应用。无线传感器网络在医疗研究、护理领域主要的应用包括远程健康管理、重症病人或老龄人看护、生活支持设备、病理数据实时采集与管理、紧急救护等，也为未来的远程医疗提供了更加方便、快捷的技术实现手段。

美国英特尔公司目前正在研制家庭护理的无线传感器网络系统，该系统是美国"应对老龄化社会技术项目"的一个环节。根据演示，该系统在鞋、家具及家用电器等嵌入传感器，帮助老年人及患者、残障人士独立地进行家庭生活，并在必要时由医务人员、社会工作者进行帮助。研究人员开发出了基于多个加速度传感器的无线传感器网络系统，用于进行人体行为模式监测，如坐、站、躺、行走、跌倒、爬行等（见图 5.17）。

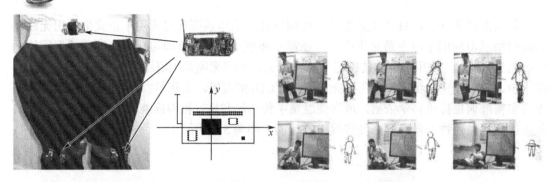

图 5.17　基于无线传感器网络技术的人体行为监测系统

　　该系统使用多个传感器节点，安装在人体几个特征部位，系统实时地把人体因行动而产生的三维加速度信息进行提取、融合、分类，进而由监控界面显示受检测人的行为模式。这个系统稍加产品化，便可成为一些老人及行动不便的病人的安全助手。同时，该系统也可以应用到一些残障人士的康复中心，对病人的各类肢体恢复进展进行精确测量，从而为设计复健方案带来宝贵的参考依据。

　　在该项目中研究人员可以利用无线传感器网络来实现远程医疗监视。在一个公寓内，17 个传感器节点分布在各个房间，包括卫生间，每个传感器节点上包括了温度、湿度、光、红外传感器及声音传感器，部分节点使用了超声节点。根据这些节点收集到信息，监控界面实时显示人员的活动情况。根据多传感器的信息融合，可以相当精确地判断出被检测人正在进行的行为，如做饭、睡觉、看电视、淋浴等，从而可以对老年人健康状况，如老年痴呆症等进行精确检测。因为系统不使用摄像机，比较容易得到病人及其家属的接受。

7. 建筑领域

　　各类大型工程的安全施工及监控是建筑设计单位长期关注的问题，如三峡工程、苏通大桥、渤海海域的大量的海洋平台和海底管线、2008 年的奥运场馆等，其施工过程和后期使用过程的安全监控都是非常重要的环节。采用无线传感器网络，可以让大楼、桥梁和其他建筑物能够自身感觉并意识到它们的状况，使得安装了传感器网络的智能建筑自动告诉管理部门它们的状态信息，从而可以让管理部门进行及时、定期的维修工作。

　　利用适当的传感器，如压电传感器、加速度传感器、超声传感器、湿度传感器等，可以有效地构建一个三维立体的防护检测网络（见图 5.18）。该系统可用于监测桥梁、高架桥、高速公路等道路环境。对许多老旧的桥梁，桥墩长期受到水流的冲刷，传感器可以放置在桥墩底部用以感测桥墩结构，也可放置在桥梁两侧或底部搜集桥梁的温度、湿度、震动幅度、桥墩被侵蚀程度等，能减少断桥所造成生命财产的损失。

图 5.18　基于无线传感器网络的桥梁结构监测系统示意图

2003 年，哈尔滨工业大学欧进萍院士的课题组开发了一种用于海洋平台和其他土木工程结构健康监测的无线传感器网络。利用多种智能传感器，如光纤光栅传感器、纤维增强聚合物、光纤光栅筋及其应变传感器、压电薄膜传感器、形状记忆合金传感器、疲劳寿命丝传感器、加速度传感器等进行建筑结构的监测。该课题组 2004 年又针对超高层建筑的动态测试开发了一种新型系统，并应用到深圳地王大厦的环境噪声和加速度响应测试。在现场测试中，通过竖向布置在大厦结构的外表面的无线传感器网络，系统成功测得了环境噪声沿建筑高度的分布，以及结构的风致震动加速度响应。

对珍贵的古老建筑进行保护，是文物保护单位长期以来的一个工作重点。将具有温度、湿度、压力、加速度、光照等传感器的节点布放在重点保护对象当中，无须拉线钻孔，便可有效地对建筑物进行长期的监测（见图 5.19）。此外，对于珍贵文物而言，在保存地点的墙角、天花板等位置，监测环境的温度、湿度是否超过安全值，可以更妥善地保护展览品的品质。

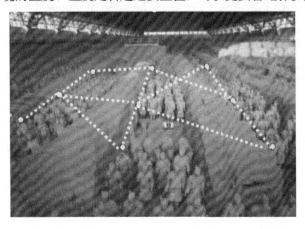

图 5.19　将无线传感器网络应用在珍贵文物的保护场地

8．其他领域

（1）智能交通控制管理。在 1995 年美国交通部就提出了"国家职能交通系统项目规划"，预计到 2025 年全面投入使用。该系统综合运用大量传感器网络，配合 GPS 系统、区域网络系统等资源，目的是使所有车辆都能保持在高效、低耗的最佳运行状态，前后自动保持车距，推荐最佳路线，并就潜在的故障发出警告。目前在美国的宾夕法尼亚州的匹兹堡市就已经建有这样的交通信息系统，并由电台媒体附带产生了一定的商业价值[24,25,30]。

（2）安防系统。随着高科技产品在现代家庭中的应用，相应地也带来了一系列不安全因素，如煤气管道、热水器，以及其他许多大容量家用电器的使用，都会明显地增加发生火灾的可能性及煤气中毒、爆炸等危险，且社会上不法分子行凶、盗窃等违法犯罪活动时有发生，给社会带来了不安定因素，因此安防系统是室内环境的必需保障。利用无线传感器网络低成本和易于部署的特点，可以提高安防系统的灵活性和可用性。例如，英国的一家博物馆利用无线传感器网络设计了一个报警系统，将节点放在珍贵文物或艺术品的底部或背面，通过侦测灯光的亮度是否改变，测量物品是否遭受到震动等因素，来确保展览品的安全。

（3）仓储物流管理。利用无线传感器网络的多传感器高度集成，以及部署方便、组网灵活的特点，可用来进行粮食、蔬菜、水果、蛋肉存储仓库的温度、湿度控制，中央空调系统的监测与控制，以及厂房环境控制，特殊实验室环境的控制等，为保障存货质量安全、降低能耗提供解决方案。著名的沃尔玛连锁店已经投入资金，在其货物上加装无线传感器节点和射频识别条形码芯片（RFID），以保证其各类货物处在最佳的储藏环境，同时，使该公司和供应商能够跟踪从生产到收款台的商品流向，如图 5.20 所示[18]。

图 5.20　超级市场中应用无线传感器网络进行各种物流检测和环境监测

（4）智能家居系统。智能家居系统的设计目标是将住宅内的各种家居设备联系起来，使它们能够自动运行、相互协作，为居住者提供尽可能多的便利和舒适[14]。例如，随着社会的发展及高层建筑的普及，传统电表、水表抄表操作将给抄表人员带来越来越多的麻烦，因此浙江大学计算机系的研究人员开发了一种基于无线传感器网络的无线水表系统，具有高度的自动化性能，抄表人员无须访问每户人家，只需在楼下按下抄表键，即可获得该楼的所有水表的读数。

5.4　无线传感器网络的研究方向

无线传感器网络技术是多学科交叉的研究领域，因而包含众多研究方向。无线传感器网络技术具有很强的应用相关性，要求网络节点设备能够在有限能量（功率）供给下实现对特定目标进行长时间监控，因此网络运行的能量效率是一切技术元素的优化目标[31]。下面从核心关键技术和关键支撑技术两个层面分别介绍应用系统所必须的设计和优化的技术要点。

核心关键技术包括组网模式、拓扑控制、无线通信技术、介质访问控制、链路控制、网络层与路由协议设计、QoS 保障和可靠性设计，以及移动模型研究等方面。其中组网模式决定网络是否采取和采取什么样的层次结构，常用的组网模式包括扁平组网模式、基于分簇的层次型组网模式、网状网模式和移动汇聚模式等。在网络的总体层次结构确定之后，还应该对每个节点的连接关系进行具体的控制。为达到能量均衡的要求，这种控制往往是动态时变的。

常用的拓扑控制技术可分为时间控制、空间控制和逻辑控制三种。时间控制通过控制每个节点睡眠、工作的占空比、节点间睡眠起始时间的调度，让节点交替工作；空间控制通过控制节点发送功率改变节点的连通区域，使网络呈现不同的连通形态，从而获得控制能耗、提高网络容量的效果；逻辑控制则是通过邻居表将不"理想的"节点排除在外，从而形成更稳固、可靠和强健的拓扑。

对于每个的节点来说，所使用的通信技术需要满足低成本、低功耗和便于安装的要求，因此一般使用短距无线通信技术。在各种短距无线通信技术，IEEE 802.15.4 标准是针对低速无线个人域网络的无线通信标准，把低功耗、低成本作为设计的主要目标。由于 IEEE 802.15.4 标准的网络特征与无线传感器网络存在很多相似之处，故很多研究机构把它作为无线传感器网络的无线通信平台。ZigBee 协议即采用 IEEE 802.15.4 作为其 MAC 层和物理层协议，并在此基础上提供了灵活的网络层协议。

在网络协议设计中，MAC 控制是无线传感器网络最为活跃的研究热点，这是因为传感器网络研究的核心问题之一是功耗管理。而无线传感器节点的射频模块是节点中最大的耗能部件，是优化的最主要目标。MAC 协议直接控制射频模块，因此对节点功耗有重要影响。传感器网络 MAC 协议一般采用了"侦听/休眠"交替的信道侦听机制，节点空闲时自动转换为休眠状态，以减少空闲侦听。MAC 协议利用频道的机制可分为三类：时分复用方式、频分复用方式和码分复用方式。对链路层控制来说，复杂环境的短距离无线链路特性与长距离完全不同，其过渡临界区宽度与通信距离的比例较大，复杂的链路特征也是在数据转发和汇聚中需要考虑的重要因素。

网络层和路由协议的任务是在传感器节点和汇聚节点之间建立信息传递的通路。由于传感器网络资源严重受限，因此路由协议要遵循的设计原则包括不能执行太复杂的计算、不能在节点保存太多的状态信息、节点间不能交换太多的路由信息等。为了有效地完成上述任务，已经提出了很多种针对无线传感器网络的路由协议，它们大都利用了无线传感器网络的以下特点。

- 感器节点按照数据属性寻址，而不是 IP 寻址；
- 传感器节点监测到的数据往往被发送到汇聚节点；
- 原始监测数据中有大量冗余信息，路由协议可以合并数据、减少冗余性，从而降低带宽消耗和发射功耗；
- 传感器节点的计算速度、存储空间、发射功率和电源能量有限，需要节约这些资源。

传感器网络路由协议可以归纳为能量感知路由、以数据为中心的路由、洪泛式路由和基于地理位置的路由 4 个类别。

除了前面几类经典的路由协议设计方法，近年又出现了很多针对传感器网络的新路由协议和设计方法，路由协议研究正逐渐深入和务实。例如，利用图论中流量优化的方法来为采样数据报选择路由；将 MAC 层和路由层协议捆绑设计，用跨层优化技术来进一步节省功耗；路由能对随机部署的传感器网络进行自适应调整网络拓扑，并让冗余节点经常处于睡眠状态。

QoS 保障和可靠性设计技术是传感器网络走向可用的关键技术之一。QoS 保障技术包括通信层控制和服务层控制。传感器网络的大量节点如果没有质量控制，将很难完成实时监测环境变化的任务。可靠性设计技术目的则是保证节点和网络在恶劣工作条件下长时间工作。节点计算和通信模块的失效直接导致节点脱离网络，而传感模块的失效则可能导致数据出现变化，造成网络的误警。如何通过数据检测失效节点也是关键研究内容之一。

随着无线传感器网络组织结构从固定模式向半移动乃至全移动转换，节点的移动控制模型变得越来越重要，当汇聚节点沿着网络边缘移动可以最大限度地提高网络生命周期。目前已经出现了多种汇聚点移动策略，可以根据每轮数据汇聚情况，估计下一轮能够最大延长网络生命期的汇聚点位置；也可针对事件发生频度自适应移动节点的位置，使感知节点更多地聚集在使事件经常发生的地方，从而分担事件汇报任务，延长网络寿命。

以上是无线传感器网络的核心支撑技术，在核心支撑技术之上，为更好地支持无线传感器网络的应用，无线传感器网络还需要若干关键支撑技术。主要的关键支撑技术包括无线传感器网络的时间同步技术、无线传感器网络的自动位和目标定位技术、无线传感器网络的数据管理和信息融合技术、无线传感器网络的安全技术、无线传感器网络的操作系统技术和能量工程等。

5.5 本章小结

无线传感器网络是物联网的重要组成部分，是全球未来的三大高科技产业之一。通过无线传感器网络使物联网中的普通物体成为了具有了感知能力和通信能力的智能节点，从而可以与现有的网络互连互通并传送环境和感知对象的特征信息。无线传感器网络所具有的快速和灵活的无线连接特性，使网络的部署非常容易，特别适用于野外和危险的场景，在军事领域、空间海洋勘测领域、工业领域、农业领域、医疗领域、建筑领域和家居领域都有着广泛的应用前景。在今后的发展过程中将朝着微型化、低功耗和网络自组织的方向进一步发展。其核心研究技术包括无线传感器网络体协结构研究、能耗研究、无线传感器网络操作系统研究、无线传感器网络软件开发和中间件研究、面向应用的无线传感器网络数据管理和应用研究等。

思考与练习

（1）论述无线传感器网络在物联网中的作用。

（2）给出无线传感器网络的概念。

（3）简述无线传感器网络的特点和发展趋势。

（4）概要叙述无线传感器网络的体系结构。

（5）说明无线传感器网络关于降低能耗的机制。

（6）列出无线传感器网络较为重要的应用领域。

（7）结合自己的切身经历，给出一些无线传感器网络的应用实例。

（8）列出无线传感器网络的主要关键技术。

（9）设想一个有关野外森林防火的无线传感器网络的设计，包括网络节点结构、通信模式、组网模式、网络协议、操作系统、应用程序、数据管理和实际部署方式等方面。

参考文献

[1] International Telecommunication Union UIT. ITU Internet Reports 2005: The Internet of Things[R]，2005.

[2] GUSTAVO R G, MARIO M O, CARLOS D K. Early infrastructure of an Internet of Things in Spaces for Learning [C]. Eighth IEEE International Conference on Advanced Learning Technologies，2008: 381-383.

[3] AMARDEO C，SARMA，J G. Identities in the Future Internet of Things[J]. Wireless Pers Commun，2009，49: 353-363.

[4] AKYILDIZ L F，et al. . Wireless sensor networks: A survey[J]. Computer Networks，2002，38:393-422.

[5] STANKOVIC J A. Real. Time communication and coordination in embedded sensor networks[J]. Proceedings of the IEEE，2003，91(7):1002-1022.

[6] 陈积明，林瑞仲，孙优贤. 无线传感器网络的信息处理研究[J]. 仪器仪表学报，2006，27(9): 1107-1111.

[7] 李凤保，李凌. 无线传感器网络技术综述[J]. 仪器仪表学报，2005，26(增刊2).

[8] 王雪梅. 无线传感器网络技术在智能家庭中的应用[J]. 高新技术，2007，7:41.

[9] 宁焕生，张瑜，刘芳丽，等. 中国物联网信息系统研究[J]. 电子学报，2006(12A):2514.

[10] 任志宇，任沛然. 物联网与EPC/RFID 技术[J]. 森林工程，2006，22(01):67-69.

[11] 刘奕昌，关新平. EPC 物联网络系统的随机控制[J]. 现代电子技术，2008(13):139-43.

[12] 邹永祥，吴建平. 无线传感器网络中的通信技术[J]. 企业科技与发展，2009(14):71-72.

[13] 赵静，宋刚，周驰岷. 无线传感器网络水质监测系统的研究与应用[J]. 通信技术，2008，41(04):124-26.

[14] 明光照，李鸥，张延军. 基于无线传感器网络的智能家居系统设计[J].通信技术，2009，42(02):233，234-237.

[15] 孙利民，李建中，陈渝，等. 无线传感器网络[M]. 北京：清华大学出版社，2005.

[16] 任丰原，黄海宁，林闯. 无线传感器网络[J]. 软件学报，2003，14(7): 1282-1291.

[17] Akyildiz I. F.，Su W.，Sankarasubramaniam Y.，et al.. Wireless sensor networks: a survey[J]. Computer Networks，2002，38(4): 393-422.

[18] Stankovic J. A. Wireless sensor networks[J]. Computer，2008，41(10): 92.95.Chong C. and Kumar S. P. Sensor networks:evolution，opportunities，and challenges[J]. Proceedings of the IEEE，2003，91(8): 247-256.

[19] N. Gross，21 ideas for the 21st century[J]. Business Week，Aug. 30，1999:78-167.

[20] AKYILDIZ I F，WANG X. Survey on wireless mesh networks[J]. IEEE Communications Magazine，2005，43:23，30.

[21] 孙雨耕，张静，孙永进，等. 无线自组传感器网络[J]. 传感技术学报，2004，6(2): 331-335.

[22] 李建中，李金宝，石胜飞. 传感器网络及其数据管理的概念、问题与进展[J]. 软件学报，2003，14(10):1717-1727.

[23] Kalandros Michael，Pao Lucy Y.. Controlling Target Estimate Covariance in Centralized Multisensor Systems[C]. Proceedings of the American Control Conference[C]. Philadelphia，PA: Jun. 1998: 2749-2753.

[24] Brooks Ruchard R，Ramanathan Parameswaran，Sayeed Akbar M.. Distributed Target Classification and Tracking in Sensor Networks[J]. Proceedings of the IEEE，Aug. 2003，91(8): 1163-1171.

[25] Chen Yang Quan，Moore Kevin L.，Song Zhen. Diffusion boundary determination and zone control via mobile actuator.sensor networks (MAS.net): Challenges and opportunities[A]. In: Intelligent Computing: Theory and Applications II，part of SPIE's Defense and Security，Orlando，FL: Apr. 2004.

[26] Langendoen Koen，Reijers Niels. Distributed localization in wireless sensor networks: a quantitative comparison[J]. The Int'l Journal of Computer and Telecommunications Networkings，2003，43(4): 499，518.

[27] Wang Alice，Chandrakasan Anantha. Energy Efficient System Partitioning For Distributed Wireless Sensor Networks[J]. Proc. IEEE ICASSP，May 2001，2: 905-908.

[28] Block F J，Baum C W. Energy. Efficient Self. Organizing Communication Protocols for Wireless Sensor Networks[C]. Proceedings of the 2001 Military Communications Conference，28.31，Oct. 2001. 1: 362-366.

[29] Barlow Gregory J，Henderson Thomas C，Nelson Andrew L，Edward Grant[C]. Dynamic Leadership Protocol for S.nets[C]. Proceedings of the International Conference on Robotics & Automation[C]，April 2004.

[30] Moore Kevin L，Chen Yang Quan，Song Zhen. Diffusion based path planning in mobile actuator. sensor networks (MAS.net)– some preliminary results[A]. In: Proceedings of SPIE Conference on Intelligent Computing: Theory and Applications II，part of SPIE's Defense and Security[C]，Orlando，FL，USA: April 2004，SPIE.

[31] 肖健，吕爱琴，陈吉忠，等. 无线传感器网络技术中的关键性问题[J]. 传感器世界，2004，10(7).

第 6 章

物联网定位技术

在很多物联网的应用中，物体（或者称对象）的"位置"信息有着重要的意义。在物联网中，人们使用 RFID、传感器或者其他信息采集工具从物理世界当中获取各种各样的信息，并将这些信息通过网络传送到用户或者服务器端进行处理，为用户提供各种各样的服务。在很多情况下，这些采集的信息必须标记相应的采集地点才有意义，否则是无法使用的。例如，我们可以把传感器网络部署在森林里用来检测火灾的发生情况，一旦发生火灾，我们需要立刻知道火灾的准确位置以便迅速将其扑灭[1]。这就要求那些用于监测火灾的传感器节点知道自己的位置并在检测到火灾时将自己的位置信息报告给服务器，以便确定火灾的具体位置。再如，当一个老师带领一批孩子在博物馆进行参观时，我们可以为每个孩子佩戴一个可以实时追踪其位置的 RFID 标签，这样就可以让孩子在博物馆里按照自己的爱好自由地进行参观，老师可以通过相应的定位系统来随时监测孩子的位置，以防发生事故，而不用限制孩子必须服从参观的路线。

6.1　定位的概念与发展历史

6.1.1　定位的概念

我们把物联网中用于获取物体位置的技术统称为定位技术。物联网中的所谓"物体"的概念非常广泛，它既可以指人，也可以指设备，如手机、手提电脑等；既可以包括较大的物体，如汽车、飞机，船舶等，也可以包括较小的物体，如图书馆里的某本具体的书；既可以包括室内的物体，如办公室里的人或设备等，也可以包括部署在室外的设备，如部署在森林中用来监测火灾的无线传感器设备等；既可以包括实际存在的物体设备，也可以包括虚拟的物体，如某项具体的服务等。因此，物联网中的定位技术也是一个很广泛的概念，它既包括大型的提供全球定位/导航服务的卫星定位系统，如美国的 GPS 和我国的北斗等，也包括用于在小范围内确定物体位置的技术，如近些年发展起来的蜂窝网中的无线定位、无线传感器网络中的节点定位技术和基于 RFID 标签的定位技术等。在这一章中，我们将首先介绍定位技术的发展历史，以及定位技术在物联网中的典型应用，然后对物联网中当前主要的定位系统和定位技术做简单介绍，最后讨论物联网中定位技术的发展前景和研究方向。

6.1.2 定位技术发展简史

不管在什么情况下，位置信息总是人们感兴趣的信息之一。例如，当一个人从一个地方转移到另一个地方，他会注意自己所到达的地点以确保自己行走在正确的路线上。在现代定位技术出现之前，人们只能得到自身位置的非常粗略的估计，例如，当前位于哪个城镇或者哪个村庄。在航海活动中，能够获得准确的位置信息更加重要，早期的航海活动中主要是通过沿着海岸线建造在航道的关键部位建造灯塔来对船只进行导航的，这些定位技术的精度非常差，并且覆盖范围不广。

无线电技术出现以后，人们认识到利用这种技术可以进行更大范围的和更加精确的定位。最早的基于无线电技术的定位系统是罗兰远程导航系统（LOng RAnge Navigation，LORAN）[6]，建立于 20 世纪 40 年代，其最初的目的是用于海军中的中程无线电导航。罗兰系统是通过测量来自于两个不同基站的信号的时间差来计算用户的位置的，在基站同步发射信号的情况下，来自于两个不同基站信号的时间差对应着一条双曲线。通过测量两组不同基站的时间差，用户就可以计算出自己的位置。因此，罗兰是一种脉冲双曲线定位系统。最初的罗兰导航系统称为 LORAN-A，也称为标准罗兰。罗兰导航系统在发展过程中曾经历过多次改进，其中最成功的是在第二次世界大战末期研制成功的 LORAN-C 系统，20世纪 80 年代在 GPS 出现之前曾广泛应用于航空系统中。在 GPS 系统出现之后，罗兰系统逐渐退出历史舞台。罗兰系统的示意图[6]见图 6.1。

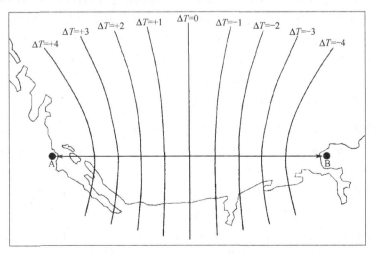

图 6.1　LORAN-A 系统示意图

A 和 B 是一对基站，同时发送信号，用户根据收到信号的时间差来确定自己的位置是在哪个双曲线上，图 6.1 中不同的双曲线对应于不同的时间差。

随着人造卫星技术的发展，人们开始利用人造卫星来构建更精确。覆盖范围更广的定位/导航系统。地球同步轨道卫星可以以相对地球静止的方式在太空轨道中运行，这就提供了一种方式来为定位系统提供固定的参考点。通过精确地测量用户到这些参考点的信号传播时间并推测出相应的距离，用户可以精确地计算出自己的位置。通过合理地在太空中分布卫星，我们可以提供全球范围内的定位和导航服务。已经建成或者正在建设的这类全球定位系统包括美国的 GPS 系统、欧洲的 Galileo 系统、俄罗斯的 GLONASS 系统和中国的北斗系统。我们将在 6.3 节对基于人造卫星的全球定位导航系统进行较为全面的介绍。

随着蜂窝移动通信技术的快速发展，手机用户极大增加。据统计，到 2011 年上半年，中国手机用户已经达到 9.2 亿[22]。如此巨大的用户群体为各个通信运营商带来了巨大的商机，而其中定位业务是通信运营商所必须提供的一种重要的数据业务。蜂窝系统的定位业务除能够提供个人和商用位置服务以外，还能够在紧急情况下帮助快速准确地确定呼叫者的位置以便及时实施援助。例如，在用户拨打 119 火警电话或者 112 求救电话时，就需要快速确定报警位置以便及时展开行动。这类定位系统一般通过是通过测量手机和基站之间的信号强度、距离或者到达角度，利用基站的位置来计算手机用户的位置。移动手机用户一般称为移动台，通过基站的辅助来定位。移动台也可以通过集成 GPS 接收机来利用 GPS 全球定位系统来确定自己的位置。蜂窝系统中的常用定位技术将在 6.4 节进行介绍。

移动通信中的定位一般是在室外进行的。然而，在很多情况下，为了有效地对某个机构或组织中的资源或者人员进行管理和追踪，我们需要进行室内定位。例如，在前面所举的学生在博物馆中参观的例子当中，就需要在室内对携带了 RFID 标签的孩子进行定位。类似地，我们可以通过追踪某个移动物体的位置来确定该移动物体的活动轨迹。如果该物体曾经进入了不允许进入的区域，则有可能造成信息泄露等安全问题。室内的无线定位系统一般利用 RFID 标签来进行，利用 RFID 标签的定位系统可以分为定位标签的和定位 RFID 读写器的两种[23]。这类定位系统所采用的模型可以分为两大类：基于模式匹配的和基于模型匹配的，典型的基于 RFID 的室内定位系统将在 6.5 节进行介绍。

近年来，随着无线传感器网络研究的进展，无线传感器网络中节点的定位研究也引起了广泛的关注。无线传感器网络是物联网的重要组成部分，很多无线传感器网络应用层协议中都需要知道无线传感器节点的位置信息。与前面所提及的无线系统的定位不同，无线传感器网络的节点一般利用电池供电，节点的处理能力较弱，并且缺乏可以测量节点间距离和角度的硬件。另外，由于传感器网络通常大规模部署，使得在每个节点上安装一个 GPS 接收机的方法不现实。因此，无线传感器网络中的定位算法一般利用一些已知自身位置的节点（称为锚节点）来辅助一般节点进行定位。算法设计的目标除了达到较高的精度外，还注重降低开销，包括通信开销和计算开销，并且将尽量减少对硬件的要求。无线传感器网络中的定位算法将在 6.6 节进行介绍。

6.2 定位技术在物联网中的应用

定位技术在物联网中的应用很多，这里我们主要从以下几个方面简单介绍定位技术在物联网中的一些典型应用。

6.2.1 在军事领域的应用

定位技术在军事领域的应用很多，如利用 GPS 系统，可以有效提高导弹的制导精度并提供更加灵活的制导方式。在最近几场高技术局部战争中，美国军方大量使用精确制导导弹和炸弹来对对手进行精确打击，而这些导弹和炸弹都需要依靠 GPS 进行制导。GPS 还可以对打击目标命中率进行评估，其基本原理是，在装有 GPS 接收终端的弹药击中目标引爆的瞬间，触发用户机进行定位，并将位置信息和时间信息迅速传送到指挥中心，从而进行命中率评估，其评估效果已在伊拉克战争中得到充分检验。

定位技术也可以提供对士兵的实时位置监测，提高军队中单兵作战系统所必要的信息。利用定位和通信功能，可以为单兵提供位置信息和时间信息服务，同时可将单兵的位置信息实时动态地传送到指挥机构，并及时向单兵发送各种指令，提高单兵作战和机动能力。这有助于对与大部队失去联系的小部分部队进行快速的定位并及时实施援救。另外，将无线传感器节点部署在战场上可以有效监测敌军命令并检测敌军侵入（如检测是否有地方的坦克等驶入自己的防区），能够有效地辅助战争期间的信息获取。图 6.2[24]给出了采用定位技术的无线自组织网在军事行动中的一个例子。

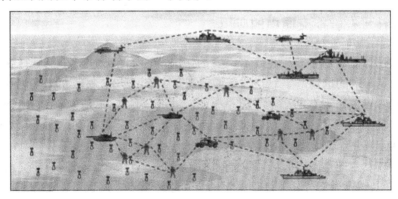

图 6.2 无线自组织网络在军事行动中的应用

利用定位技术，指挥官可以快速了解单兵的位置信息并发布相应的命令。定位技术在军事中的另一个应用是通过移动无线定位来确定敌方重要人物或者目标的位置并进行精确打击。据报道，在美国击毙本·拉登的行动中，美国军方就是通过窃听本·拉登的一个亲信的电话并进行定位推断出了本·拉登藏身之所的位置。在更一般的情况下，通过移动通信定位技术，可以确定某个电话打出时所在的位置，从而采取相应的行动。

6.2.2 灾难救援

当发生地震或海啸等突发灾难时，需要快速地确定幸存人员的位置以便进行救援，这就要求能够快速对很大区域范围内的幸存人员的生命特征进行检测并快速传回指挥中心。这种情况下一个有效的解决方案是部署一个无线自组织网，网中的节点可以确定自己的位置，并且根据自己的位置来确定幸存人员的位置报告给指挥中心。例如，在这种情况下，可以从空中散布一些传感器节点，这些节点以自组织的方式形成网络并执行定位算法来确定自己的位置，并基于位置信息进行监测。另外，利用 GPS 或者北斗等卫星导航系统，人们在遇到不利情况时可以确定自身位置，并将位置信息连同求救信号一同发给救援机构，以便救援机构能及时实施救援。这在海上遇到灾难的情况下特别有助于准确确定遇难人员的位置。

全球导航定位系统应用于救灾指挥决策的一个典型例子是北斗导航系统在汶川抗震救灾中的使用[26-28]。地震发生后，各种通信基础设施被破坏，震区和外界失去了联系。这种情况下，中国卫星导航定位应用管理中心紧急调拨 1000 台"北斗"用户机配备给一线救援部队。"北斗"用户机由救灾部队携带进入灾区，架起了救灾现场和后方指挥部之间的急救连线，陆续发回灾情数据和救援信息。救灾指挥中心追踪到了携带北斗一号终端机的一支部队在震区的活动情况并及时进行联系。在汶川地震中，北斗系统提供的短信功能对于抗震救灾发挥了较大的作用，体现出了北斗系统相对于 GPS 等其他系统的特有优势。北斗一号在汶川抗震救灾决策中的应用如图 6.3 所示[27]。

6.2.3 定位技术在智能交通中的应用

定位技术在智能交通系统中也有着重要的作用。为了有效地对车辆进行导航和追踪，需要实时的确定车辆的位置[29]。这一般是通过在车上安装 GPS 接收机来实现的，除了能够对车辆进行实时定位，现有的车辆导航系统还能够通过预先安装在车上的电子地图来为车辆提供导航。现代智能交通系统能够收集实时的路况信息并发布到路面上行驶的汽车中。例如，某个地方发生了交通事故或者某个路段正在堵车，这些信息都需要利用定位技术来准确的确定事件发生的地点并报告给交通系统的管理者。一个典型的智能交通系统的如图6.4 所示，车辆之间可以进行相互通信；车辆与于路边节点之间也可以进行通信，组成车载网络。定位技术在智能交通系统中发挥着重要作用。

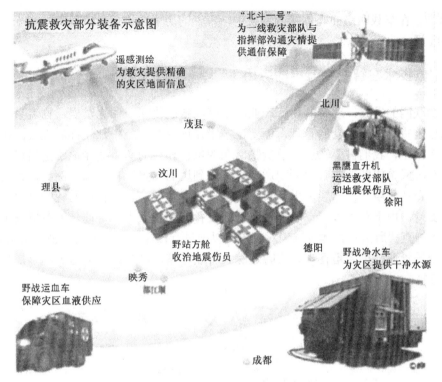

图 6.3　北斗通信系统在汶川抗震救灾中的应用

图 6.4　智能交通系统示意图

定位技术在车载网络通信协议的设计中也扮演着至关重要的角色。在车载网络的路由协议中，一种很重要的路由协议是基于地理位置的路由。当车辆之间相互通信时，路由协议利用车辆的位置信息来确定目的区域，然后在目的区域中利用广播技术来将数据交付给目的车辆[30]。在车载网络的媒体接入协议中，车辆的历史轨迹信息可以有效用于降低时延和提高吞吐量。

6.2.4　定位技术在智能物流中的应用

随着物联网的发展，现有的物流产业越来越向智能化和一体化发展。物流系统中重要的两个部分是货物配送和仓储管理，而定位技术在这两个部分中都发挥着重要的作用。在货物配送系统中，我们需要知道当前货物所在的位置和目的地来智能地确定最优的配送路线，用户有时候希望能够实时对所配送的货物已到达的位置进行追踪。例如，目前一些比较大的物流企业如申通等已经提供了实时的快件追踪功能。仓储管理的智能化也离不开定位技术的支持。由于仓储管理一般是对海量的设备或者物品进行管理，很多情况下需要在海量的物体中查找所需的物体并准确对其定位以便进行操作。典型智的能物流系统如图 6.5 所示，在堆场管理、集装箱管理、实时追踪、智能仓储，以及货物配送等环节，都需要定位技术的支持。

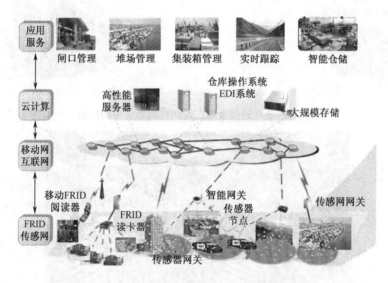

图 6.5　典型智能物流系统示意图[31]

6.2.5　基于位置的服务

基于位置的服务（Location Based Service，LBS）[2,3]是在获取移动终端用户的位置信息的基础上，在地理信息系统（Geographic Information System，GIS）平台的支持下为用户提供相应服务的一种增值业务。随着智能手机的普及和智能手机上定位功能的普及，基于位置的服务吸引了越来越多的关注。

一种典型的基于位置的服务就是在地图上搜索满足用户要求的最近地点。例如，一个用户可以搜索离他现在位置最近的加油站或者饭店等。用户也可以通过定位服务进行"签到"，即通过定位技术，在到达某个地点之后主动告诉服务器自己的位置。这样既可以分享给自己的朋友们，相应的商业结构也可以开发相应的增值服务，如基于签到数据进行数据挖掘，生成各类服务的签到次数热榜。知道了用户的位置后，服务器可以主动将信息发往客户端的技术称为推送（Push）。基于地理位置向用户实时地推送是指通过检测用户位置向用户主动发送 Push 信息的方式，如服务器可以根据用户的地理位置，将给用户推送附近的优惠券信息。用户可以设置推送距离（推送距离自己多少范围内的优惠信息），可以收藏自己喜欢的店铺，选择只接收自己收藏店铺的优惠券的推送信息。

6.3　卫星导航系统

6.3.1　主要几种卫星导航定位系统

目前世界上主要的卫星导航系统主要有 4 个[4]：美国的 GPS（Global Positioning System）[5,6]全球定位系统，欧洲的伽利略（Galileo）定位系统，俄罗斯的 GLONASS 定位系统和中国的北斗定位系统[7,8]。其中美国的 GPS 是目前最成熟，应用最广的定位系统，而其他三个定位系统仍然还在建设中。这里我们主要介绍 GPS 系统和我国自主研发的北斗卫星导航系统。

6.3.2　GPS 全球定位系统简介

GPS 是美国国防部主要为满足军事需要而建立的新一代卫星导航与定位系统，它具有在海、陆、空进行全方位实时三维导航与定位的能力，是 1973 年美国国防部（Department of Defense）协同有关军方机构共同研究开发新一代的卫星导航系统，全称是"授时与测距导航系统/全球定位系统（Navigation System Timing and Ranging/Global Positioning System，NAVSTAR/GPS），简称全球定位系统（GPS）。到 1994 年 GPS 基本建成，目前已成为使用最广泛，定位性能最好的一个全球卫星定位系统。

1．GPS 的组成

GPS 系统主要由空间星座部分、地面监控部分和用户设备部分组成。GPS 系统的星座部分主要由 24 颗卫星构成，其中 21 颗为工作卫星，另外 3 颗为备用卫星，用于在必要时根据指令替代发生故障的卫星。这 24 颗卫星均匀分布在 6 个轨道平面内，每个轨道面包含 4 颗卫星。卫星轨道为椭圆形，平均高度约为 20200 km，运行周期大约为 11 小时 58 分钟。对地面观测者来说，每天见到的卫星几何分布相同，但是每天见到同一卫星的时间大概要提前 4 分钟。在地球任意一点上，用户能够观察到的卫星颗数随着时间和地点的不同而有所不同，最少可见到 4 颗，最多时可见到 11 颗。GPS 系统的卫星分布图如图 6.6 所示[6]。

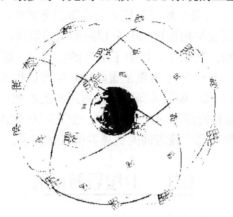

图 6.6　GPS 中的卫星分布图

　　GPS 的地面监控部分主要由分布全球的 6 个地面站构成，其中包括卫星监测站、主控站、备用主控站和信息注入站。主控站位于美国科罗拉多州的谢里佛尔空军基地，是整个地面监控系统的管理中心和技术中心。另外还有一个位于马里兰州盖茨堡的备用主控站，在发生紧急情况时启用。注入站目前有 4 个，其作用是把主控站计算得到的卫星星历、导航电文等信息输入相应的卫星。注入站同时也是监测站，另外还有位于夏威夷和卡纳维拉尔角 2 处监测站，故监测站目前有 6 个。监测站的主要作用是采集 GPS 卫星数据和当地的环境数据，然后发送给主控站。

　　用户设备部分的主要设备是 GPS 接收机，它是一种特制的无线电接收机，主要作用是从 GPS 卫星接收信号并利用传来的信息计算用户的三维位置及时间。

2. GPS 的定位原理

　　GPS 定位的基本原理是根据高速运动的卫星瞬间位置作为已知的起算数据，利用 GPS 接收器测量出的到卫星的距离，来计算待测点的位置。如图 6.7 所示，假设在 t 时刻在待测点位置上观测到 4 个卫星，并测出信号从该观测点到 4 个卫星的传播时间，便可以列出对应的 4 个方程来求得观测点的位置。

　　GPS 是利用信号在卫星和接收机之间的往返时间来计算距离的。在某一时刻，卫星发送一长串称为伪随机码的数字序列，而同时接收机也在同一时刻产生相同的数字序列。当卫星信号到达接收机时，由于传输的延迟，从卫星信号接收到的数字序列会比接收机产生的信号的时间滞后，时间延迟的长度就是信号传送的时间。接收机将这一时间乘以光速就可以计算出信号传送的距离。假设信号是以直线传送的，则这一结果即为接收机到卫星的距离。

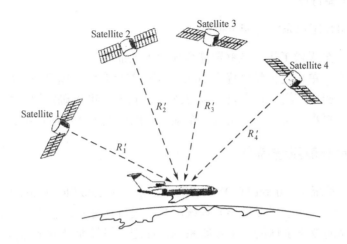

图 6.7　GPS 定位原理：R_1'，R_2'，R_3' 和 R_4' 为所测伪距

为了使测得的距离数据准确有效，GPS 接收机需要安装和卫星上同步的精确时钟。为了达到所要求的计时精度（纳秒级），需要使用能够精确计时的原子钟。但对普通的 GPS 接收器来说，原子钟的价格太贵了（价格在 5 万～10 万美元之间）。GPS 系统用一个巧妙的方案解决了这一问题。每一颗卫星上仍然使用昂贵的原子钟，但接收机使用的是经常需要调校的普通石英钟。简言之，接收机接收来自 4 颗或更多卫星的信号在计算距离的同时，对自身的始终误差进行校正，将自身的时钟调整到与卫星上的原子时钟相同的值，从而使接收机的时间与所有卫星上的原子钟相同。GPS 接收机就可以"免费"获得原子钟的精确度。其原理如下：当测量到 4 颗定位卫星到观测点所处位置的准确距离时，我们就可以画出相交于一点的 4 个球面，如果测量有误差，4 个球面就不可能相交于一点。由于接收机利用自身内置的时钟来测量所有的距离，距离测量会呈现一定的比例误差。接收机可以计算出使 4 个球面相交于一点所进行的必要调整，并基于此重新设置自身的时钟以便和卫星原子钟同步。接收机只要开启就处在不断的调整中，这也意味着接收机几乎与卫星中昂贵的原子钟一样精确。

GPS 定位可分为单点定位和相对定位（也称为差分定位）。单点定位就是根据一台接收机的观测数据来确定接收机位置的方式，它只能采用伪距观测量，可用于车船等的概略导航定位，利用单独的 GPS 接收机定位的精度为 30 m 左右。为了有效提高定位精度，提出了差分定位技术，其基本原理是用一个已知位置的固定接收机站来测算 GPS 的误差。差分定位是根据两台以上接收机的观测数据来确定观测点之间的相对位置的方法，它既可采用伪距观测量，也可采用相位观测量，大地测量或工程测量均应采用相位观测值进行相对定位。具有伪距差分功能的 GPS 接收机的定位精度在 1～10 m。

3. GPS 的主要特点

总的来说，GPS 定位系统有如下特点。

● 能够全球、全天候工作，能够覆盖全球 98%的面积。
● 定位精度高，单机定位精度优于 10 m，采用差分定位，精度可达厘米级和毫米级。
● 操作简便，应用广泛。只需要一台 GPS 接收机即可准确确定用户所在的位置，已经广泛应用于军事工程、道路工程、车辆、船舶导航等多种应用中。

6.3.3 北斗卫星导航系统简介

北斗卫星导航系统（BeiDou（COMPASS）Navigation Satellite System）是我国正在实施的自主发展、独立运行的全球卫星导航系统。其建设目标是建成独立自主、开放兼容、技术先进、稳定可靠的覆盖全球的卫星导航系统，促进卫星导航产业链形成，形成完善的国家卫星导航应用产业支撑、推广和保障体系，推动卫星导航在国民经济社会各行业的广泛应用。

北斗卫星导航系统包括北斗卫星导航试验系统（北斗一号）和北斗卫星导航定位系统（北斗二号）。第一代的北斗卫星导航试验系统（也称为双星定位导航系统）覆盖范围较小，仅能覆盖我国周围附近地区。在第一代北斗卫星导航试验系统的基础上，我国正在建设第二代可以提供全球定位和导航功能的北斗二号系统。根据系统建设总体规划，2012 年前后，系统具备覆盖亚太地区的定位、导航和授时，以及短报文通信服务能力；2020 年前后，建成覆盖全球的北斗卫星导航系统。

北斗卫星导航系统由空间段、地面段和用户段三部分组成，空间段包括 5 颗静止轨道卫星和 30 颗非静止轨道卫星，地面段包括主控站、注入站和监测站等若干个地面站，用户段包括北斗用户终端，以及与其他卫星导航系统兼容的终端。

1. 北斗一号

北斗卫星导航试验系统（双星定位导航系统）是利用地球同步卫星为用户提供快速定位、简短数字报文通信和授时服务的一种全天候、区域性的卫星定位系统。该系统主要由空间星座、地面控制中心系统和用户终端三部分构成。空间星座部分包括三颗地球同步轨道卫星，包括两颗地球静止卫星和一颗在轨备份卫星。北斗地面控制中心系统作为整个系统的功能中枢，完成用户终端位置解算、通信信息转发、用户数据保存、系统监控管理等一系列功能，可为用户提供定位、通信和授时服务。用户终端是直接由用户使用的设备，用于发送定位请求和通信信息，接收定位信息、通信信息和定时信息，实现单机定位和双向数字简短报文通信功能，也可作为自主导航和精确授时设备。

与 GPS 定位系统中由接收机自主计算自身位置不同，北斗系统中接收机的定位是由控制器计算后传递给用户的方式来完成的。北斗系统采用主动定位方式，先由用户终端主动向地面控制中心发出定位请求（入站），收到定位请求后，中心控制系统向卫星 I 和卫星 II 同时发送询问信号，经卫星转发器向服务区内的用户广播。用户响应其中一颗卫星的询问信号，并同时向两颗卫星发送响应信号，经卫星转发回中心控制系统。中心控制系统接收并解调用户发来的信号，然后根据用户的申请服务内容进行相应的数据处理。对于定位申请，中心控制系统测出两个时间延迟：即从中心控制系统发出询问信号，经某一颗卫星转发到达用户，用户发出定位响应信号，经同一颗卫星转发回中心控制系统的延迟；和从中心控制发出询问信号，经上述同一卫星到达用户，用户发出响应信号，经另一颗卫星转发回中心控制系统的延迟。由于中心控制系统和两颗卫星的位置均是已知的，因此由上面两个延迟量可以算出用户到第一颗卫星的距离，以及用户到两颗卫星距离之和，从而知道用户处于一个以第一颗卫星为球心的一个球面，和以两颗卫星为焦点的椭球面之间的交线上。另外中心控制系统从存储在计算机内的数字化地形图查寻到用户高程值，又可知道用户处于某一与地球基准椭球面平行的椭球面上。从而中心控制系统可最终计算出用户所在点的三维坐标，这个坐标经加密由出站信号发送给用户。

由于采用了这种主动双向测距的询问-应答定位方式，北斗的用户设备与地球同步卫星之间不仅要接收地面中心控制系统的询问信号，还要求用户设备向同步卫星发射应答信号，因此，北斗导航系统的用户设备容量是有限的，目前系统能容纳的用户数为每小时 540000 户。而 GPS 是单向测距系统，用户设备只要接收导航卫星发出的导航电文即可进行测距定位，因此 GPS 的用户设备容量是无限的。

北斗一号的性能和 GPS 系统相比还存在着较大的差距。第一，覆盖范围仅仅包括了我国周边地区的定位能力，而不能提供全球定位功能；第二，定位精度低，定位精度最高 20 m，而 GPS 可以到 10 米以内；第三，由于采用卫星无线电测定体制，用户终端机工作时要发送无线电信号，会被敌方无线电侦测设备发现，不适合军用；第四，无法在高速移动平台上使用，这限制了它在航空和陆地运输上的应用。然而，北斗也有着自己的优势，北斗兼具定位和通信双重作用，每次可以传递 100 个以上汉字的简短数字报文通信和以几十纳秒级精度的精密授时功能，而 GPS 由于其被动式定位特点，不具备相互通信的功能。

2. 北斗二号

以北斗导航试验系统为基础，我国开始逐步实施北斗卫星导航系统的建设，首先满足中国及其周边地区的导航定位需求，并进行系统的组网和测试，逐步构建一个类似 GPS 的全球卫星导航定位系统，称为北斗卫星导航定位系统，简称北斗二号。

北斗卫星导航定位系统需要发射 35 颗卫星，比 GPS 多出 11 颗。按照规划，北斗卫星导航定位系统将有 5 颗静止轨道卫星和 30 颗非静止轨道卫星组成，到 2011 年 7 月 27 日，已经发射完成 8 颗。系统部署完成后，北斗卫星导航定位系统将提供开放服务和授权服务。开放服务在服务区免费提供定位、测速和授时服务，定位精度为 10 m，授时精度为 50 ns，测速精度为 0.2 m/s。授权服务向授权用户提供更安全与更高精度的定位、测速、授时服务，以及继承自北斗试验系统的通信服务功能。

6.3.4 北斗定位系统与 GPS 定位系统的比较

与 GPS 相比，北斗具有如下优点。

（1）北斗导航系统可以提供导航定位服务：其精度可以达到重点地区水平 10 m，高程 10 m，其他大部分地区水平为 20 m，高程为 20 m，测速精度优于 0.2 m/s。这和美国 GPS 的水平是差不多的。

（2）授时服务：授时精度可达到单向优于 50 ns，双向优于 10 ns。

（3）短报文通信服务：这一功能能够保证在我国及周边地区具备每次 120 个汉字的短信息交换能力。

（4）具备一定的保密、抗干扰和抗摧毁能力：系统的导航定位用户容量不再受到限制，并且保证用户设备的体积小、质量轻、功耗低，满足手持、机载、星载、弹载等各种载体需要。

北斗也具有一些缺点，如用户数受限，由于采用主动定位方式而使得对主控中心的依赖性更高等问题。

6.4 蜂窝系统定位技术

6.4.1 蜂窝系统定位技术简介

蜂窝系统定位一般是指在蜂窝系统中利用无线电信号来确定一个移动对象（通常是手机，也称为移动台）所在的地理位置[9-13]。利用蜂窝系统定位技术，移动通信运营商可以为用户提供很多的定位相关服务，如提供用户所在的位置信息，根据用户所在的位置不同进行灵活的收费服务，在蜂窝系统中进行网络优化和资源管理等。蜂窝系统定位一般是根据检测移动台和多个收发信机之间的无线电波信号的有关特征参数，来确定移动台的几何位置的。根据获得移动台位置信息方式的不同，蜂窝定位系统大致可分为 3 类：基于移动台的定位系统、基于网络的定位系统和移动台辅助定位系统。

（1）基于移动台的定位系统：移动台利用来自多个基站的信号计算自己的位置，称为基于移动台的定位，由移动台执行测量并计算定位结果，也称为以移动台为中心的定位系统或移动台自定位系统，在蜂窝网络中也称为前向链路定位系统。在此系统中，移动台利用接收到的来自多个已知位置的发射机的携带与移动台位置有关的特征信息信号，再根据有关算法计算自己相对这些发射机的距离或方向，确定自己的位置。此类定位系统必须对现有移动台进行适当修改，如集成 GPS（全球定位系统）接收机或能同时接收多个基站信号进行自定位的处理单元。全球定位系统、基于移动台发送/接收信号的 E-OTE 和 TOA 技术，以及基于蜂窝小区（Cell ID）技术（基于移动台的）都属于移动台定位系统。

（2）基于网络的定位系统：网络利用移动台传来的信号，计算移动台位置的定位称为基于网络的定位，由一个或多个基站执行测量，在网络侧进行定位结果的计算，也称为以网络为中心的定位系统，在蜂窝网络中也称为反向链路定位系统。定位测量一般只能对激活态下的移动台进行定位，对处于空闲态的移动台几乎不可能实现。在此系统中，由多个固定位置接收机同时检测来自移动台的信号，经计算并将与移动台位置有关的特征信息送到一个定位服务信息处理中心进行处理，以获得移动台的位置，并将测量结果传送给移动台。自动车辆定位系统就是属于此类系统。此类系统需要采用很多定位基站一起来确定移动对象位置。该定位系统的优点在于能利用现有的蜂窝系统，只需对网络设备进行适当的扩充、修改，而无须改动现有的移动台即可实现，保护了用户已有投资，实现相对容易。

（3）移动台辅助定位系统：是指由移动台执行测量，测量结果发送到网络侧进行计算一种定位技术，此技术一般不支持现有的移动台。

6.4.2　蜂窝系统常用定位技术

蜂窝系统中常用的定位技术有很多，这里我们主要介绍几种有代表性的定位技术，包括基于 GPS 的定位技术、起源蜂窝小区定位技术、基于到达角的定位技术、基于距离的定位技术[9-13,32,33]。

1. 基于 GPS 的定位技术

GPS 是一种比较成熟的定位技术，能够在全球范围内提供较为准确的定位。然而，将 GPS 直接应用于蜂窝系统的定位存在着如下一些缺点。首先，GPS 定位不能应用于室内，并且容易受到城市里的高楼等环境的影响，定位精度下降较大。其次，GPS 定位系统的实时性不强，为了适用于蜂窝系统定位，有必要对实时性进行改进。因此，为了在蜂窝系统中利用 GPS 进行定位，提出了差分 GPS 定位技术和辅助 GPS 定位技术（Assistant Global Positioning System，A-GPS）。

差分 GPS 技术的原理是使用基准接收机来消除 GPS 定位中的公共误差，其中 GPS 基准接收机为固定的基站，知道自己的准确地理坐标，因此能计算出 GPS 的定位结果和自身真实的地理位置的差值。对于和本地 GPS 基准接收机处于同一区域用相同的 4 颗卫星进行定位的移动台来说，两者存在着相同的公共误差，因此可以使用由基准接收机得到的误差修正值来对移动的定位结果进行校正，提高系统的定位精度。在移动通信系统的实现中，一般可以将本地基准 GPS 接收机安放在基站上，同时将定位误差修正值传送给移动台或者移动定位中心（MLC），以便对同一区域移动台的定位计算结果进行修正。

辅助 GPS 定位技术是为了克服 GPS 定位技术中存在的启动时间过慢的缺点，提高定位的实时性。其主要思想是建立一个全球卫星定位系统参考网络，该网络与移动通信网相连，通信网的移动台内置一个全球卫星定位系统接收机。通信网将 GPS 参考网络产生的辅助数据，如差分校正数据、卫星运行状况等传送给移动台，再将通信网数据库中移动台的近似位置或小区基站位置传送给移动台。移动台得到这些信息后，根据自己所处的近似位置和当前的卫星状况，可以很快地捕获到卫星信号，时间可以缩短到几秒，大大减少了定位响应时间。由于使用了位置固定的基站 GPS 接收机作为定位参考，A-GPS 能够达到很高的定位精度。

使用基于 GPS 的定位方案需要在移动台上安装 GPS 接收模块，而对很多的旧的手机来说，都没有安装 GPS 接收机，因此这类方案对很多的用户来说无法使用。

2. 起源蜂窝小区定位技术

这类定位系统根据用户在网络内部所处的小区或者基站来标识用户位置。蜂窝系统中每个基站都有一个全网唯一的标识号（Cell-ID），系统可以根据与用户进行通信的基站标识来确认用户所在区域，并由此提供一个用户位置的粗略估计。因此，这类技术也称为 Cell-ID 技术或者 COO（Cell Of Origin）技术。

该方法的定位精度取决于与用户进行通信的小区的大小。在城市中心地区，小区的直径一般比较小，只有几百米，而在农村等偏远地区，小区的覆盖半径可达几十千米。一般情况下，城区的小区半径远小于郊区和农村的小区半径，所以 Cell-ID 的定位精度在城区比在郊区和农村高。Cell-ID 技术定位精度低，误差一般大于 125 m，通常只作为辅助定位手段，为精确定位提供初始估计。

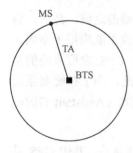

图 6.8　Cell-ID 定位技术示意图

在该定位方法中，移动台所在的蜂窝小区作为呼叫者的定位单位，获取移动台当前所在小区的 ID。无须对移动台和网络进行升级，仅需在现有网络中增加一些定位软件即可直接向现有的移动用户提供最基本的基于位置的定位服务。该技术可分为基于网络和基于移动台的两种实现方案，是最简单、应用广泛的一种定位技术，它可以为一些精度要求不高的定位业务提供服务，也可以为基于位置的计费和信息需求提供服务，如天气预报、餐馆查询、影院信息等。其优点是响应速度快、实时性强，响应时间一般在 3 s 左右。Cell-ID 的定位原理如图 6.8 所示[11]，图中 MS 为移动台，BTS 为基站。

3．基于方向的定位技术

基于方向的定位技术主要利用到达角（Angle of Arrival，AOA）来计算移动对象的位置。该方法中，接收机通过阵列天线测出接收信号从移动对象到两个以上基站的传输路径的到达方向（电波的入射角）并以此来计算移动对象的位置信息。基站利用天线阵列来测量接收到的移动对象的信号的方向，构成从基站到移动台的径向连线，两根连线的相交点即移动对象的位置。通过对两个基站的 AOA 测量就能确定目标移动对象的位置，但如果移动对象恰好位于两个基站之间的直线上，则 AOA 测量将无法确定目标位置，所以通常采用两个以上的基站提供定位。

这种方法中，移动对象相对于基站的位置、多径传播、非视距和其他环境因素会影响定位精度，如当移动台距离基站较远时，基站定位角度的微小偏差会产生较大的定位误差。在宏蜂窝环境下，主要的散射物分布在移动对象附近且远离基站，此时 AOA 可以提供可接受的定位精度；在非视距（无直达路径）情况下，反射或散射的信号会导致出现很大的定位误差，由于在室内环境下的非视距路径，使 AOA 技术不适用于室内定位系统，而较适合于多径影响较小的郊区。AOA 方法不要求各基站的同步，但需要在基站处架设昂贵的天线阵列，在每个小区基站上需放置 4～12 组的天线阵。在下一代蜂窝系统里可望采用阵列天线来实现 AOA 定位。基于 AOA 的定位技术如图 6.9 所示[11]，图中，MS 为移动台，BTS1 和 BTS2 为两个基站，通过测量到两个基站的到达角，可以计算出 MS 的位置。

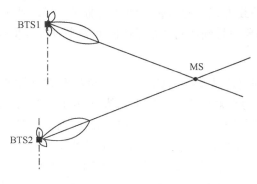

图 6.9　AOA 定位技术示意图

4．基于距离的定位技术

移动台和基站之间的距离的估计可以通过接收信号的强度、到达时间（Time Of Arrival，TOA）、到达时间差（Time Difference Of Arrival，TDOA）或者信号的相位来获得。利用移动对象到基站之间的距离和基站的坐标，就可以计算移动对象的位置。估计移动对象在二维空间的位置需要三个距离测量值，而估计在三维空间的位置则需要四个距离测量值。

最简单的用来获得移动对象和基站之间的距离的方法是利用信号场强。该方法测量接收信号的场强值和已知的信道衰落模型，以及发射信号的场强值估计出移动对象和基站之间的距离，再根据多个估计的距离值来计算移动台的位置。由于多数移动台的天线是全向发送的，所以信号功率会向所有方向迅速消散。如果移动台发出的信号功率已知，则在另一点测量信号功率时，就可以利用一定的传播模型估计出移动台与该点的距离。这种技术中所获得距离测量会有较大的误差，因此定位结果也较不精确。在这种技术中，多径和阴影效应及周围环境，如穿越墙、植物、金属、玻璃、车辆等都会对信号场强产生不同程度的影响。若采用不合适的路径损耗模型时就会造成较大的偏差，选择一个合适的基于环境的传输模型是关键。该方法适用于已有标准信号强度测量报告的系统，但该方法的定位精度较差。

另一种用来获得移动台和基站之间的距离的方法是利用到达时间或者到达时间差。TOA 方法是通过测量移动对象发出的定位信号到达多个基站的传播时间来确定移动台的位置的，该方法至少需要三个基站才能在二维空间中确定一个移动对象的位置。TOA 的定位精度一般优于 AOA 和 Cell-ID 技术，但易受多径效应的影响，限制了 TOA 在室内定位中的应用。TOA 技术要求接收信号的基站知道信号的开始传输时刻，并要求移动台和基站的时间精确同步，不适用于没有时钟同步的系统。

TDOA 方法是一种基于移动台上行信号的传输时间差的定位技术，是 TOA 技术的变种，通过计算信号从移动对象到三个不同基站的传输时间差来获得位置信息。利用传输时间差可以列出两个对应的双曲线方程，通过解这两个双曲线方程，就可以计算出移动对象的位置。此方法是利用移动对象信号到达两个基站的时间差来进行定位的，称为差分 TOA 方法，即 TDOA 方法。

TDOA 在市区提供的定位精度会比 Cell-ID 好一些，但需要比 Cell-ID 更长的响应时间，大约 10 s。定位业务繁忙时会对网络产生较大的信令负担。TDOA 受多径干扰的影响较大，在 CDMA 网络中使用的精度较高，因为 CDMA 网络本身具有抗多径干扰能力，实测结果可达 55 m，有望进一步提高到 10～20 m。TDOA 方法要求所有参与定位的基站之间时间必须完全同步，但不需要知道从移动对象发射的时间，也不需要移动对象与 BS 之间的同步，在误差环境下性能相对优越。TDOA 无须对终端进行修改，因此可以直接向现有用户提供定位服务。

TOA 和 TDOA 的定位原理如图 6.10 所示[11]。

5. 基于指纹的定位技术

在蜂窝系统中，移动对象从基站接收到的信号对地形和传播时的障碍物具有依赖性，呈现出非常强的位置特殊性。对于每个位置来说，该信道的多径结构对该位置是唯一的。如果同样的射频信号从该位置发射，这样的多径特征可以被认为是该位置的指纹或者特征信息。在一些专用系统里，建立一个适用于某一特定服务区域的与位置网格有关的"位置信息数据库"（或信号指纹数据库），存储定位系统覆盖范围内每个位置所观察到无线信号的特征信息。信号信息特征（或称为信号指纹）可以包括信号强度、信号时延、信道脉冲响应，以及其他任何移动台可观测的与位置有关的无线信号信息（如 GPS 卫星信号）。

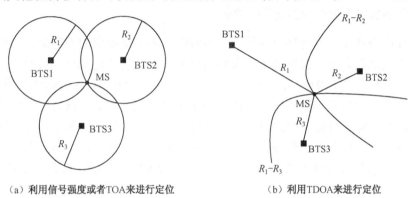

（a）利用信号强度或者TOA来进行定位　　　　　（b）利用TDOA来进行定位

图 6.10　基于距离的定位技术示意图

当需要定位时，移动台测量周围环境的无线信号信息并把测量结果发送到位置服务器，位置服务器将其与数据库中的内容进行比较匹配，与测量结果一致的信号特征信息所对应的位置区域就是移动台当前位置。该技术的定位精度在很大程度上依赖于匹配算法的优劣和位置服务器的计算及存储能力，可以用于任何无线蜂窝网络中。

6.5　RFID 定位技术

与室外无线定位系统依赖于可以测量的各种无线信号量，如信号强度和到达角等不同，室内的无线定位技术往往利用 RFID 标签来对活动的物体或者人员进行定位。目前常用的 RFID 标签可以分为两类：有源标签（Active Tag）和无源标签（Passive Tag）。无源标签的读取距离比较近，一般需要在距离读写器不超过几米的范围内进行读取，它们依靠从读写器发出的信号中获取能量进行操作；有源标签利用电池供电进行工作，读取范围要大得多，可以达到 $100 \sim 300$ m。由于所使用的标签的不同，基于 RFID 的定位技术也可以分为基于标签的定位技术和基于读写器的定位技术两种[23]。

6.5.1　基于 RFID 标签的定位技术

基于 RFID 标签的定位技术类似于 6.4 节所讲的基于指纹的无线定位技术，称为模式匹配（Pattern Matching）技术。其主要思想是将定位分为训练阶段和定位阶段两个阶段。系统中安装了一些 RFID 读写器，在训练阶段，选取某些位置作为训练点，并在这些位置收集

RFID 读写器发射的信号的强度。这些信号值组成了一个数据库，称为信号地图（Radio Map）。在定位阶段，标签收集来自各个 RFID 读写器的信号的强度并将这些数据传回定位服务器，由定位服务器数据库中进行匹配来计算出当前标签的位置。一般的方法是选择信号强度与收集到的信号强度最接近的训练点作为当前位置的估计，或者选择若干个信号强度最接近的若干的位置的加权平均作为当前位置的估计。

由于无线电信号在室内传播中容易受到多种因素的干扰而变的不稳定，因此如何避免这些干扰并有效地提高定位精度就成了人们的研究目标。为了达到这个目的，人们提出了增加参考标签来对定位结果进行改进的方法。一个著名的算法是 LANDMARC[34]，如图 6.11 所示[23]，图中的参考标签也参与定位过程。当在某个位置搜集到来自读写器的信号强度值以后，并不是与存储在数据库中的历史信息进行比较，而是与当前各个参考标签所搜集的信号强度比较，并选择若干个最为接近的参考标签的位置进行加权平均获得当前点的位置估计。利用这种方法，LANDMARC 的在一个 24 m^2 的区域中可以达到 2 m 的定位精度，时延为 7.5 s。

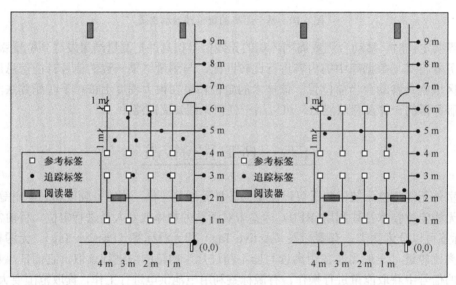

图 6.11　LANDMARC 示意图

6.5.2　基于 RFID 读写器的定位技术

在大部分 RFID 定位系统中，待定位的 RFID 标签是移动的，而 RFID 读写器往往是静止的，如前面所讲的 LANDMARC 系统就是这样。而在基于 RFID 读写器的定位系统中，情形恰恰相反，RFID 标签是固定的，而 RFID 读写器是移动的，其目标是追踪并定位 RFID 读写器而不是 RFID 标签。这种方法往往使用在由于自然灾害或者认为灾害使得预先部署的

RFID 读写器网络遭到破坏的情况下。这种情形下，简单的 RFID 标签反而不易被破会，所以能够提供对 RFID 读写器进行定位的功能。但是这种情况下由于预先部署的 RFID 网络被破坏，如何保证移动的 RFID 读取器收集到的标签信息能够传递到处理中心进行处理是个问题。

6.6　无线传感网定位技术

定位技术是无线传感器网络中最重要的支撑技术之一。对很多应用，如环境监测等来说，如果收集到的数据没有标记相应的位置信息，那么这些数据基本上是无用的。此外，无线传感器网络中的很多协议需要知道节点的准确位置信息，比如，在基于地理位置信息的路由协议 GPSR 中，一个节点需要知道它的邻居节点的地理位置信息来选择路由中的下一个中继节点。在覆盖控制协议和聚类协议中，知道节点的位置信息可以提高相关协议的性能。

6.6.1　无线传感器网络定位技术的研究内容

一般来说，无线传感器网络中定位技术的研究内容主要包括如下几个方面。

（1）定位算法设计。由于在每个传感器节点上安装一个 GPS 接收器不太现实，一般的做法是利用网络中某些已经知道自己位置的节点，借助于某些节点可以容易获得的度量，设计算法（或协议）来计算网络中节点的位置。这样的算法称为定位算法（或协议），已知自己位置的节点一般称为锚节点，而不知道自己位置的节点称为待定位节点。定位算法的研究内容主要是在已知某些度量的情况下，如何准确地计算出节点的位置信息。定位算法的设计是无线传感器网络中定位技术的最主要研究内容。

（2）可定位性理论。可定位性理论主要研究如何根据传感器网络对应的距离图（Distance Graph，Grounded Graph）来判定传感器网络是不是可唯一定位的。一个传感器网络是可唯一定位的，如果对每个节点都由唯一的位置指派（在同构变换的意义上），满足网络中所有节点之间的距离限制。在一些比较稀疏的传感器网络中，网络中的距离限制往往不足以保证网络的可唯一定位性。在这种情况下，我们要研究如何从一个给定网络来构造可唯一定位的网络甚至是容易定位的网络。对可定位性理论的研究兴起不久，关于这方面的研究现在是无线传感器网络中定位技术的一个热门研究领域。

（3）定位误差分析。评价一个定位算法最重要的性能指标是其定位误差（或者定位精度）。在大多数已经提出的定位算法中，算法的定位误差是通过大量的仿真实验来评价的，缺少相应的理论分析。近年来，通过将基于测距的定位问题形式化为参数估计问题，借助于经典的 Cramer Rao Lower Bound（CRB），对很多算法的定位误差进行了理论分析。对某些不容易转化为参数估计问题的定位算法，如基于邻接关系的定位算法和基于区域的定位算法，也有一些相关的工作。

（4）移动传感器网络定位。近年来由于移动传感器网络的兴起，移动传感器网络中的定位算法研究也开始受到人们的关注。简单地周期性地在移动传感器网络中执行针对静态传感器网络设计的定位算法通常会导致比较大的通信开销和计算开销，所以人们提出了一些专为移动传感器网络设计的算法。这类算法大多将待定位节点的位置用马尔可夫模型来表示，用易于实现的序列蒙特卡罗方法来计算节点的估计位置。关于这类算法的研究主要关注于如何提高定位精度和减小计算开销上。

（5）安全定位算法。由于无线传感器网络往往在无人值守的情况下部署在开放的环境中，节点中运行的协议或算法极易受到恶意节点或者被俘获节点的攻击。例如，攻击者可以俘获网络中的锚节点，然后让这些锚节点广播错误的位置信息来对定位算法进行攻击，受到攻击的定位算法输出的节点位置会不准确。由于无线传感器网络中节点位置信息的重要性，有必要设计安全的定位算法来在网络受到攻击的情况下仍然可以输出较为准确的节点位置信息，来降低攻击的危害性。这方面的主要研究内容包括位置验证、安全定位算法设计等。

6.6.2　典型无线传感器网络定位算法

目前已经提出了众多的定位算法，我们对其中的一些简介如下。

质心（Centroid）算法是一种简单的定位算法[14]。在网络中，锚节点按照网格形状部署并向网络中广播自己的位置信息。一个待定位节点会记录所有它监听到的锚节点和相应的位置。设一个待定位节点收到了 k 个锚节点的位置信息，则该节点将自己的位置估计为这 k 个锚节点所在位置的质心。另有学者提出了如何利用测得的来自不同锚节点的信号强度来为不同的锚节点赋以不同的权值来改进定位精度。质心算法如图 6.12 所示[14]，图中部署在网格上的节点是锚节点，待定位节点利用所监听到的锚节点的质心作为自己的位置估计。

文献[15-17]提出了三种典型的基于多边定位技术的定位算法。在这三种算法中，一个节点计算到各个锚节点的最短路径的长度并将之视为到各个锚节点的距离，其区别在于如何估计最短路径的长度。在文献[15]和文献[16]中，各个锚节点首先用洪泛（Flooding）方法在整个网络中广播自己的位置。在这个过程中每个待定位节点计算自己到每个锚节点的最短路径的跳数。然后每个节点将该跳数乘以一个估计的每跳平均距离就可以得到到每个锚节点的估计距离。得到了距离之后，每个锚节点就利用多边定位技术来计算自己的位置。在 DV-HOP[15]算法中，每个锚节点先收集到其他所有锚节点的最短路径的跳数，然后估计每跳平均距离。每个锚节点在计算出自己的平均每跳距离之后就会向整个网络中广播这个值，每个待定位节点以第一个收到的平均每跳距离作为平均距离的估计。DV-HOP 算法如图 6.13 所示。

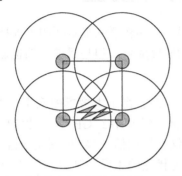
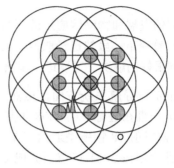

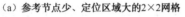

（a）参考节点少、定位区域大的2×2网格　　（b）参考节点多、定位区域小的3×3网格

图中阴影表示一个定位区域

图 6.12　质心算法示意图

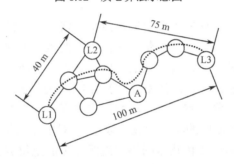

图 6.13　DV-HOP 示意图

MDS-MAP 等[18-21]是几种采用多维标度的方法来计算传感器网络中节点位置的算法，MDS-MAP[18]是一个集中式的算法。算法首先收集网络中所有节点之间的邻接关系，然后利用经典的最短路径算法（如 Floyd-Warshall 算法）来计算网络中任意两个节点之间的最短路径长度，并将之视为节点之间的距离。然后利用经典的多维标度方法来计算各个节点在二维空间的相对位置。当网络中存在 3 个以上锚节点时，就可以将计算出的相对位置转化为二维空间的绝对位置。MDS-MAP 的定位精度依赖于用最短路径的长度来估计节点间距离的精度。当网络部署在形状不规则的区域中时，MDS-MAP 的定位精度比较低。MDS-MAP（P）[19]是对 MDS-MAP 的改进算法，MDS-MAP（P）将网络划分为多个小的网络，在每个网络内部用 MDS-MAP 算法来定位，然后利用坐标系转换将各个小网络得到的坐标合并在一起[21]，使用了带权多维标度来计算节点的位置。

6.7　定位技术的发展前景

随着物联网的发展和物联网应用的不断涌现，作为物联网最重要的支撑技术之一，定位技术也在经历着变革。虽然已经取得了很多的研究成果，但是目前仍然也还存在着一些问题，没有得到很好的解决，需要进一步研究。

在全球卫星定位导航系统方面，虽然 GPS 已经获得了大规模的应用，但是 GPS 系统的更新和改进一直在进行。从 2008 年起，美国已经开始了 GPS 第三步的现代化战略，计划于 2016 年前发射 18 颗新型通信卫星，不仅延长通信卫星的寿命，而且提供更高的定位精度。并且计划在 2021 年前后完成 GPS 现代化的第四步计划，采用全新的卫星布网，来提高系统的安全性和可靠性[35]。我国也计划到 2015—2016 年建成覆盖全球的北斗二代全球卫星导航定位系统。欧洲的伽利略系统和俄罗斯的 GLONASS 系统也在不停地进行升级改进。

在室外无线定位方面，目前的主要研究热点是如何在定位技术的基础上来更好地提供基于位置的服务。手机用户的迅猛增加带来了巨大的商机，如何利用这个机会，根据个人信息提供更为精准的服务是一个值得研究的方向。这方面的研究需要涉及数据挖掘和社会网络等方面的最新研究成果。对于基于 RFID 的室内无线定位系统来说，目前研究的主要内容是如何提高定位的精度，降低室内复杂环境对定位误差的影响，并且尽量少地减少系统的开销（比如，尽量减少所使用的参考标签的数量）。对于无线传感器网络来说，目前的研究热点集中在不规则部署的无线传感器网络中测距无关的定位算法的设计，以及测距存在误差情况下，无线传感器网络可定位性的研究方面。

6.8　本章小结

本章简要介绍了当前物联网中的一些定位技术。首先讲述了物联网中定位的作用意义，介绍了物联网中定位技术的分类。在此基础上，针对几种典型的物联网定位方式，如卫星定位系统、移动定位技术、基于 RFID 的定位技术和传感器网络定位技术，介绍了典型的代表性定位算法，最后展望了未来的发展方向。

思考与练习

（1）查找相关文献，了解基于位置服务的相关研究进展。想象一下，作为某种用户，你需要什么类型的位置服务？

（2）除了本章所给出的应用之外，请再给出定位系统在物联网中的几个典型应用。

（3）请描述 GPS 定位系统和北斗导航系统的组成。

（4）GPS 定位系统在智能交通系统中是如何发挥作用的？

（5）GPS 定位系统和北斗导航系统中计算用户位置的方式有何不同？哪种更好？

（6）你使用过蜂窝定位系统的服务吗？如果有，它属于何种类型的蜂窝定位技术？

（7）与室外无线定位相比，室内无线定位面临着哪些挑战？

（8）如何提高基于 RFID 标签的定位方法的精度？

（9）LANDMARC 定位系统中参考标签的主要作用是什么？

（10）请分析质心算法的定位误差。

（11）在二维空间中，利用到 3 个基站的距离就可以算出用户的位置。但是如果测距存在误差，对应的三个圆可能不会交于一点。这时使用到多个基站的距离可以有效改进定位精度。这种方法称为多边定位。请查找多边定位的相关资料并推导多边定位的公式。

参考文献

[1] B. Son，Y. Her and J.G. Kim. A design and implementation of forest-fires surveillance system based on wireless sensor networks for South Korea mountains. International Journal of Computer Science and Network Security，2006，6(9B): 124-130.

[2] 乾伦. 基于位置的服务. 现代通信，2002，10: 23-24.

[3] 宋晓东，吴孟泉. 基于位置的服务技术及应用. 东北测绘，2003，26(2): 41-43.

[4] 邢佩旭. 世界主要几种卫星导航定位系统的现状与发展. 港工技术，2003，1: 52-55.

[5] 胡友健，罗昀，曾云. 全球定位系统（GPS）原理与应用. 武汉：中国地质大学出版社，2003.

[6] Ivan A. Gettig. The Global Positioning System. IEEE Spectrum，1993. 36-44.

[7] 秦加法. 北斗星光照神州放眼量——中国自主卫星导航定位系统：北斗卫星导航定位系统综述. GNSS WORLD OF CHINA，2003，28(3): 50-51.

[8] 海研. 我国的北斗导航系统. 航海科技动态，2001，12: 22-23.

[9] 史有华. 蜂窝网络中基于 TDOA 和 AOA 的定位算法研究[D]. 哈尔滨：哈尔滨工程大学硕士论文，2005.

[10] 史有华，杨莘元，辛立宽，等. 蜂窝网中一种改进的 TDOA/AOA 联合定位算法. 应用科技，2006，33(6): 46-48.

[11] 邱善勤，龚耀寰. 移动通信定位技术之比较. 电子科技大学学报，2003，32(6): 598-603.

[12] 李元秋. 移动通信定位系统的研究与应用. 齐齐哈尔大学学报，2005，21(1): 70-72.

[13] 胡可刚，王树勋，刘立宏. 移动通信中的无线定位技术. 吉林大学学报，2005，23(4): 378-384.

[14] Bulusu N，Heidemann J，Estrin D. GPS-less low cost outdoor localization for very small devices. IEEE Personal Communications，2000，7(5):28-34.

[15]   Niculescu D，Nath B. Ad-Hoc Positioning System(APS). Proceedings of the 2001 IEEE Global Telecommunications Conference(Globecom'01)，2001. 2926-2931．

[16]   Nagpal R，Shrobe H，Bachrach J. Organizing a Global Coordinate System from Local Information on an Ad Hoc Sensor Networks. In: Zhao F，Guibas L J，(eds.). Proceedings of the 2nd International Workshop on Infromation Processing in Sensor Networks(IPSN'03). Springer-Verlag，2003. 333-348．

[17]   Wu H，Wang C，Tzeng N F. Novel Self-Configurable Positioning Technique for Multihop Wireless Networks. IEEE/ACMTRANSACTIONS ON NETWORKING，2005，13(3):609-621．

[18]   Shang Y，Ruml W，Zhang Y, et al. Localization from Mere Connectivity. Proceedings of Proceedings of the 4th ACM Internatioal Symposium on Mobile Ad Hoc Networking and Computing(Mobihoc'03)，2003．

[19]   Shang Y，RumlW. ImprovedMDS-Based localization. Proceedings of Proc. of 23rd Annual Joint Conference of the IEEE Computer and Communications Societies(Infocom'04)，2004. 2640-2651．

[20]   Ji X，Zha H. Sensor Positioning in Wireless Ad-Hoc Sensor Networks Using Multidimensional Scaling. Proceedings of Proc. of 23rd Annual Joint Conference of the IEEE Computer and Communications Societies(INFOCOM'04)，2004. 2652-2661．

[21]   Costa J A，Patwari N，III A O. Distributed Weighted-Multidimensional Scaling for Node Localization in Sensor Networks. ACM Transactions on Sensor Networks，2006，2(1):39-64．

[22]   2011 年上半年全国通信业运行状况[EB/OL][2011-8-17]. http://www.miit.gov.cn/n11293472/n11293832/ n11294132/n12858447/13980292.html．

[23]   Lionel M. Ni，Dian Zhang and Michael R. Souryal. RFID-Based Localization and Tracking Technologies. IEEE Wireless Communications，2011，18(2):45-51．

[24]   http://www.ece.vt.edu/news/fall05/sensornetwork.html．[EB/OL][2011-8-17]．

[25]   汶川地震国产北斗导航系统首度展现超越美国 GPS 独特性能[EB/OL] [2011-8-17]. http://bbs.tiexue.net/post_2793380_1.html．

[26]   刘海青，庞红梅. 卫星在地震救灾中的应用——以"北斗一号"在汶川地震中的应用为例. 广播与电视技术，2008，35(10): 40-43．

[27]   苑国良."北斗一号"系统在抗震救灾中的作用. 中国减灾，2008，8:36-37．

[28]   范本尧，李祖洪，刘天雄. 北斗卫星导航系统在汶川地震中的应用及建议. 航天器工程，2008，17(4): 6-13．

[29]   Hongzi Zhu，Yanmin Zhu，Minglu Li，and Lionel M. Ni. HERO: Online Real-time Vehicle Tracking in Shanghai. In Proc. of Infocom，1615-1623，2008．

[30]   Fan Li and Yu Wang. Routing in Vehicular Ad Hoc Networks: A Survey. IEEE Vehicular Technology Magazine，2007，2(2): 12-22．

[31]   http://wanlinkdata.com/www.wanlinkdata.com/products/products-22.htm．

[32]   袁正午，褚静静，邓思兵，等. 移动终端定位技术发展现状与趋势. 计算机应用研究，2007，24(11): 1-5．

[33]   熊瑾煜. CDMA 地面移动通信用户定位技术研究[D]. 郑州：中国人民解放军信息工程大学博士学位
       论文，2007.

[34]   L.M. Ni，Y. Liu，Y.C. Lau and A.P. Patil. LANDMARC: Indoor Location Sensing Using Active RFID.

[35]   杨志根，朱文耀，战兴群. 全球卫星导航系统十年回顾及展望. 科学，2010，62(2): 16-20.

第 7 章

视频监控物联网

必须认识到，视频摄像机（Camera）和麦克风（MIC）也是传感器，而且是很重要的一类传感器。因此，它们必然是物联网的重要组成部分。本章将分析视频监控系统与物联网的关系，介绍视频监控系统关键技术和应用，探讨其发展趋势。

7.1 视频监控与物联网

7.1.1 视频监控是物联网的重要组成部分

物联网世界中，所有感知设备相连形成多触角的感知网，这就需要我们的感知设备不仅仅能"感觉"，还要能"辨别"和"分析"，将辨别分析后的信息传输给后端运用中心以备决策。所以说，近来很多行业巨头都看清了"视频感知"应用的前景及重要性，都将研究的重点转向了视频的智能识别技术上。而视频监控作为原有安防产业最重要领域之一，其现有技术已为"视频感知"这一物联网最主要的技术难点的解决打下了一定技术和硬件等方面的基础。图 7.1 给出了视频监控物联网的示意。

视频监控系统作为面向城市公共安全综合管理的物联网应用中智慧安防和智慧交通的重要组成部分，面临着深度应用的巨大挑战。其应用的瓶颈是视频信息如何高效提取，以及如何同其他信息系统进行标准数据交换、互连互通及语义互操作。解决这一问题的核心技术是视频结构化描述技术。用视频结构化描述技术改造传统的视频监控系统，使之形成新一代的视频监控系统——智慧化、语义化、情报化的语义视频监控系统。可以这么认为，物联网技术的兴起和发展打破了传统视频监控固守的狭窄领域，一方面引入了更深层次、更高程度的信息化的管理，建立起能够共享的管理平台，解决了各部门间的互连互通的问题；另一方面，物联网将使原有的安防监控系统上升到更为智能化的层面，无论从视频的采集、管理还是应用，都将通过智能技术更有效地进行处理。此外，一些算法先进、有特点、重运用的先进产品相继诞生。如果还能实现嵌入式的智能识别技术，那么视频监控就是物联网在安防的应用主线。

图 7.1　城市安防中的视频物联网示意

　　物联网通过感知和网络互联，最终走向全面的数据应用。那么数据就变成了主题，数据和智能化是密切相关的，对数据的计算和应用越深，智能化的程度就会越高，为用户带来的直接感受也更强烈。物联网技术在社会公共安全领域的综合应用时机已逐渐成熟，作为物联网技术的重要组成部分，视频监控技术已成为感知安防的主要手段。

7.1.2　基于物联网的智能安防应用

　　一个划时代技术的诞生，必然会引起产业调整，甚至会取代旧的服务体系，形成一个全新的商业模式。对于安防行业来说，这就是机遇。目前智能安防主要还是局部的智能、局部的共享和局部的特征感应。正是因为现在的局部性，才为物联网技术在智能安防领域提供了一个施展的空间。

　　数据采集是智能安防和物联网最基本的工作，如何在物物相连的环境下使采集的数据具备智能感知是现在安防领域的热门话题。具体如何深入应用还需要时间，但可以肯定的是，我们现在很多智能安防应用并不在物联网范畴以内。图 7.2 是典型的基于局域网的视频监控系统结构与应用模式。

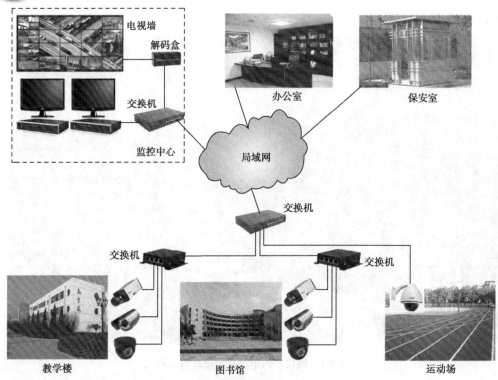

图 7.2　典型基于局域网的视频监控系统结构与应用

　　从现阶段物联网主要应用方向来看，智能家居、智能交通、远程医疗、智能校园等都有安防产品应用的场景，甚至许多应用就是通过传统的安防产品实现的。例如，智能交通，目前物联网主要应用是车辆缴费，而车流管理及汽车违规管理，都是通过安防系统的视频监控系统实现的。目前，视频监控在智能交通应用中处于主要地位，物联网只是辅助，但是未来的趋势。随着车联网的普及，物联网将会在智能交通中逐渐占据主要地位，而视频监控将转换为重要的辅助角色。例如，无锡物联网产业研究院起草的机场围界传感器网络防入侵系统技术要求、面向大型建筑节能监控的传感器网络系统技术要求两项行业应用规范获工业和信息化部批准正式立项。其实质是报警系统周界防范，不同的是前端产品制造采用了新技术及新材料而已，报警事件的处理还是需要报警中心系统来实现的。

　　智能家居是在物联网的影响之下家居智能的体现，智能家居通过物联网技术将家中的各种设备（如家电设备、照明系统、窗帘控制、家居安防等）连接到一起，以解决安全防范、环境调节、照明管理、健康监测、家电控制、应急服务等问题。在安防方面应用物联网的智能家居业务功能涉及：与智能手机联动的物联无线智能锁、保护门窗的无线窗磁门磁、保护重要抽屉的无线智能抽屉锁、防非法闯入的无线红外探测器、防燃气泄漏的无线可燃气探测器、防火灾损失的无线烟雾火警探测器、防围墙翻越的太阳能全无线电子栅栏、防漏水的无线漏水探测器。至于楼宇的智能安防，物联网更是大有作为。根据国家安防中心统计，目前已有不少城市开始采用物联网技术安防系统用于新型防盗窗上。与传统的栅栏式防盗窗不同，普通人在 15 m 距离外基本看不见该防盗窗，走近时才会发现窗户上罩着一层薄网，由一根根相隔 5 cm 的细钢丝组成，并与小区安防系统监控平台连接。一旦钢丝线被大力冲击或被剪断，系统就会即时报警。从消防角度说，这一新型防盗窗也便于居民逃生和获得救助。

总之，物联网将开启了安防智能化的深度应用，这个市场前景十分广阔，是智慧安防的新时代。

7.2 视频监控关键技术

7.2.1 视频信号压缩编码技术

数字化的视频监控，离不开视频信号的压缩编码。目前，应用于视频监控的视频编码标准主要有 H.263、MPEG-1/2/4、H.264 等。其中，由于 H.264 的高压缩性能，是主流的数字视频监控标准。

上述由 ITU-T 或 ISO/IEC 标准化组织制定的视频压缩编码标准是一个规范了压缩码流数据结构的开放式标准，可以提供给研究和开发者更多关键技术的创新空间，如消除空间相关性的变换编码技术、帧内预测编码技术、消除时间相关性的帧间预测编码技术都被应用在这些标准中。在变换编码技术中采用离散余弦变换 DCT 技术，静止图像的压缩编码标准如 JPEG2000，Motion-JPEG 则改为以小波变换为主的分级视频编码技术。此外，H.264标准中采用帧内预测技术、更小块整数变换技术等。通过运动估计的帧间预测编码技术消除了时间冗余，前向、后向和双向预测技术解决了运动对象移动引起的遮挡、覆盖等问题，进一步提高压缩包。

由于高清视频信号具有比 D1 格式高达多倍的数据量，具有更高压缩性能的视频编码标准 H.265 被提上议事日程，多项关键技术和算法，如离散小波变换 DWT、自适应环路滤波ALF、扩展的宏块尺寸 EMS、自适应量化矩阵选择 AQMS 等将被应用在 H.265 中。可以相信，H.265 将会是继 H.264 之后又一项在视频监控领域得到广泛关注的标准。

7.2.2 智能视频行为分析技术

智能视频行为分析是在智能视频监控系统中最为核心的关键技术，其研究目标是利用计算机视觉技术、图像视频处理技术和人工智能技术对监控视频的内容对象进行描述、分析和理解，并根据理解的结果对视频监控系统进行控制，从而使视频监控系统达到具有较高层次的智能化水平。

智能视频行为分析的研究内容涉及视频监控对象的多种不同行为，如目标检测和分类、目标动态跟踪、目标识别和理解、统计计数，另外还包括非法入侵、人物分离、逗留游荡、群体定向移动等异常行为。

（1）目标检测和分类。将输入的视频图像中变化剧烈的区域或者人们感兴趣的区域从图像背景中分离出来，是智能视频行为分析的基础，其检测的效果直接决定整个智能视频监控系统的性能。目标检测的算法主要包括光流法、相邻帧差法和背景差等诸多方法。进一步按照检测目标的空间特征和时间特征，可对诸如目标轮廓、目标尺寸、目标纹理、运动速度等信息进行分类。

（2）目标动态跟踪。主要是对可疑的被锁定目标进行自动跟踪，尤其是结合 GPS 定位技术和多摄像机的协同工作实现动态跟踪，常用的跟踪算法包括基于特征的跟踪、基于模型的跟踪、基于轮廓的跟踪等算法，目标动态跟踪的难点是目标间或目标与背景物体存在遮挡、重叠时如何实现跟踪。

（3）目标识别和理解。这是智能视频行为分析的较高阶段，如人脸识别、车辆识别、特定对象的识别等，识别是视频内容理解的基础。图像识别的算法包括颜色直方图法、特征匹配法等。

（4）统计计数。这是智能视频监控中的重要应用之一，在智能交通中的某个路段的车辆计数、商城中的客流量统计，以及其他指定区域的人或物的数量信息统计。

在智能视频行为分析中，还包括其他各种典型的视频行为异常行为分析，如越界入侵判别、遗留物品判别、区域逗留提示、群体定向移动提醒等。管理人员可以提前感知异常行为并关注相应的监控领域，尽可能提前发现潜在的威胁并做出应对策略。

很重要的一点是，在智能视频监控系统中，还应该包括对视频监控系统的监控技术，如对视频图像出现的雪花、滚屏、模糊、偏色、画面冻结、增益失衡和云台失控等常见摄像头故障做出准确判断并发出报警信息，对视频监控系统录像主机的网络状况、系统备份情况等各种信息进行监测。

7.2.3 多摄像机协同工作技术

多摄像机协同工作技术的核心是利用多个摄像机对视野内出现的目标进行持续的跟踪，尤其是在规模化的视频监控系统中，摄像机数目大为增加，为摄像机之间共享图像数据提供了条件。多摄像机协同工作可以扩展观测区域、增加观测角度，利用冗余信息增加系统的鲁棒性，如在单摄像机跟踪中出现的遮挡问题，在多摄像机条件下，可以较

好地解决。

基于多摄像机的智能视频监控系统在众多领域存在广泛的应用前景，是国内外研究的热点之一，包括著名的美国马里兰大学的 W4 系统、佛罗里达中央大学的 Knight 系统等，所涉及的关键技术包括目标匹配、定位和标识等内容。

7.2.4　高速 DSP 嵌入式处理技术

智能视频监控系统的前端设备，已经是一个集视频信号采集、压缩编码、信号处理、码流发送于一体的集成化设备，而目前一体化设备主要采用高速 DSP 或嵌入式处理技术来实现。因此，DSP 或嵌入式处理技术性能已经成为网络摄像机性能的标志。在编码芯片上，一般有 DSP、ASIC 等可供选择。目前一些数字媒体处理器具有较高的主频，并携带有协处理器，提供 H.264（1080p30fps、1080i60fps、720p60fps）的同步多格式高清视频编码。由于 DSP 芯片的高速处理能力，一些简单的智能视频行为分析放置在编码端处理，减轻了中心服务器的处理压力，这种基于嵌入式技术的视频信号分布式处理是智能视频监控系统采用的一种有效方式。

7.2.5　视频流的自适应流化和传输技术

视频流的稳定、可靠传输是智能视频监控系统的重要性能之一。当不同的用户终端，如手机用户、PC 用户得到授权访问监控点时，系统需要提供不同分辨率的视频流信息。因手机用户显示屏较小，系统只需要提供 QCIF 格式的视频，而 PC 用户所采用的显示屏较大，系统要提供 D1 格式的视频，如果采用高清电视显示时，应该提供高清的视频信息。因此，如何使得同一监控点的视频流信息自动适应不同的用户，实现多屏融合的自适应流化和传输技术是一个值得研究的课题。

7.3　视频监控技术发展现状与趋势分析

在物联网的三大层次中，感知层作为物联网识别物体、采集信息的来源，催生了很多类别行业的科技产品。布局物联网产业，入口成为关键。在当前的科技世界中，智能家居、智能可穿戴硬件、监控摄像机等成为物联网入口的主要领域。据相关数据显示，摄像机采集的数据信息，占据了全世界约一半的数据存储量，但在安防行业应用中，物联网概念虽然在安防行业提了多年，但物联网对视频监控采集的数据应用还未起步，产业化发展的商业模式还没有雏形。

7.3.1　当前亟待解决的问题

对于沉睡着的海量视频数据，业内一直在通过各种业务应用加以利用，但目前除了在卡口、套牌等领域进行相关的应用，整体的使用效果并不好。究其原因，第一，物联网技术在 IT 领域并未成熟，渗透到安防产业的技术也就比较零散，加上视频数据属于非结构化数据，在 IT 技术转化过程中需要一定的时间去融合；第二，安防行业对于物联网应用的意识虽然已经开始，但权衡资金和市场布局等因素后，安防企业选择把更多精力和资金用于监控产品高清化和智能化应用，在行业没有成熟的解决方案之前，很难有企业在当前的安防竞争热点中抽身去研究物联网的应用；第三，很多物联网在安防的应用并不是刚需，对于实现智能化管理的方法，行业用户可以拥有其他更好的解决方案，或者利用视频监控作为物联网的感知层入口，成本会比其他方法更高。所以在此环境下，解决行业用户需求是基础，成本和管理方式成为用户考量的重要因素。

在解决用户基本需求方面，以技术层面讲，需要在以下技术领域做更多的努力。

（1）语音和图像识别的准确度。作为感知层的硬件，视频监控除了拥有看得到的眼睛，还需要听得清的语音识别能力，也就是说，未来高端摄像机的集成能力需要得到加强，同时在语音和图像识别的准确率上，要得到大幅度的提升，否则误报会困扰客户，影响使用效果。当前，在一些简单的应用场景，摄像机的智能分析水平的准确度可以达到98%以上，但在复杂的场景，受光线、角度等因素的影响，准确率大大降低。幸运的是，随着行业应用的深入发展，三维建模的智能分析技术已经出现，相比过去的二维建模分析，在复杂场景的应用的准确率已经得到了保障。

（2）芯片性能提升势在必行。前端智能近来颇受行业关注，不仅由于前端智能会节省更多的存储空间，减轻数据传输的带宽压力，还可提升数据处理的效率，节省用户的宝贵时间。随着互联网的介入，原来的芯片厂商海思、TI（德州仪器）、安霸、中星微的竞争压力会明显加大。现在用于摄像机的芯片在成本、功耗等方面相比过去已经有了很大的提升，在摄像机的芯片商业应用普及进入低价时代之后，摄像机在前端的智能分析处理将变得更为普通。

（3）大数据与云计算是核心。虽然行业有人担忧前端的智能会减少后端服务器智能分析的市场，但一些资深人士认为，前后端智能分析是相互协作，并不存在前端智能抢占后端智能的情形。前端分析只是将数据优化，将有用的数据传输到后台，减轻存储和带宽的压力，后端分析更多在于大数据的行业应用分析，需要更强大的芯片综合处理能力，而在整个数据处理的过程中，企业在构建基于大数据和云计算的结构是关键。目前，主流的设备商在自主云架构方面都有相应的成熟案例落地，未来的应用将会更加细分和多元化。这一领域的技术优势，也将拉大主流设备商与中下游厂商的差距，同时人工智能的应用将激发行业的二次革命，安防的边界将会得到延伸。

（4）城市管理是突破口。当前，传感器成本的下降，给万物互联带来更多的可能。在视频监控领域，摄像机对于传感器的应用已经开始起步。有迹象表明，摄像机除了传统的画面监控、录像回放外，将依赖安装在摄像机内的各类传感器，在环境监测、城市管理、应急防灾方面得到广泛的应用。

以物联网的概念在视频监控领域的初级应用来看，在城市某一区域的市政管理的规划雏形已有了初步的方案，依靠在摄像机端的采集传感器，加上后端服务器的智能分析功能，可以实现对这一区域内的市政管理工作进行智能化预警，如下水道井盖被盗、泥石流/洪水突发、交通堵塞、人群聚集等现象进行后台的监控和预警。

来自行业人士的分析认为，现在的主要困扰不是安防或相关技术本身存在多大的风险，而是来自管理部门责权的混淆。在城市基础设施管理方面，涉及的部门有交通、城管、环卫、水利、公安等部门，这些政府部门之间的协调成为项目推进的困难所在。要解决此类问题，需要做好顶层设计，由上层管理机构进行统一的规划，逐级对接负责，落实责任主体，同时在数据开放、标准统一方面也要做更多的努力。

7.3.2　视频监控技术的发展趋势

当今智能化、大数据和云技术使得大规模的视频监控更具实用意义，可大幅节省人力和监视设备，在公共安全行业将具有广阔的应用前景。随着信息技术的发展，未来公共安全视频监控领域都会涌现哪些创新技术？这些创新技术又会怎样影响公共安全视频监控联网建设应用？

1．大数据：挖掘改变视频监控领域应用格局

目前，在公安工作中，最实在的应用就是从海量视频数据里找出具有相同线索特征的图像，让干警发现新的案件线索。至于"怎么找？"，最大的技术障碍还在于视频的结构化。

站在视频分析、智能视觉的角度来看，我们可以采用一些智能分析手段，以从大量纯视频中先自动化地采集出一些常用的"元数据"信息，并用数据 TAG 的方式重新对视频信息进行组织、长期存储，以备"战时"急用，完成对犯罪分子行为痕迹的拼凑。

2．云技术：推动视频监控系统更均衡、更弹性、更可靠

云存储技术采用分布式文件系统为其基本特征，将传统的 3 层存储体系结构（文件系统、卷管理器和 RAID）组合为一个统一的软件层，从而创建一个跨越存储系统中所有节点的单一智能文件系统。分布式文件系统的系统数据和管理数据（元数据）分布在各个节点上，避免了系统资源争用，消除了系统瓶颈；即使出现整节点故障，系统也能够自动识别

故障节点，自动恢复故障节点涉及的数据和元数据，使故障对业务透明，完全不影响业务连续性。

3. 智能视频分析：向兼容、实景标注和虚拟分层部署发展

智能视频分析是一种基于目标行为的智能监控技术，其将场景中背景和目标分离，识别出真正的目标、去除背景干扰，进而分析并追踪在摄像机场景内出现的目标行为。当前视频智能分析领域具有以下技术创新能力。

（1）视频兼容：在实际应用中，侦查人员只需上传视频，无须记录监控设备厂商型号，系统会自动识别视频的格式封装和码流进行视频预处理。能支持主流 DVR、NVR 厂商的视频格式直接播放，也可以将各不同厂商的私有视频格式转换为统一格式，以使用标准的视频播放器播放；能采用视频还原技术将文件索引丢失、文件头破损和部分内容丢失等原因造成的破损视频文件进行修复还原。

（2）电子标注：通过标准的电子标准词典（标准化目标描述术语库）对案件证据中的相关目标，包括人、车和物等进行电子化标注，规范案件描述模式和管理方式，作为全文检索的基础关键字，提升串并案分析有效性，扩展侦查线索来源，以加快破案步伐。

（3）虚拟卡口：依靠道路高清摄像头的虚拟触发实现常规卡口的功能，实现城市虚拟卡口连网布控。稽查布控是指系统会根据用户布控策略启动后台分析节点，对前端所对应的高清摄像机视频或录像出现的车牌信息，通过智能分析算法进行车辆抓拍和车牌识别，并根据用户设定的黑名单或自定义车牌库进行匹配，产生提示警告。

（4）智能摄像机：推动视频监控系统建设转向集约化、效能化，摄像机的智能化体现在高清、低照度、宽动态、安全性，以及前端智能分析等方面。

（5）高清摄像机：指能够拍摄出高质量、高清晰影像的数码摄像机，画面质量可以达到 720 线（逐行扫描方式）、分辨率为 1280×720 或达到 1080 线（隔行扫描方式）、分辨率为 1920×1080。

（6）低照度：照度也称为灵敏度，是 CCD 对环境光线的敏感程度，或者说是 CCD 正常成像时所需要的最暗光线。

（7）宽动态技术：能使摄像机在暗处获得明亮图像的同时，使明亮处不受色饱和度的影响，能获得暗处细节。

（8）安全性：支持用户名和密码认证，支持 IEEE 802.1x 接入认证和数字证书，支持码流加密成为智能摄像机必不可少的特性。

（9）智能前段分析：在一定程度上可以减低后端存储压力，前端的智能视频分析检测与报警，包括但不限于绊线监测、周界入侵监测、遗留监测、物品移走和徘徊监测。

4．智能运维：让视频监控系统更加易捷好用

智能运维的出现使视频监控系统的使用者并不需要具备很强的专业知识和 IT 技能。

（1）网络摄像机自动发现：利用自适应快速部署技术，实现前端网络摄像机自动注册，即插即用，有效降低安装部署成本。

（2）设备自动巡检：智能的网络摄像机采用自动巡检报障设计方式，实时对设备系统运行情况（如温度异常、SD 卡读写异常等）进行轮巡检测，提高维护效率，降低设备维护成本。

（3）客户端自动升级：视频监控平台产品通过客户端自动升级技术可以有效解决大量用户客户端同步升级的问题。

（4）智能视频质量诊断：利用视频质量诊断功能，用户能够有效检测由于镜头、护罩和人为等原因导致的图像异常问题。此外还需支持亮度异常检测、雪花干扰检测、视频偏色检测、条纹干扰检测、信号丢失检测等功能，及时发现视频资源无法正常使用的情况并形成警告，便于对全网设备进行维护。

（5）视频业务 QoS：视频监控平台能够通过带宽自适应、前向纠错等技术，保证系统在网络状况下降情况下视频的有效性和可用性。

7.4　本章小结

本章探讨了视频监控与物联网的关系，分析了智能视频监控系统的关键技术。我们看到，智能化视频监控是物联网系统的重要组成部分，甚至一些研究人员在总结物联网技术应用与发展现状的时候表示，视频监控是目前物联网应用的第一大领域，至少与 RFID、定位技术和传感器网络处于同一发展水平上。同时，我们需要意识到，智能视频是未来的战略性技术，据报道，华为公司在 2016 年就曾表示，他们绝不能错过图像与视频时代。

思考与练习

（1）为什么说摄像机和麦克风是特殊而重要的传感器？

（2）什么是智能视频监控系统？它有哪些关键技术？

（3）智能视频监控系统有哪些主要功能？

（4）什么是前端智能视频分析技术？

（5）什么是多摄像机协同技术？为什么需要多摄像机协同工作？

（6）什么是运动对象检测与跟踪？

（7）什么是视频的自适应流化传输？它要解决的主要问题是什么？

（8）试述视频监控物联网技术的发展趋势。

参考文献

[1] Isaac Cohen. Detecting and Tracking Moving Objects for Video Surveillance. IEEE Proc. Computer Vision and Pattern Recognition，Jun. 23-25，1999. Fort Collins CO.

[2] Shunli Zhang. Object Tracking With Multi-View Support Vector Machines. IEEE TRANSACTIONS ON MULTIMEDIA，VOL. 17，NO.3，MARCH 2015.

[3] Tsang, P.W.M.; Yung, K.N.; So, K.H. Integration of video surveillance and RFID for remote scene monitoring Microwave Conference，2008. APMC 2008. Asia-Pacific.

[4] 胡琼，秦磊，黄庆明. 基于视觉的人体动作识别综述[J]. 计算机学报，2013，12.

[5] 黄凯奇，任伟强，谭铁牛. 图像物体分类与检测算法综述[J]. 计算机学报，2014，6.

[6] 王素玉，沈兰荪. 智能视觉监控技术研究进展[J]. 中国图像图形学报，2007，9.

[7] 陈奕舟，吕勇，许远向. 基于 ARM9 构架的热释电车载视频监控系统设计[J]. 北京信息科技大学学报（自然科学版），2014，1.

[8] 王溢琴，秦振吉，芦彩林. 基于嵌入式的智能家居之视频监控系统设计[J]. 计算机测量与控制，2014，11.

第 8 章
物联网的计算技术

物联网的计算技术几乎涵盖了目前主流的计算模式，各类流行的计算技术都可以在物联网应用中找到自己一展身手的地方。Web 技术就是一个例子，该技术作为互联网计算的主流计算模式之一，在物联网计算中同样扮演重要角色，对于一些大型的物联网应用，如全国性的物流管理系统，用户通过计算机的浏览器就可以跟踪到自己邮寄的货物当前的位置以及处理情况，这就是 Web 技术在物联网中应用。可应用于物联网的技术有很多种，除了传统的 Web 技术以外，还有最近兴起的云计算、大数据、移动计算等技术、中间件技术、嵌入式技术等，本章概要介绍这些与物联网相关的计算技术。

8.1 云计算

8.1.1 什么是云计算

云计算本质上是一种新的提供资源按需租用的服务模式，是一种新型的互联网数据中心（Internet Data Center，IDC）业务。它与传统 IDC 业务有相似之处，例如

- 业务运营模式相似，均提供 IT 基础设施资源的租用，盈利模式也以收取租用费为主；
- 目标客户相似，主要目标客户均是 ICP（Internet Content Provider）大量无法自行建立数据中心的中小企业客户；
- 业务运营需要的基础条件相似，都需要建设一定规模的数据中心。

但二者的差别在于：

- 租用资源范围不同，云计算业务中，提供租用资源的范围广泛延伸，不仅是服务器、带宽，还可以包括存储系统、系统软件平台、应用软件和服务等；
- 服务能力不同，云计算业务提供"弹性"的按需扩展的资源租用服务；
- 资源透明性不同，在云计算业务中，用户并不需要了解资源的物理信息。

云计算业务具有 5 项特征。

● 基础资源租用，云计算业务提供对计算、存储、网络、软件等多种 IT 基础设施资源租用的服务，云计算业务的用户不需要自己拥有和维护这些资源。

● 按需弹性使用，云计算业务的用户能够按需获得和使用资源，也能够按需撤销和缩减资源，云计算平台可以按用户的需求快速部署和提供资源，云计算业务的付费服务按资源的使用量计费。

● 透明资源访问，云计算业务的用户不需要了解所使用资源的物理位置和配置等信息。

● 自助业务部署，云计算业务的用户利用业务提供商提供的接口，通过网络将自己的数据和应用程序部署于云计算平台的后端数据中心，无须服务商的人工配合。

● 开放公众服务，云计算业务用户所部署的数据和应用可以通过互联网发布给其他用户共享使用，即提供公众服务。

有了云计算，用户无须自购软、硬件，甚至无须知道是谁提供的服务，可只关注自己真正需要什么样的资源或者得到什么样的服务。

8.1.2 云计算的服务模型

云计算的服务模型包括"端"、"管"、"云"三个层面，如图 8.1 所示。"端"指的是用户接入"云"的终端设备，可以是台式电脑、笔记本电脑、手机或其他任何能够完成信息交互的终端；"管"指的是信息传输的网络通道，对于公共云目前主要是指电信运营商提供的通信网络，对于私有云则指内部的通信网络或虚拟专网；"云"指的是提供 ICT 资源或信息服务的基础设施中心、平台和应用服务器等，提供的服务类型包括基础设施、平台和应用等。

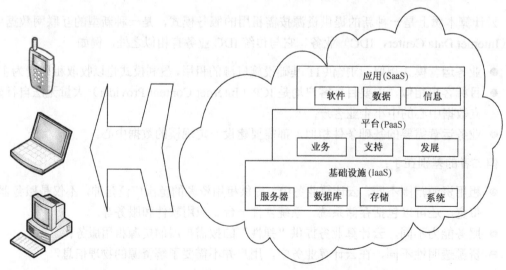

图 8.1 云计算的"端"-"管"-"云"模型及服务类型构成

云计算将主要的计算过程放在"云"中完成，"端"的功能可以简化或者变"瘦"，但是这并不意味着现有的各类智能化终端会被放弃。恰恰是因为终端智能化程度的不断提高增加了数据处理的需求，终端计算资源的相对不足促进了云计算的产生与发展，各类"云"的涌现又反过来推动终端的智能化与融合，提升用户对 IT 资源和信息服务的需求。云计算的演进有赖于"端"-"管"-"云"的协调发展。

按照服务的不同层次，可以将"云"分为三种形式：基础设施云、平台云和应用云，其对应关系如图 8.2 所示。

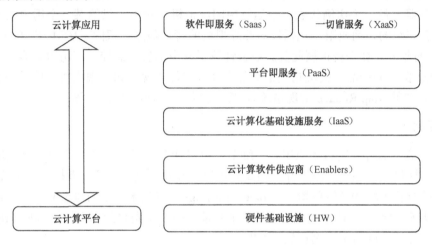

图 8.2　云计算对应关系

这三种"云"分别对应于：

● 基础设施即服务（IaaS）：用户将部署处理器、存储系统、网络及其他基本的计算资源，并按自己的意志运行操作系统和应用程序等软件。

● 平台即服务（PaaS）：用户采用提供商支持的编程语言和工具编写好应用程序，然后放到云计算平台上运行。

● 软件即服务（SaaS）：提供商在云计算设施上运行程序，用户通过各种客户端设备的瘦客户界面（如网页浏览器、基于网页的电子邮件）使用这些应用程序。

1. 基础设施云

云计算的基础架构一般设在拥有大规模计算和存储的数据中心。基础设施云以授权服务形式提供计算和存储能力，核心是将某一个或多个数据中心的计算/存储资源虚拟化，以灵活划分资源。中小企业部门也能够利用原来大型企业才具备的信息基础设施，多个应用共享基础设施还会降低运营成本。

基础设施云基础架构平台按功能分为四层：物理设施、虚拟化、资源管理和服务提供。虚拟化物理设施可生成一个高效灵活的资源池，管理层部署、管理、监控物理资源和资源池，服务提供层组合管理层的功能提供某种形式的服务。

亚马逊（Amazon）的弹性计算云平台就是这样一类基础设施云，由一组被称为 Amazon AWS 服务来实现。Amazon AWS 服务包括 EC2 虚拟服务器、S3 存储服务（Simple Storage Service，S3）、SQS 主机之间的消息队列服务、SimpleDB 数据库。弹性计算云平台为用户或者开发人员提供了一个虚拟的集群环境。而弹性计算云中的实例是一些真正在运行中的虚拟机服务器，每一个实例代表一个运行中的虚拟机。对于提供给某一个用户的虚拟机，该用户具有完整的访问权限，包括针对此虚拟机的管理员用户权限。IBM 在 2007 年 11 月 15 日推出的蓝云计算平台也属此类。蓝云计算平台中部署、监控、应用服务器、数据库等采用了 IBM 自己的产品，关键功能则全部由开源软件实现，如大规模数据处理和存储使用 Hadoop（开源的 Map/Reduce 实现系统），虚拟化使用开源软件 Xen 等。

2. 平台云

平台屏蔽了部署、发布等应用开发细节，可以让开发者不再关心后台大规模服务器的工作，并且提供了一些支持应用开发的高层接口及开发工具，给开发者提供一个透明安全、功能强大的运行环境和开发环境。Google App Engine 就是平台云的典型应用，提供用户在 Google 的基础架构上设计、发布应用程序的功能。每个免费账户都可使用 500 MB 存储空间，以及每月约 500 万页面浏览量的 CPU 和宽带。

3. 应用云

应用云直接面向最终软件用户，常以 SaaS 的形式出现。软件系统各个模块可以由用户自己定制、配置、组装和测试，最终得到满足客户需要的软件系统，从而降低软件系统使用、维护、运行和支持成本。Salesforce 是一家客户关系管理软件服务提供商，顾客通过订购 Salesforce 服务，直接通过浏览器登录就可以使用所有功能。Google Apps 是谷歌推出的中小企业套装软件，包括电子邮箱、网站（放置在谷歌的服务器上，采用所见即所得的傻瓜式编辑方式）、可以合作编辑的在线 Offices（涵盖常用的 Word/PowerPoint/Excel 等应用的功能）、日历、即时聊天（Gtalk）等。Google Apps 所有应用程序后台均运行在谷歌的基础信息架构上。

8.1.3　开放的云计算基础设施

云计算基础设施服务使用户可以指定需要的虚拟服务器配置信息，用户只需根据实际使用的计算、存储及网络流量来付费。谷歌和微软都采用了私有的云计算基础设施服务，并不对外开放。对外开放的是通过谷歌应用引擎（Google App Engine），以及微软的 Windows

蓝天（Azure）提供的平台服务接口。在大家开始充分利用亚马逊等公司提供的面向大众的云计算基础设施服务的同时，也越来越注意到云计算的开放性及可互操作性的重要性。

目前，大家开始注意到云基础设施服务带来的一些挑战，如隐私保护、安全性和可靠性等问题。因此，用户越来越希望存在一种基于开源的云计算基础设施服务，这样，各公司和用户可以灵活地搭建适合自己的云计算基础设施服务。例如，一方面，用户可使用亚马逊公司提供的基础设施服务来处理大多数的应用；另一方面，还可基于开源建设自己的基础设施服务，以便在自己的硬件资源上处理各种敏感数据。

下面介绍几个有代表性的云计算基础设施服务开源项目。

1. EUCALYPTUS

EUCALYPTUS（Elastic Utility Computing Architecture for Linking Your Programs To Useful Systems）是一个由加州大学圣巴巴拉分校研发的在集群或工作站上实现云计算的开源基础设施服务框架。

总的来说，EUCALYPTUS 具备以下特性。

- 提供和亚马逊弹性计算云兼容的接口（包括万维网服务和查询接口两方面）；
- 使用简单对象访问协议（Simple Object Access Protocol，SOAP）和网络服务安全（WS-security）内部通信；
- 供用于系统管理和计费的"云管理员"基本工具；
- 可在一个云内为多个集群配置私有内部网络地址。

如图 8.3 所示，EUCALYPTUS 由服务实例、实例管理模块、组管理模块和云管理模块四个组件构成。其中，以服务实例作为基本操作单元，实例管理模块负责虚拟机执行和资源监控；组管理模块和部分实例管理模块相连，收集用于指导调度的实例采样信息，同时还负责组的网络虚拟化；云管理模块协调组管理模块的云信息，并就服务水平协议、安全和网络方面和云用户展开交互。

2. Nimbus

Nimbus 是芝加哥大学研究的云基础设施开源工具集，其主要特性包括：

- 具有弹性计算云的万维网服务描述语言（Web Services Description Language，WSDL）和网格计算的万维网服务资源框架（Web Services Resource Framework，WSRF）这两个接口集；
- 可以配置管理虚拟机的调度，以便使用便携式批处理系统（Portable Batch System，PBS）或 SGE（Sun Grid Engine）等常见调度程序；
- 具有"一键式"的自动配置虚拟集群功能；

● 为不同项目的软件自定义提供了可扩展的架构。

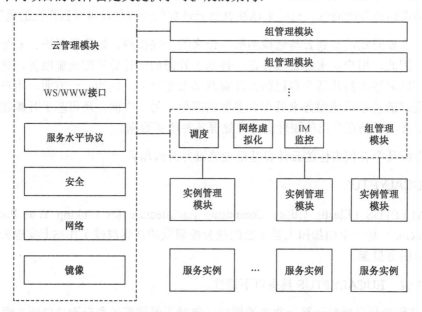

图 8.3　EUCALYPTUS 组件

基于原有的 Globus 4.0，Nimbus 在虚拟化的方向上进行了延伸，允许用户通过部署虚拟机的方式租借远程资源，根据自己的需要构成一个虚拟的工作环境。Nimbus TP2.2 由服务节点和虚拟机管理器节点两部分组成。此外，它还有一个单独用于"云客户端"的软件，可以给通用需求的客户端提供简单的云计算环境部署。Nimbus 还可提供远程服务容器（Container）使用的单独的程序包，以便于管理员对云环境进行管理。客户端利用跨协议的 X509 证书和服务进行通信。云客户端可以在短短几分钟内部署上线并运行。Nimbus 按照云配置（Cloud Configuration）对服务进行配置，从而为云用户的请求进行服务。云客户端则实现了基于万维网服务资源框架的网络服务消息传递。TP2.2 中新增加的功能就是亚马逊弹性计算云的万维网服务描述语言的实现，从而使用户可以开发基于真实弹性计算云环境的系统。

Nimbus 的一个重要特性是背景融入（Contextualization），每一个节点所部署的特定环境（Context，如网格、工作站、虚拟集群等）各不相同并且可能动态变化。例如，节点的 IP 地址、主机名可能重新分配，而部署相关的安全数据也会重新产生。因此，必须要将当前的部署环境信息集成起来，使其在不同环境下能持续正常地工作，这个过程称为背景融入。通过这种技术，同一个云可以在不同环境中自动成功地启动配置和正常的工作。Nimbus 组件及调用关系如图 8.4 所示。

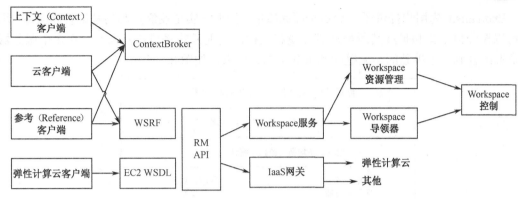

EC2 WSDL—弹性云计算的万维网服务描述语言；WSRF—万维网服务资源框架；RM API—资源管理器应用编程接口；IaaS—基础架构即服务

图 8.4　Nimbus 组件及调用关系

3. Tashi

Tashi 是英特尔研究院匹兹堡实验室领导的针对大规模网络数据集（Big Data）的云计算开源基础设施服务。其设计目标是针对云计算平台栈的需求，构建一个符合云计算发展趋势的云计算服务环境。其主要想法是在资源分配时考虑到用户应用的存储需求，让用户以方便、高效和安全的方式访问、共享、操作和运算数据。

Tashi 的基本特性包括按需分配的存储和计算资源、可扩展的端到端系统管理、协同存储和计算管理、灵活的存储模型，以及灵活的物理机/虚拟机模型。

与其他项目不同的是，在资源调度时，Tashi 是将存储虚拟化和计算虚拟化同时加以考虑的，而其他项目往往是基于已有的存储平台，并主要考虑计算虚拟化，如 HDFS（Hadoop Distributed File System）等开源分布式存储系统。这种将两者分开考虑的原因在于，云计算上的数据往往是大规模、海量的，如果不能在根本上对数据存储和计算进行细粒度的耦合和优化，就容易影响到服务的整体质量和效率。Tashi 中的资源调度将两者综合处理，使得平台架构更具灵活性和扩展性，可以应付不同的数据需求应用。

4. Enomalism

Enomalism 是由 Enomaly 公司提供的云计算服务平台，也是一个开源项目，其特性为：

- 供多物理机服务器作为一个单独的虚拟集群进行管理；
- 具有高效的用户管理系统及用户组系统；
- 有虚拟应用向导，帮助云的部署和配置的自动化过程；
- 够管理多样的包括基于 Linux、Windows、Solaris 和 BSD（Berkeley Software Distribution，伯克利软件套件）的虚拟机设施；
- 能够将公共云资源（如亚马逊 EC2 等）作为虚拟私有云资源的一部分。

Enomalism 为用户提供了一套更全面完整的、接近真实企业级产品的基础设施服务，用户可以充分自定义和扩展其所需计算环境和架构，实现云的移植和互操作，将多个服务器的资源组合到一个单独的、无缝的和可共享的云中，如图 8.5 所示。

控制面板（客户接口、用户访问、计费）	
虚拟私有网（交换机、防火墙）	
地域负载均衡（监控、统计、分析）	
本地计算云 （虚拟服务器）	区域计算云 （EC2等）
XMPP分布式指令控制	
分布式存储矩阵（本地、远程）	
平台API （REST、JSON、SHELL等）	
Enomalism计算平台（系统支持）	

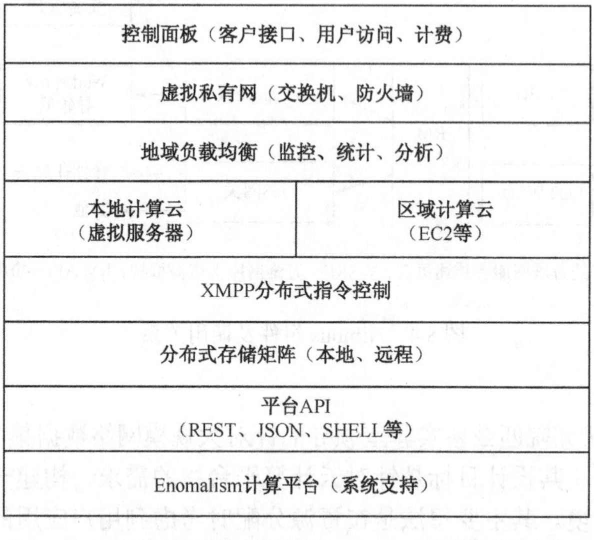

注：XMPP—可扩展消息处理现场协议；EC2—亚马逊的弹性计算云；
API—应用程序接口；REST—Representational State Transfer；JSON—
JavaScript Object Notation；SHELL—命令解释器

图 8.5　Enomalism 云计算平台

值得一提的是，Enomalism 可以帮助用户借助公有云的资源来为自己组织一个更强大的虚拟私有云。例如，当一个小型创业公司的私有云资源无法应付突如其来的并发用户访问时，可以快速地通过 Enomalism 获取一些亚马逊弹性计算云的资源，将其整合到自己的私有云内来对付突发的访问高峰。这为私有云的拥有者，特别是中小用户，提供了一种十分经济的运营模式。

5. RESERVOIR

RESERVOIR（Resources and Services Virtualization without Barriers，无障碍资源和服务虚拟化）是 IBM 与 17 个欧洲组织合作开展的云计算项目，该项目旨在提供运用虚拟化技术的面向服务的在线平台，按透明方式提供和管理资源和服务，并以按需方式实现低开销和高服务质量。

RESERVOIR 目前正在开发的技术主要包括：

● 跨网络和存储的虚拟机，以及虚拟 Java 服务容器迁移技术；
● 遵循服务水平协议需求的资源分配算法；

- 跨 RESERVOIR 站点的服务部署和生命周期管理的服务定义语言；
- 安全部署和跨物理机及 RESERVOIR 站点的虚拟机重调度安全机制；
- 商务信息模型和面向商务支付与计费机制；
- 实际工业案例在 RESERVOIR 环境中的测试环境开发。

RESERVOIR 的整体项目开源进展正在进行中，同时开源的虚拟机管理系统 OpenNebula 获得了 RESERVOIR 的部分资助，其架构如图 8.6 所示。

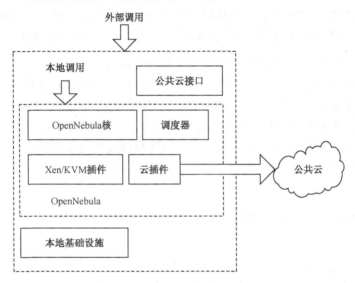

图 8.6　RESERVOIR 中的虚拟机管理系统 OpenNebula

与 IBM 公司以往注重的方面类似，RESERVOIR 项目的一个重要目标是为欧洲范围内的云计算服务支撑平台及技术提供一套统一的标准，使得不同的平台之间可以互通、互访和互操作。从该项目基于 IBM 比较推崇的 Java 技术可以看出，提供较好的跨平台特性是 RESERVOIR 重点关注的方面，这才能使统一的规范在已有的异构化平台上进行方便地部署和实现。

8.1.4　融合云计算的物联网

云计算为众多用户提供了一种新的高效率计算模式，兼有互联网服务的便利、廉价和大型机的能力。它的目的是将资源集中于互联网上的数据中心，由这种云中心提供应用层、平台层和基础设施层的集中服务，以解决传统 IT 系统的零散性带来的低效率问题。

云计算强调由第三方提供集中式互联网服务，是一种新的应用模式。云计算的主要影响范围是网络的边缘设备（客户端设备和服务端设备）与新兴的网络应用，重点是互联网服务端的数据中心。云计算的关键技术包括 AJAX 客户端、REST（Representational State Transfer）服务、CAP（Consistency，Availability，Partition Tolerance）定理、多租户集中服务、资源按需供给、虚拟化以及海量数据处理。云计算强调弹性资源服务、虚拟化、低成本、高效率、可扩展性。云计算可为物联网提供后端处理能力与应用平台。

物联网的目的是实现物物互联，从而融合物理信息的感知、传输、处理、控制，提供高效智能的应用服务。物联网强调对物理世界（包括自然界和人造物）的精准感知，感知信息的实时或及时传输、针对物理世界限制的处理与决策，以及对物理世界的控制。

物联网与传统互联网的主要区别是包含了物物互联与物机互联，而不是局限于机机互联。它的主要影响范围是连接物理世界和计算世界的传感网与执行部件网、传输与处理物理信息的计算机和网络，以及之上的物联网应用。物联网的主要技术方向包括物体标识（射频识别、UID）、精准感知技术、信息保真传输技术、智能处理与决策技术、微机电和微纳米控制技术。由于物联网涉及大量的"物"以及物理限制的客观性，这些技术需要特别考虑大规模系统与数据、及时处理、低成本、低能耗、物理耐久性，以及复杂系统的涌现现象。

云计算的物联网运营平台是物联网和云计算深度结合的典型例子，物联网对云计算体现了如下要求。

（1）对计算资源有大规模、海量需求。物联网运营平台需要存储数以亿计的传感设备在不同时间采集的海量信息，并对这些信息进行汇总、拆分、统计、分析、备份，这需要弹性增长的存储资源和大规模的并行计算能力。

（2）资源负载变化大。有些行业应用的峰值负载、闲时负载和正常负载之间差距明显。例如，无线 POS 刷卡应用在白天较忙，而在夜晚较空闲。不同行业应用的资源负载不同，例如低频次应用一般 10 min 以上甚至 1 天采集、处理一次数据，而高频次应用会要求 30 s 采集、处理一次数据。另外，同一行业应用由于是面向多个用户提供服务的，因此存在负载错峰的可行性，如居民电力抄表可以分时分区上报数据。

（3）以服务方式提供计算能力。虽然不同行业应用的业务流程和功能存在较大差异，但从物联网运营角度来看，其计算控制需求是相同的，都需要对采集的数据进行分析处理。因此可以将这部分功能从行业密切相关的流程中剥离出来，组装成面向不同行业的服务，以平台服务方式提供给客户。只要满足服务接口要求，就能享受到这些服务能力。例如，可以在物联网运营平台实现一个大气污染监控的计算模型，并开放服务接口，行业应用调用这个接口就能够获得监控数据分析结果。

针对物联网运营平台的云计算特征，考虑引入云计算技术构建物联网运营平台。基于云计算的物联网运营平台主要包括如下几个部分。

（1）云基础设施。通过引入物理资源虚拟化技术，使得物联网运营平台上运行的不同行业应用，以及同一行业应用的不同客户间的资源（存储、CPU 等）实现共享。例如，不必为每个客户都分配一个固定的存储空间，所用客户共用一个跨物理存储设备的虚拟存储池。

提供资源需求的弹性伸缩，在不同行业数据智能分析处理进程间共享计算资源，或在单个客户存储资源耗尽时动态从虚拟存储池中分配存储资源，以便用最少的资源来尽可能满足客户需求，在减少运营成本的同时提升服务质量。

引入服务器集群技术，将一组服务器关联起来，使它们在外界从很多方面看起来如同一台服务器，从而改善物联网运营平台的整体性能和可用性。

（2）云平台。这是物联网运营云平台的核心，实现了网络节点的配置和控制、信息的采集和计算功能。在实现上可以采用分布式存储、分布式计算技术，实现对海量数据的分析处理，以满足大数据量且实时性要求非常高的数据处理要求。例如，可采用 Hadoop 的 HDFS 技术，将文件分割成多个文件块，保存在不同的存储节点上；采用 Hadoop 的 MapReduce 技术将一个任务分解成多个任务，分布执行，然后把处理结果进行汇总。在具体实现时，需要根据不同行业应用的特点进行具体分析，将行业应用中的计算功能从其业务流程中剥离出来。设计针对不同行业的计算模型，然后包装成服务提供给云应用调用。这样既可实现接入云平台的行业应用接口的标准化，又能为行业应用提供高性能计算能力。

（3）云应用。云应用实现了行业应用的业务流程，可以作为物联网运营云平台的一部分。也可以集成第三方行业应用，但在技术上应通过应用虚拟化技术，实现多租户，让一个物联网行业应用的多个不同租户共享存储、计算能力等资源，提高资源利用率，降低运营成本；而多个租户之间在共享资源的同时又相互隔离，保证了用户数据的安全性。

（4）云管理。由于采用了弹性资源伸缩机制，用户占用的电信运营商资源是随时间不断变化的，因此需要平台支持按需计费。例如，记录用户的资源动态变化，生成计费清单，提供给计费系统用于计费出账；另外还需要提供用户管理、安全管理、服务水平协议（SLA）等功能。

8.2 嵌入式系统

8.2.1 嵌入式系统的基本概念

1. 嵌入式系统的定义

通常，计算机连同一些常规的外设是作为独立的系统而存在的，并非为某一方面的专门应用而存在。如一台 PC 就是一个完整的计算机系统，整个系统存在的目的就是为人们提供一台可编程、会计算、能处理数据的机器。这样的计算机系统称为通用计算机系统。但有些系统却不是这样，如医用的微波治疗仪、胃镜等也是一个系统，系统中也有计算机，但是这种计算机（或处理器）是作为某个专用系统中的一个部件而存在的，其本身的存在并非目的而只是手段。这种嵌入到专用系统中的计算机，被称为嵌入式计算机。将计算机嵌入到系统中，一般并不是指直接把一台通用计算机原封不动地安装到目标系统中，也不只是简单地把原有的机壳拆掉并安装到机器中，而是指为目标系统构筑起合适的计算机，再把它有机地植入，甚至融入目标系统。

嵌入式系统（Embedded System）是嵌入式计算机机系统的简称，简单地说，嵌入式系统就是嵌入到目标体系中的专用计算机系统。嵌入性、专用性与计算机系统是嵌入式系统的三个基本要素。具体地讲，嵌入式系统是指以应用为中心，以计算机技术为基础，并且软硬件可裁剪，适用于应用系统对功能、可靠性、成本、体积、功耗有严格要求的专用计算机系统。嵌入式系统把计算机直接嵌入到应用系统中，它融合了计算机软/硬件技术、通信技术和微电子技术，是集成电路发展过程中的一个标志性的成果。

应注意的是，嵌入式系统与嵌入式设备不是一个概念，嵌入式设备是指内部有嵌入式系统的产品、设备，如内含单片机的家用电器、仪器仪表、工控单元、机器人、手机、PDA等。

嵌入式技术的快速发展不仅使其成为当今计算机技术和电子技术的一个重要分支，同时也使计算机的分类从以前的巨型机、大型机、微型机变为通用计算机、嵌入式计算机（即嵌入式系统）。

2．嵌入式系统的特点

由于嵌入式系统是一种特殊形式的计算机系统，因此它与计算机系统一样，也是由硬件和软件构成的。嵌入式系统与以 PC 为代表的计算机系统相比，嵌入式系统是由定义中的3 个基本要素衍生出来的，不同的嵌入式系统其特点会有所差异，其主要特点概括如下。

（1）嵌入式系统通常是面向特定应用的。嵌入式系统的硬、软件均是面向特定应用对象和任务设计的，具有很强的专用性和多样性。嵌入式系统提供的功能，以及面对的应用和过程都是预知的，相对固定的，而不像通用计算机那样有很大的随意性。嵌入式系统的硬、软件须具备可裁剪性，要满足对象要求的最小硬、软件配置。

（2）嵌入式系统须满足环境的要求。由于嵌入式系统要嵌入到对象系统中，因此它必须满足对象系统的环境要求，如物理环境（集成度高、体积小）、电气环境（可靠性高）、成本低、功耗低等高性价比要求，另外还要求它能满足对温度、适度、压力等自然环境的要求。

（3）嵌入式系统必须满足对象系统的控制要求。嵌入式系统必须配置有与对象系统相适应的接口电路，如 A/D、D/A、PWM、LCD、SPI 等接口。

（4）嵌入式系统是集计算机技术与各行业应用与一体的集成系统，将先进的计算机技术、半导体技术和电子技术与各个行业的具体应用相结合后的产物，这就决定了它必然是一个技术密集、资金密集、高度分散、不断创新的知识集成系统。

（5）嵌入式系统具有较长的生命周期。嵌入式系统和实际应用有机地结合在一起，它的更新、换代也是和实际产品一同进行的，因此基于嵌入式系统的产品一旦进入市场，就具有较长的生命周期。

（6）嵌入式系统的软件固化在非易失性存储器中。为了提高执行速度和系统可靠性，嵌入式系统中的软件一般都固化在 EPROM、E2PROM 或 Flash 等非易失性存储器中，而不是像通用计算机系统那样存储于磁盘等载体中。

（7）嵌入式系统的实时性要求。许多嵌入式系统都有实时性要求，需要有对外部事件迅速反应的能力，因此对软件的质量、可靠性也有更高的要求。软件一般是固化运行或直接加载到内存中运行，具有快速启动的功能。根据对实时的强度要求各不一样，可分为硬实时和软实时。

（8）嵌入式系统需专用开发环境和开发工具进行设计。嵌入式系统本身不具备自主开发能力，即使设计完成以后用户通常也不能对其中的程序功能进行修改，必须有开发工具和相应的开发环境才能进行开发和修改。

3. 嵌入式系统的发展

嵌入式系统的发展可分为 4 个阶段。

（1）以单片机为核心的低级嵌入式系统。以单片机（微控制器）为核心的可编程控制器形式的低级嵌入式系统具有与监测、伺服、指示设备相配合的功能，应用于专业性很强的工业控制系统中，通常不含操作系统，软件采用会变语言编程对系统进行控制。该阶段的嵌入式系统处于低级阶段，主要特点是系统结构和功能单一、处理能力不高、存储容量较小，用户接口简单或没有用户接口，但使用简单、成本低。

（2）以嵌入式微处理器为基础的初级嵌入式系统。以嵌入式微处理器为基础，以简单操作系统为核心的初级嵌入式系统，其主要特点是处理器种类多、通用性较弱，系统效率高、成本低，操作系统具有兼容性、扩展性，但用户界面简单。

（3）以嵌入式操作系统为标志的中级嵌入式系统。其主要特点是嵌入式系统能运行于各种不同嵌入式处理器上，兼容性好；操作系统内核小，效率高，并可任意裁剪；具有文件和目录管理、多任务功能；支持网络、具有图形窗口及良好的用户界面；具有大量的应用程序接口，嵌入式应用软件丰富。

（4）以 Internet 为标志的高级嵌入式系统。目前嵌入式系统大多孤立于 Internet，但随着 Internet 的发展，以及 Internet 技术与信息家电、工业控制技术等结合日益密切，嵌入式系统与 Internet 的结合将代表着嵌入式技术的真正未来。

8.2.2　嵌入式系统的体系结构

嵌入式系统作为一类特殊的计算机系统，一般包括以下三个方面：硬件设备、嵌入式操作系统和应用软件，它们之间的关系如图 8.7 所示。

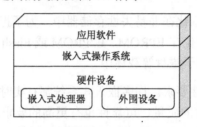

图 8.7　嵌入式系统的体系结构

1．硬件设备

硬件设备包括嵌入式处理器和外围设备。其中嵌入式处理器（CPU）是嵌入式系统的核心部分，它与通用处理器最大的不同点在于，嵌入式 CPU 大多工作在为特定用户群所专门设计的系统中，它将通用处理器中许多由板卡完成的任务集成到芯片内部，从而有利于嵌入式系统在设计时趋于小型化，同时还具有很高的效率和可靠性。

如今，大多数半导体制造商都生产嵌入式处理器，并且越来越多的公司开始拥有自主的处理器设计部门，据不完全统计，全世界嵌入式处理器已经超过 1000 多种，流行的体系结构有 30 多个系列，其中以 ARM、PowerPC、MC 68000、MIPS 等使用得最为广泛。

外围设备是嵌入式系统中用于完成存储、通信、调试、显示等辅助功能的其他部件，目前常用的嵌入式外围设备按功能可以分为存储设备、通信设备和显示设备三类。

存储设备主要用于各类数据的存储，常用的有静态易失型存储器（RAM、SRAM）、动态存储器（DRAM）和非易失型存储器（ROM、EPROM、EEPROM、Flash）三种，其中Flash 凭借其可擦写次数多、存储速度快、存储容量大、价格便宜等优点，在嵌入式领域内得到了广泛应用。

应用于嵌入式系统中的通信设备包括 RS-232 接口（串行通信接口）、SPI（串行外围设备接口）、IrDA（红外线接口）、I2C（现场总线）、USB（通用串行总线接口）、Ethernet（以太网接口）等。

应用于嵌入式系统中的外围显示设备通常是阴极射线管（CRT）、液晶显示器（LCD）和触摸板（Touch Panel）等。

2．嵌入式操作系统

嵌入式操作系统从嵌入式发展的第 3 阶段起开始引入，它具有通用操作系统的一般功能，如向上提供对用户的接口（如图形界面、库函数 API 等），向下提供与硬件设备交互的接口（如硬件驱动程序等），管理复杂的系统资源；同时，它还在系统实时性、硬件依赖性、软件固化性，以及应用专用性等方面，具有更加鲜明的特点。

3．应用软件

应用软件是针对特定应用领域，基于某一固定的硬件平台，用来达到完成预期目标的计算机软件。由于嵌入式系统自身的特点，决定了嵌入式系统的应用软件不仅要求达到准确、安全和稳定的标准，而且还要进行代码精简，以减少对系统资源的消耗，降低硬件成本。

8.2.3 嵌入式操作系统

主流的嵌入式操作系统有下面几种。

1．VxWorks

VxWorks 操作系统是美国 WindRiver 公司于 1983 年设计开发的一种嵌入式实时操作系统（RTOS），是 Tornado 嵌入式开发环境的关键组成部分。良好的持续发展能力、高性能的内核，以及友好的用户开发环境使 VxWorks 在嵌入式实时操作系统领域逐渐占据一席之地。

VxWorks 的特点为具有可裁剪微内核结构、高效的任务管理、灵活的任务间通信、微秒级的中断处理、支持 POSIX 1003.1b 实时扩展标准，以及支持多种物理介质及标准的、完整的 TCP/IP 网络协议等。

目前主要应用于航空航天、国防科技及电信等的高端应用领域，其主要缺点是价格昂贵，操作系统本身及开发环境都是专有的，一般不提供源代码，只提供二进制代码。一般的嵌入式应用通常不会采用这个操作系统。

2．WinCE

WinCE 与 Windows 系列有较好的兼容性，无疑是 WinCE 推广的一大优势。Windows 程序员就可以利用他们在 Win32 API 和 MFC 方面的经验和知识快速地转移到 WinCE 上来。

其中 WinCE 3.0 是一种针对小容量、移动式、智能化设备的模块化实时嵌入式操作系统，为建立针对掌上设备、无线设备的动态应用程序和服务提供了一种功能丰富的操作系统平台。它能在多种处理器体系结构上运行，并且通常适用于那些对内存占用空间具有一定限制的设备，是从整体上为有限资源的平台设计的多线程、完整优先权、多任务的操作系统，其模块化设计允许它对从掌上电脑到专用的工业控制器的用户电子设备进行定制。

操作系统的基本内核需要至少 200 KB 的 ROM，由于嵌入式产品的体积、成本等方面有较严格的要求，所以处理器部分占用空间应尽可能小。系统的可用内存和外存数量也要受限制，而嵌入式操作系统就运行在有限的内存（一般在 ROM 或快闪存储器）中，因此就对操作系统的规模、效率等提出了较高的要求。

从技术角度上讲，WinCE 作为嵌入式操作系统有很多的缺陷，例如，没有开放源代码，使应用开发人员很难实现产品的定制；在效率、功耗方面的表现并不出色，而且和 Windows 一样占用过的系统内存，运用程序庞大；版权许可费也是厂商不得不考虑的因素。

3．嵌入式 Linux

Linux 是一种免费、开源的操作系统，因此其支持软件多，可用资源丰富，广泛应用于服务器和 PC 上。针对嵌入式系统的特点，出现了多种 Linux 的变形，这些可以应用于嵌入式系统应用的 Linux 操作系统被统称为嵌入式 Linux 操作系统。

由于其源代码公开，人们可以任意修改，以满足自己的应用，而且遵从 GPL，无须为每例应用交纳许可证费。有大量的应用软件可用，其中大部分都遵从 GPL，是开放源代码和免费的，所以软件的开发和维护成本很低。具有优秀的网络功能，这在 Internet 时代尤其重要。Linux 系统稳定、内核精悍、运行所需资源少，十分适合嵌入式应用。

支持的硬件数量庞大，嵌入式 Linux 和普通 Linux 并无本质区别，PC 上用到的硬件嵌入式 Linux 几乎都支持，而且各种硬件的驱动程序源代码都可以得到，为用户编写自己专有硬件的驱动程序带来很大的方便。

在嵌入式系统上运行 Linux 的一个缺点是 Linux 体系提供实时性能需要添加实时软件模块，而这些模块运行的内核空间正是操作系统实现调度策略、硬件中断异常和执行程序的部分。由于这些实时软件模块是在内核空间运行的，因此代码错误可能会破坏操作系统，从而影响整个系统的可靠性，这对于实时应用将是一个非常严重的弱点。

4．μC/OS-Ⅱ

μC/OS-Ⅱ是著名的源代码公开的实时内核，是专为嵌入式应用设计的，可用于 8 位，16 位和 32 位单片机或数字信号处理器（DSP）。它在原版本 μC/OS 的基础上做了重大改进与升级，并有了近十年的使用实践，有许多成功应用该实时内核的实例。

它的主要特点有：

- 可移植性强，绝大部分源代码是用 C 语言写的，便于移植到其他微处理器上；
- 可固化；
- 可裁剪，可以有选择地使用需要的系统服务，以减少所需的存储空间；
- 占先式的实时内核，即总是运行就绪条件下优先级最高的任务；
- 多任务，可管理 64 个任务，任务的优先级必须是不同的，不支持时间片轮转调度法；
- 可确定性，函数调用与服务的执行时间具有其可确定性，不依赖于任务的多少。

由于 μC/OS-Ⅱ仅是一个实时内核，这就意味着它不像其他实时存在系统那样提供给用户的只是一些 API 函数接口，还有很多工作需要用户自己去完成。

5. T-Kernel

T-Kernel 是 T-Engine 论坛推出的嵌入式操作系统标准，2003 年微软公司也加入该阵营，现在有超过 500 家公司加入该论坛。T-Kernel 在工业控制方面及信息化家电方面得到广泛的应用，在这些领域是事实上的嵌入式操作系统标准。T-Kernel 是开放式标准，可以免费下载源码，实时处理速度比 Linux、WinCE 等嵌入式操作系统快，实时处理速度可以达到微秒级。

8.2.4 嵌入式处理器

嵌入式处理器是嵌入式系统硬件中最核心的部分，而目前世界上具有嵌入式功能特点的处理器已经超过 1000 种。嵌入式处理器主要有 4 类：嵌入式微处理器（Embedded Microcomputer Unit，EMPU）、嵌入式微控制器（Embedded Microcontroller Unit，EMCU）、嵌入式数字信号处理器（Embedded Digital Signal Processor，EDSP），以及片上系统（System on Chip，SoC）。

1. 嵌入式微处理器（EMPU）

嵌入式微处理器是由 PC 中的 CPU 演变而来的，与通用 PC 的处理器不同的是，在实际嵌入式应用中，只保留了和嵌入式应用紧密相关的功能硬件，这样就能以最低的功耗和资源实现嵌入式应用的特殊要求。和工业控制计算机相比，嵌入式微处理器具有体积小、重量轻、成本低、可靠性高的优点。典型的 EMPU 有 i386EX、Power PC、MC68000、MIPS 及 ARM 系列等，其中 ARM 是应用最广、最具代表性的嵌入式微处理器。

2. 嵌入式微控制器（EMCU）

嵌入式微控制器的典型代表是单片机，其内部集成了 ROM、EPROM、Flash、RAM、总线、总线逻辑、定时/计数器、看门狗、I/O 接口、串行口、脉宽调制输出、A/D、D/A 等各种必要功能和外设。和嵌入式微处理器相比，微控制器的最大特点是单片化，体积大大减小，从而使功耗和成本下降、可靠性提高。微控制器是目前嵌入式系统工业的主流。微控制器的片上外设资源一般比较丰富，适合控制，因此称微控制器。典型的 EMCU 有 51 系列、MC68 系列、PIC 系列、MSP430 系列等。

3．嵌入式数字信号处理器（EDSP）

DSP 处理器是专门用于信号处理的处理器，在系统结构和指令算法方面进行了特殊设计，具有很高的编译效率和指令执行速度。在数字滤波、FFT、谱分析等各种仪器上，DSP 获得了大规模的应用，典型的 EDSP 有 TMS32010 系列、TMS32020 系列、TMS32C30/C31/C32、TMS32C40/C44、TMS32C50/C51/C52/C53，以及集多个 DSP 于一体的高性能 DSP 芯片 TMS32C80/C82 等，另外如 Intel 的 MCS-296 和 Siemens 的 TriCore 也有各自的应用范围。

4．嵌入式片上系统（SoC）

嵌入式片上系统（SoC）是追求产品系统最大包容的集成器件，是目前嵌入式应用领域的热门话题之一。SoC 最大的特点是成功实现了软/硬件无缝结合，直接在处理器片内嵌入操作系统的代码模块。SoC 具有极高的综合性，在一个硅片内部运用 VHDL 等硬件描述语言即可实现一个复杂的系统。用户不需要再像传统的系统设计一样，绘制庞大复杂的电路板，一点点地连接焊制，只需要使用精确的语言，综合时序设计直接在器件库中调用各种通用处理器的标准，然后通过仿真之后就可以直接交付芯片厂商进行生产。由于绝大部分系统构件都在系统内部，整个系统特别简洁，不仅减小了系统的体积和功耗，而且提高了系统的可靠性，提高了设计生产效率。

由于 SoC 往往是专用的，所以大部分都不为用户所知，比较典型的 SoC 产品是 Philips 的 Smart XA。少数通用系列如 Siemens 的 TriCore、Motorola 的 M-Core、某些 ARM 系列器件、Echelon 和 Motorola 联合研制的 Neuron 芯片等。

8.2.5 嵌入式系统与物联网

嵌入式系统具有广阔的应用领域，是现代计算机技术改造传统产业、提升多领域技术水平的有力工具。嵌入式系统无处不在，其主要的应用领域包括智能产品（智能仪表、智能和信息家电）、工业自动化（测控装置、数控机床、数据采集与处理）、办公自动化、电网安全、石油化工、商业应用（电子秤、网管、手机、PDA、无线传感器网络）、汽车电子与航空航天，以及军事等多个领域。嵌入式系统在很多产业中都得到了广泛的应用并逐步改变着这些产业，包括工业自动化、国防、运输和航空航天领域。在日常生活中，人们使用各种嵌入式系统，却未必意识得到。事实上，几乎所有的带有一点"智能"的家电（全自动洗衣机、智能电饭煲等）都使用嵌入式系统，嵌入式系统具有广泛的适应

能力和多样性。

物联网的感知层是嵌入式系统的用武之地。例如，目前国家安监局目前实施的"紧急避险"六大系统中的"人员定位系统"和"安全监控系统中的有毒有害气体监测"中，使用到大量的人员定位器和有毒有害气体传感器，如二氧化碳传感器、二氧化硫传感器等。人员定位器是一个典型的嵌入式系统，包含微处理器、识别模块、通信模块和电源模块，其中识别模块可以用不同的技术实现，如 RFID 技术、ZigBee 或者 Wi-Fi。

嵌入式系统在现代物流系统中也起到了重要的作用，无数的货物都会被贴上 RFID 标签，贴有这些标签的货物每到一个仓储点中转时，就会被自动识别，并被登记入库，这样就极大地提高了货物入库和清点的效率。在上述场景中嵌入式系统起到了至关重要的作用。

大家都在超市购买过商品，付款购买的过程总是需要排很长的队，但是在物联网的高级应用中我们大可避免这样的情况。试想你的购物车里的每件商品都贴有远距离识别标签，这些标签记录着商品的唯一标识码，当购物车经过货物识别器时，货物识别器将你的购物车中的所有货物的名称、数量、单价、费用小计，以及费用合计显示在一个你可以看得到的屏幕上，并询问你是否要付款。你确认后，你所需要支付的款项自动从你早已经绑定好的银行卡中划拨到超市的账户中，这个过程在实际应用中会非常便捷，省去了现在的收银员手动扫描商品识别码的过程，同时，和金融系统相结合也提升了支付的效率。整个过程使购物过程成为一个完美的体验。

而上述应用场景中都有嵌入式系统的身影，可以说没有嵌入式技术就没有物联网应用的美好未来。

8.3　移动计算与物联网

8.3.1　移动计算的发展

计算的发展并不局限于 PC，随着移动互联网的蓬勃发展，基于手机等移动终端的计算服务已经出现。移动计算是指通过移动网络以按需、易扩展的方式获得所需的基础设施、平台、软件（或应用）等的一种 IT 资源或（信息）服务的交付与使用模式。

2015 年，全球有近 40 亿用户使用手机作为移动互联网终端，是现有 PC 数量的 10 倍。越来越多的用户将把手机作为其访问互联网的主要设备。移动互联网终端应用的推广，面临着以下三个基本挑战。

● 网络终端的安全性和可管理性问题，如设备更换和丢失频繁，用户不具备计算机使用经验等；

● 设备电池容量有限，使移动终端本身的功能和性能受到限制，无法直接运行 PC 上的应用程序；

● 网络不稳定带来的连接断续和带宽震荡等问题。

因而，移动互联网更加需要云计算的支持。对于网络终端的安全性和可管理性问题，可将数据存储在云上，使数据的存放、搜索与读取更加可靠，利用云计算技术保证了系统的安全性与管理性；将计算放到云上执行，扩展了移动终端的能力，同时也降低了功耗。

理想的移动计算平台应对操作系统本身、各种应用和用户数据均能进行透明的网络化管理。对用户来说，无须知道自己正在运行那一类应用程序，都可有效支持；无须知道该程序的数据和代码存放的位置；无须关心程序的执行地点；无须关心操作系统和程序的安装、升级、杀毒、卸载等；离线和网络带宽较低时仍能提供部分服务。

8.3.2 移动计算在物联网中的应用

大规模的物联网系统需要无线通信的支持。目前中国移动正在积极推进它的物联网战略，例如，中国移动积极推进"农业移动物联网"应用，开通温室大棚无线监控、自动化滴灌等多种农村信息应用，帮助实现精准化的农业生产管理，以信息化助力"传统农业"向"现代农业"转型。中国移动在新疆、辽宁、山东等地部分地州推广应用了农业大棚标准化无线生产监控、农业无线自动化节水滴灌、淡水养殖无线水质监测、气象水利水文数据监测等项目。通过物联网，借助中国移动山东公司开发完成的蔬菜安全二维码追溯系统，消费者只需用手机对准无公害蔬菜包装盒上邮票大小的方形码轻轻拍照，手机屏幕上就会显示出蔬菜的生产者、加工者、销售者等各种信息。

另外，基于移动计算技术还可以实现如下物联网系统。

（1）环境监测：一是环境质量监控，主要是对水源地环境质量、蓝藻的监控和电子防护，对大气空气质量和辐射环境质量的监控；二是移动源监控，主要是对医疗废弃物、探伤机的出入库监控和转运跟踪，以及对机动车交通污染排放的监控；三是结合环保能力建设，完善环境预警和应急响应系统。

（2）智能安防：利用现有移动通信网络及互联网，采用 RFID、传感器、智能图像分析、网络传输等信息技术，建设具有人口动态实时管理功能的社区智能对讲门禁、社区单元视频拍照记录、家庭安防综合应用系统，并实现门禁管理与公安人口信息平台的对接。

（3）智能交通：整合城市埋地线圈、摄像探头等传感设备获得的交通流量信息，建设交通信息互动发布平台，向社会提供实时交通流量信息和出行建议；应用传感技术对全市停车位进行实时监控，结合实时交通流量信息，提供点到点服务；根据实时交通流量信息对交通信号机实行自动控制的工程，优化城市交通状况，提升交通管理水平。

（4）物流管理：通过 RFID 技术在多式联运、大型物流园区、城市配送、冷链物流等方面的应用，利用物联网技术对物流环节的全流程管理；开发面向物流行业的公共信息服务平台，开发适用于各种物流环境的特种电子标签、物流装备、读写器、中间件、管理系统等产品。

（5）楼宇节能管理：利用传感器技术，对楼宇中每个单元的温度、湿度、照明进行实时监控，达到楼宇节能管理的目的。可根据需要增加楼宇安防、门禁、电梯管理等方面的实时监控功能。

（6）智能电网：设计并实现远程智能电力终端，形成以物联网技术为核心的双向信息通信、远程监控、信息存储、负荷分配技术，实现智能电网中的远程读取、双向交互功能。

（7）智能医疗：采用无线射频技术，对医务人员、患者和医疗物品进行管理。利用无线遥感技术，实现远程医疗服务功能。采用自动测量和控制技术，实现连续、及时、准确监测目标区域的饮用水质及其变化状况。

上述应用平台的成功实施都离不开各种移动终端的开发，以及通过覆盖面广的无线通信网络承载数据传输的任务。

目前在移动计算终端操作系统的研制中，国外少数公司推出了他们典型的产品，具体介绍如下。

（1）加拿大 RIM 公司面向众多商业用户提供的黑莓企业应用服务器方案，可以说是一种具有云计算特征的移动互联网应用。在这个方案中，黑莓的邮件服务器将企业应用、无线网络和移动终端连接在一起，让用户通过应用推送（Push）技术的黑莓终端远程接入服务器访问自己的邮件账户，从而可以轻松地远程同步邮件和日历，查看附件和地址本。除黑莓终端外，RIM 同时也授权其他移动设备平台接入黑莓服务器，享用黑莓服务。目前，黑莓正通过它的无线平台扩展自己的应用，如在线 CRM 等。以移动计算模式提供给用户的应用成为了 RIM 商业模式的核心，取得了极大的成功。

（2）苹果公司推出的"MobileMe"服务是一种基于云存储和计算的解决方案。按照苹果公司的整体设想，该方案可以处理电子邮件、记事本项目、通信簿、相片，以及其他档案，用户所做的一切都会自动地更新至 iMac、iPod、iPhone 等由苹果公司生产的各式终端界面。此外，苹果公司的 iPhone，以及专为其提供应用下载的 Apple Store 所开创的网店形式已经得到了移动终端厂商和移动通信运营商的一致追捧，聚集了大量的开发者和使用者，提供的应用数量超过 100000 种，下载次数超过 30 亿次，成为潮流的引领者。

（3）微软公司推出的"LiveMesh"能够将安装有 Windows 操作系统的电脑、安装有 Windows Mobile 系统的智能手机、Xbox，甚至还能通过公开的接口将使用 Mac 系统的苹果电脑，以及其他系统的手机等终端整合在一起，通过互联网进行相互连接，从而让用户跨越不同设备完成个人终端和网络内容的同步化，并将数据存储在"云"中。随着 Azure 云平台的推出，微软将进一步增强云端服务的能力，并依靠在操作系统和软件领域的成功为用户和开发人员提供更为完善的云计算解决方案。

（4）作为移动计算的先行者，Google 公司积极开发面向移动环境的 Android 系统平台和终端，不断推出基于移动终端和云计算的新应用，包括：

① 整合移动搜索：实现了传统互联网和移动互联网的信息有机整合，并且特别强化了搜索结果的第一页以适应手机浏览的特点。

② 语音搜索服务：搜集不同的口音和词汇，形成超大规模的虚拟数据，并利用云计算平台快速地对数据进行大量复杂的运算，提供更为准确的语音搜索结果。

③ 定点搜索以及 Google 手机地图：识别用户的位置信息并根据地点的变化提供相应的搜索结果，实现精确定位，可提供驾车路线等服务。

④ Android 上的 Google 街景：用户通过手机就能浏览各地街景，随时随地查询街道信息。

由于 4G 无线网络及 Wi-Fi 网络的普及，无线通信的带宽能够承载越来越复杂的应用，而在一些特殊领域中，有线传输的局限性导致了无线应用的蓬勃发展。可以预见，在未来无线移动网络会成为物联网应用的主要支持技术。

8.4 Web 技术

互联网的快速发展给人们的工作、学习和生活带来了重大影响，人们利用互联网的主要方式就是通过浏览器访问网站，以便处理数据、获取信息。这背后涉及的技术是多方面的，包括网络技术、数据库技术、面向对象技术、图形图像处理技术、多媒体技术、网络和信息安全技术、互联网技术、Web 开发技术等。其中 Web 开发技术是互联网应用中最为关键的技术之一。

8.4.1 Web 技术基础知识

1. 什么是 Web

Web 是分布在全世界、基于 HTTP 通信协议、存储在 Web 服务器中的所有互相链接的超文本集。Web 服务器端存放用 HTML 组织的各种信息，客户机端通过浏览器软件查找这些信息资源。

Web 服务器又称为 WWW 服务器、网站服务器、站点服务器，从本质上来说 Web 服务器实际上就是一个软件系统。一台计算机可以充当多个 Web 服务器，多台计算机也可以形成集群，只提供一个 Web 服务。

Web 在提供信息服务之前，所有信息都必须以文件的方式事先存放在 Web 服务器所管辖磁盘中某个文件夹下，其中包含了由超文本标记语言（Hyper Text Markup Language，HTML）组成的文本文件，我们称这些文本文件为超链接文件，又称为网页文件，或称为 Web 页面文件。

当用户通过浏览器在地址栏输入访问网站的网址时，实际上就是向某个 Web 服务器发出调用某个页面的请求。Web 服务器收到页面调用请求后，从磁盘中调出该网页进行相关处理后，传回给浏览器显示。在这里，Web 服务器作为一个软件系统，用于管理 Web 页面，并使这些页面通过本地网络或 Internet 供客户浏览器使用。图 8.8 展示了 Web 服务器与 Web 页面的关系。

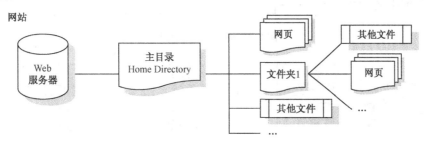

图 8.8 Web 服务器与 Web 页面的关系

2. 浏览器的工作机理

信息资源放在 Web 服务器之后，需要将它的地址告诉给用户，以便让用户来访问，这就是统一资源定位符（Uniform Resource Locators，URL）的功能，俗称为网址。URL 字串分成三个部分：协议名称、主机名和文件名（包含路径）。协议名称通常为 http、Ftp、File 等，例如，http://www.yahoo.com.cn/index.htm 为一个 URL 地址，其中 http 指的是采用的传输协议是 http；www.yahoo.com.cn 为主机名；index.htm 为文件名。浏览器的工作机理如图 8.9 所示。

如图 8.10 所示，当用户要通过浏览器访问某一个网站，用户必须首先在浏览器的地址栏中输入相应的网址，即 URL 地址，接着浏览器将向域名服务器询问该网址对应的 IP 地址，并根据返回的结果直接定位到目标服务器；服务器与浏览器双方完成通信握手之后，该网站对应的图文数据便被送到浏览器中。如果收到的是 HTML 代码和图片，浏览器对其进行解释之后形成页面；而如果遇到扩展名为 ASP、CGI 之类的脚本程序，解释工作就必须由服务器来完成，浏览器只能被动接收解释的结果并加以显示；当然，如果在结果中遇到 HTML 标记，浏览器就会启动解释程序，然后按 HTML 标记的要求将网页的内容显示出来。

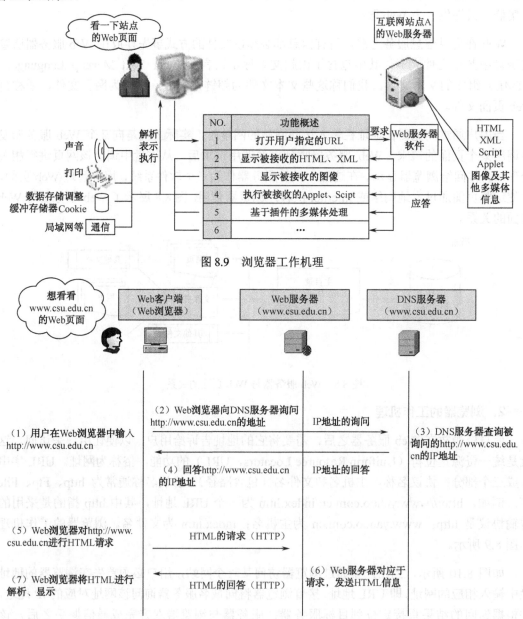

图 8.9　浏览器工作机理

图 8.10　Web 访问的机理

212

3. C/S 模式和 B/S 模式

C/S 计算模式将应用一分为二：前端是客户机，几乎所有的应用逻辑都在客户端进行和表达，客户机完成与用户的交互任务；后端是服务器，它负责后台数据的查询和管理、大规模的计算等服务。通常客户端的任务比较繁重，称为"肥"客户端；而服务器端的任务较轻，称为"瘦"服务器。C/S 模式的结构如图 8.11 所示。

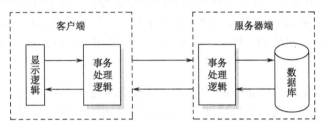

图 8.11　C/S 模式的结构

C/S 模式具有以下几个方面的优点：通过异种平台集成，能够协调现有的各种基础结构；分布式管理，能充分发挥客户端 PC 的处理能力；安全、稳定、速度快，且在适当情况下可脱机操作。

B/S 模式是一种基于 Web 的协同计算模式，是一种三层架构的"瘦"客户机/"肥"服务器的计算模式。第一层为客户端表示层，与 C/S 结构中的"肥"客户端不同，三层架构中的客户层只保留一个 Web 浏览器，不存放任何应用程序，其运行代码可以从位于第二层Web 服务器下载到本地的浏览器中执行，几乎不需要任何管理工作。第二层是应用服务器层，由一台或多台服务器（Web 服务器也位于这一层）组成，处理应用中的所有业务逻辑，包括对数据库的访问等工作，该层具有良好的可扩充性，可以随着应用的需要任意增加服务的数目。第三层是数据中心层，主要由数据库系统组成。B/S 模式的结构如图 8.12 所示。

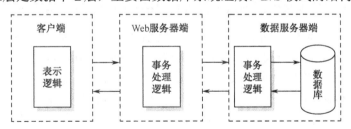

图 8.12　B/S 模式的结构

B/S 模式与传统的 C/S 模式相比体现了集中式计算的优越性，具有良好的开放性，利用单一的访问点，用户可以在任何地点使用系统；用户可以跨平台以相同的浏览器界面访问系统；因为在客户端只需要安装浏览器，取消了客户端的维护工作，有效地降低了整个系统的运行和维护成本。

4. Web 开发平台与开发工具

两个最重要的企业级开发平台是.NET 和 Java EE。2001 年，ECMA 通过了 Microsoft 提交的 C#语言和 CLI 标准，这两个技术标准构成了.NET 平台的基石。2002 年，Microsoft 正式发布.NET Framework 和 Visual Studio .NET 开发工具。

.NET 战略的一个关键特性在于它独立于任何特定的语言或平台，不要求程序员使用一种特定的程序语言。相反，开发者可使用多种.NET 兼容语言的任意组合来创建一个.NET 应用程序。多个程序员可致力于同一个软件项目，但分别采用自己最精通的.NET 语言编写代码。

Java EE（Java Enterprise Edition）是纯粹基于 Java 的解决方案，之前较低版本为 J2EE。1998 年 Sun 公司发布了 EJB 1.0 标准，EJB 为企业级应用中必不可少的数据封装、事务处理、交易控制等功能提供了良好的技术基础。J2EE 平台的三大核心技术 SERVLET、JSP 和 EJB 都已先后问世。1999 年，Sun 正式发布了 J2EE 的第一个版本。紧接着，遵循 J2EE 标准，为企业级应用提供支撑平台的各类应用服务软件争先恐后地涌现出来。IBM 的 WebSphere、BEA 的 WebLogic 都是这一领域里最为成功的商业软件平台。

Visual Studio 2005（VS2005）是 Microsoft 推出的一套完整的开发工具集，用于生成 Web 应用程序、Web 服务、桌面应用程序和移动应用程序等。编程语言 Visual Basic、Visual C++、Visual C# 和 Visual J# 全都使用相同的集成开发环境（IDE），利用此 IDE 可以共享工具且有助于创建混合语言解决方案。另外，这些语言利用了.NET Framework 的功能，通过使用此框架可简化 Web 应用程序和 Web 服务的开发过程。

IBM 的 Eclipse 是一种可扩展的开放源代码的 IDE。Eclipse 允许在同一 IDE 中集成来自不同供应商的工具，并实现了工具之间的互操作性，从而显著地改善了项目工作流程。Eclipse 的最大特点是它能接受由 Java 开发者自己编写的开放源代码插件。

此外，还有一些流行的网页制作工具，包括 Sausage HotDog Professional、Adobe Dreamweaver、Fireworks、Flash，以及 Microsoft FrontPage。HotDog 支持最新的 Web 标准和扩展，对于那些希望在网页中加入 CSS、Java、RealVideo 等复杂技术的设计者，是个很好的选择。Dreamweaver 具有友好的界面、快捷的工具及可视化特征，而 Fireworks 则以处理网页图片为特长，具有十分强大的动画功能和一个几乎完美的网络图像生成器。Flash 是 Internet 上最流行的动画制作工具，采用了矢量作图技术，大大减少了动画文件的大小。

8.4.2　Web 基本技术

由于 Web 正处在日新月异的高速发展之中，它所覆盖的技术领域和层次深度也在不断改变，本节简单介绍一下现阶段 Web 的主流技术，包括 HTML、DHTML、Java Applet、

JavaScript、VBScript、ActiveX、CGI、PHP、JSP、ASP/ASP.NET、XML、ADO/ADO.NET 和 Web Services 等。

1. HTML 和 DHTML

HTML（Hyperlink Text Markup Language）是超文本标记语言，它是一种描述文档结构的语言，不能描述实际的表现形式。用 HTML 语言写的页面是普通的文本文档，不含任何与平台和程序相关的信息，它们可以被任何文本编辑器读取。用 HTML 语言编写的网页文件，也称为 HTML 页面文件或 HTML 文档，是由 HTML 标记组成的描述性文本。HTML 标记可以说明文字、图形、动画、声音、表格、链接等。

DHTML（Dynamic HTML），即动态的 HTML 语言，它是 HTML 4.0、CSS（Cascading Style Sheets，层叠样式单）、CSSL（Client-Side Scripting Language，客户端脚本语言）和 HTML DOM（Document Object Model，HTML 文档对象模型）的集成。

除了具有 HTML 语言的一切性质外，DHTML 最大的突破就是可以实现在下载网页后仍然能实时变换页面元素效果。利用 DHTML，网页设计者可以动态地隐藏或显示内容、修改样式定义、激活元素，以及为元素定位。此外，网页设计者还可利用 DHTML 在网页上显示外部信息，方法是将元素捆绑到外部数据源（如文件和数据库）上。所有这些功能均可用浏览器完成而无须请求 Web 服务器，同时也无须重新装载网页。

2. Java Applet

Java Applet 是指用 Java 编写的能够在 Web 页中运行的应用程序，它的可执行代码为 class 文件，具有安全、功能强和跨平台等特性。

Applet 是从远程服务器上下载到本地客户机上运行的，出于安全的考虑，对它的运行进行了必要的限制。例如，不能运行本地机上的程序，只能与它所对应的服务器联系；无法对本地机上的文件进行读写操作；除了可获取本地机使用的 Java 版本号、操作系统名称及版本号、文件名分隔符、文件路径外，无法获得本地机的其他信息。

Java Applet 可提供动画、音频和音乐等多媒体服务，并能产生原本只有 CGI（公共网关接口）才能实现的功能。

3. JavaScript 和 VBScript

JavaScript 是目前广泛使用的脚本语言，它是由 Netscape 公司开发并随 Navigator 浏览器一起发布的，是一种介于 Java 与 HTML 之间、基于对象的事件驱动的编程语言。使用 JavaScript，不需要 Java 编译器，而是直接在 Web 浏览器中解释执行。

VBScript 是 Microsoft Visual Basic 的一个子集，和 JavaScript 一样都用于创建客户方的

脚本程序，并处理页面上的事件及生成动态内容。这种脚本语言易学易用，但很多浏览器不支持 VBScript，因此在 Web 开发中使用 JavaScript 居多。

4．ActiveX

ActiveX 控件是由软件提供商开发的可重用的软件组件，它是微软公司提出的一种软件技术。ActiveX 控件可用于拓展 Web 页面的功能，创建丰富的 Internet 应用程序。开发人员可直接使用已有大量商用或免费 ActiveX 控件，也可通过各种编程工具如 VC、VB、Delphi 等根据控件所要实现的功能进行组件开发。Web 开发者无须知道这些组件是如何开发的，一般情况下不需要自己编程，就可完成使用 ActiveX 控件的网页设计。例如，ActiveX 控件 ActiveMovie 可用于播放视频与动画，只需要在控件的属性中指定参数值，就可在 Web 页面中控制其播放。

5．CGI

CGI 是用于连接 Web 页面和应用程序的接口。HTML 语言本身的功能是比较贫乏的，难以完成诸如访问数据库等一类的操作，而实际的情况则经常需要先对数据库进行操作（如文件检索系统），然后把访问的结果动态地显示在主页上。此类需求只用 HTML 是无法做到的，所以 CGI 便应运而生。CGI 是在 Web Server 端运行的一个可执行程序，由主页的一个超链接激活进行调用，并对该程序的返回结果进行处理后，显示在页面上。

6．PHP

PHP（Hypertext Preprocessor，超文本预处理器，也称为 Professional Home Page），是利用服务器端脚本创建动态网站的技术，它包括了一个完整的编程语言、支持因特网的各种协议、提供与多种数据库直接互连的能力，还能支持 ODBC 数据库连接方式。PHP 也是一种跨平台的软件，在大多数 UNIX 平台和微软 Windows 平台上均可运行。

7．JSP

JSP（Java Server Page）是由 Sun 公司于 1999 年推出的一项 Internet 应用开发技术，以 Java 作为脚本语言，使用 JSP 标识或者 Java Servlet 小脚本来生成页面上的动态内容。JSP 页面看起来类似普通 HTML 页面，但它允许嵌入服务器执行代码。服务器端的 JSP 引擎解释 JSP 标识和小脚本，生成所请求的内容，并且将结果以 HTML 页面形式发送回浏览器。在数据库操作上，JSP 可通过 JDBC 技术连接数据库。

8．ASP/ASP.NET

ASP 为 Active Server Pages 的简写，它是微软公司推出的 Web 应用程序开发技术。它既不是一种程序语言，也不是一种开发工具，而是一种技术框架，它含有若干内建对象，用于 Web 服务器端的开发。利用它可以产生和执行动态的、互动的和高性能的 Web 服务应用程序。ASP 使用 VBScript、JavaScript 等简单易懂的脚本语言，结合 HTML 代码，即可快速地完成网站的应用程序开发。

ASP.NET 完全基于模块与组件，具有更好的可扩展性与可定制性。ASP.NET 远远超越了 ASP，同时也提供给 Web 开发人员更好的灵活性，有效缩短了 Web 应用程序的开发周期。

9. XML

XML（eXtensible Markup Language）意为可扩展的标记语言，是一套定义语义标记的规则，这些标记将文档分成许多部件并对这些部件加以标识。它也是元标记语言，即定义了用于定义其他与特定领域有关的、语义的、结构化的标记语言的句法语言。XML 不是 HTML 的升级，它只是 HTML 的补充，为 HTML 扩展更多功能。表 8.1 为 HTML 和 XML 的对比。

表 8.1　HTML 和 XML 的对比

比较内容	HTML	XML
可扩展性	不具有可扩展性	可用于定义新的标记语言
侧重点	侧重于如何表现信息	侧重于如何结构化地描述信息
语法要求	不要求标记的嵌套、配对等，不要求标记之间具有一定的顺序	严格要求嵌套、配对和遵循树形结构
可读性及可维护性	难于阅读、维护	结构清晰，便于阅读和维护
数据和显示关系	内容描述与显示方式整合为一体	仅为内容描述，它与显示方式相分离

10. ADO/ADO.NET

ADO.NET 是基于.NET 的一种全新的数据访问方式，它基于消息机制。在 ADO.NET 中，数据源的数据可以作为 XML 文档进行传输和存储。在访问数据时 ADO.NET 会利用 XML 制作数据的一份副本，用户可断开与数据库服务器的连接直接在副本上进行操作，最后根据需要再将副本中的数据更新到数据库服务器。ADO.NET 的这种新的数据访问接口大大提高了数据访问的整体性能。基于 XML 这一特性决定了 ADO.NET 的更广泛适应性。

11. Web Services

一个 Web Service 可以是一个组件（小粒度），该组件必须和其他组件结合才能进行完整的业务处理；Web Service 也可以是一个应用程序（大粒度），可以为其他应用程序提供支撑。不管 Web Service 作为一个组件还是一个应用程序，它都会向外界提供一个能够通过 Web 进行调用的 API。

Web Services 是自包含、自描述、模块化的应用，可以在网络中被描述、发布、查找，以及通过 Web 调用。Web Services 需要一套协议来实现分布式应用程序的创建，要实现互操作性，Web Service 还必须提供一套标准的类型系统，用于沟通不同的平台、编程语言和组建模型中的不同类型系统。

8.5 物联网中间件

8.5.1 物联网中间件的概念

美国最先提出物联网中间件（IoT-MW）的概念。美国一些企业在实施 RFID 项目改造期间，发现最耗时和耗力、复杂度和难度最大的问题是如何保证将 RFID 数据正确导入企业信息管理系统。物联网中间件技术就是好的解决方法。本节中介绍的物联网中间件，特指 RFID 应用中间件。

1. RFID 中间件的作用

物联网中间件负责实现与 RFID 硬件，以及配套设备的信息交互和管理，同时作为一个软、硬件集成的桥梁，完成与上层复杂应用的信息交换。中间件屏蔽了 RFID 设备的多样性和复杂性，能处理从一个或多个读写器获得的 RFID 或传感器数据（事件数据）流，是一种企业通用的管理 RFID 数据的架构。

一般而言，RFID 中间件的主要作用体现在三个方面：一是为应用系统封装底层设备接口；二是处理读写器和传感器所捕获的原始数据，按照一定规则过滤、合并数据，筛除不必要的冗余数据，为应用系统形成有意义的、高层次的事件，从而有效地减少应用系统处理的事件量；三是提供应用程序级别的接口来操纵控制 RFID 读写器等设备和查询 RFID 事件。

RFID 中间件扮演 RFID 设备和应用程序之间的中介角色，从应用程序端使用中间件所提供一组通用的应用程序接口（API），即能连到 RFID 读写器，读取 RFID 标签数据。这样一来，即使存储 RFID 标签信息的数据库软件或后端应用程序增加或改由其他软件取代，或者 RFID 读写器种类增加等情况发生时，应用端不需修改也能处理，简化了维护工作。

2. RFID 中间件的特点

RFID 中间件是一种面向消息的中间件（Message-Oriented Middleware，MOM）。信息可以以异步（Asynchronous）的方式传送，所以传送者不必等待回应。面向消息的中间件包含的功能不仅是传递信息，还必须包括解码数据、安全性、数据广播、错误恢复、定位网络资源、找出符合成本的路径、消息与要求的优先次序以及延伸的除错工具等服务。RFID 中间件作为面向消息的中间件的一种，也涵盖这些功能和服务。

此外，RFID 中间件具有下列的特色。

（1）独立于架构（Insulation Infrastructure）。RFID 中间件独立并介于 RFID 读写器与后端应用程序之间，并且能够与多个 RFID 读写器，以及多个后端应用程序连接，以减轻架构与维护的复杂性。

（2）数据流（Data Flow）。RFID 中间件的主要目的在于将实体对象转换为信息环境下的虚拟对象，因此数据处理是 RFID 中间件最重要的功能。RFID 中间件具有数据的搜集、过滤、整合与传递等特性，以便将正确的对象信息传送到企业后端的应用系统。

（3）处理流（Process Flow）。RFID 中间件采用程序逻辑及存储再转送（Store-and-Forward）的功能来提供顺序的消息流，具有数据流设计与管理的能力。

3．RFID 中间件的发展阶段

RFID 中间件在 2000 年后才出现，从最初的面向单个读写器与特定应用驱动交互的程序，发展到如今的全球 EPC 信息网络基础中间件。从架构角度看，RFID 中间件经历了三个发展阶段。

（1）应用程序中间件（Application Middleware）阶段。RFID 初期的发展多以整合、串接 RFID 读写器为目的，此阶段多为 RFID 读写器厂商主动提供简单 API，以供企业将后端系统与 RFID 读写器串接。以整体发展架构来看，此时企业的导入须自行花费许多成本去处理前后端系统连接的问题，而且硬件与软件绑定，造成灵活性不足。

（2）架构中间件（Infrastructure Middleware）阶段。本阶段是 RFID 中间件成长的关键阶段，也是目前应用最广泛的模式。中间件具有支持多种设备的管理、数据采集及过滤等处理功能，应用与硬件的耦合性大大降低，系统提供统一格式的 RFID 事件共享给外部。但不支持面向用户的高级事件及高性能共享功能，这是有待解决的重要问题。

（3）解决方案中间件（Solution Middleware）阶段。此阶段是未来物联网的远景目标，各厂商提供包括硬件、软件和运行平台等一整套解决方案，解决前端 RFID 设备与后端应用系统的连接问题。

8.5.2 物联网中间件的系统结构

一般物联网中间件具有的模块有读写器接口、事件管理器、应用程序接口、目标信息服务和对象名解析服务等，各个模块描述如下。

（1）读写器接口。物联网中间件必须优先为各种形式的读写器提供集成功能。协议处理器确保使中间件能够通过各种网络通信方案连接到 RFID 读写器，作为 RFID 标准化制定主体的 EPCglobal 组织负责制定并推广描述 RFID 读写器与其应用程序间通过普通接口来相互作用的规范。

（2）事件管理器。事件管理器用来对读写器接口的 RFID 事件数据进行过滤、聚合和排序操作，并且再通告数据与外部系统相关联的内容。

（3）应用程序接口。应用程序接口使得应用程序系统能够控制读写器，服务器接收器接收应用程序系统指令，它提供一些通信功能。

（4）目标信息服务。目标信息服务由两部分组成：一个是目标存储库，用于存储与标签物体有关的信息并使之能用于以后查询；另一个是拥有为提供由目标存储库管理的信息接口的服务引擎。

（5）对象名解析服务。对象名解析服务是一种目录服务，它能使每个带标签产品分配的唯一编码与一个或者多个拥有关于产品更多信息的目标信息服务的网络定位地址相匹配。

8.5.3　物联网中间件的技术平台

物联网中间件的实现需要一定的平台，实现中间件的技术标准主要有三个：COM/COM+、CORBA 和 J2EE。

1. COM 及 COM+

COM（Component Object Model）是 Microsoft 提出的一种组件规范，它以 COM 库的形式提供了访问 COM 对象核心功能的标准接口及一组 API 函数，这些 API 用于实现创建和管理 COM 对象的功能。COM+是 COM 组件的升级版本。

COM 定义了 COM 组件的本质特征。一般来说，软件是由一组数据，以及操纵这些数据的函数构成的。COM 组件通过一个或多个相关函数集来存取组件的数据，这些函数集称为接口，而接口的函数称为方法。COM 组件通过接口指针调用接口的方法。

DCOM 是对 COM 的分布式扩展，以支持不同计算机之间的对象间通信，这些计算机可以位于局域网、广域网，甚至是互联网。DCOM 可以在充分利用已有的基于 COM 的应用程序、组件、工具、知识等的基础之上转向分布式计算，使用户能将重点放在真正的商业应用上，而不必关心太多的网络协议细节。

COM/DCOM 组件目前广泛地用于 Windows 平台，由于 Windows 平台的极大的市场占有率，因此 COM/DCOM 事实上已经成为一种组件标准。COM/DCOM 的流行还得益于众多优秀的开发工具的支持，Visual C++、Visual Basic、Delphi 等语言工具都支持 COM 组件的制作。

2. CORBA

CORBA（Common Object Request Broker Architecture）标准是 OMG 组织基于众多开放

系统平台厂商提交的分布对象互操作内容的基础上制定的公共对象请求代理体系规范。CORBA 分布计算技术，是由绝大多数分布计算平台厂商所支持和遵循的系统规范技术，具有模型完整、先进，独立于系统平台和开发语言，被支持程度广泛的特点，已逐渐成为分布计算技术的标准。

COBRA 标准主要分为 3 个层次：对象请求代理、公共对象服务和公共设施。最底层是对象请求代理 ORB，规定了分布对象的定义（接口）和语言映射，实现对象间的通信和互操作，是分布对象系统中的"软总线"；在 ORB 之上定义了很多公共服务，可以提供诸如并发服务、名字服务、事务（交易）服务、安全服务等各种各样的服务；最上层的公共设施则定义了组件框架，提供可直接为业务对象使用的服务，规定业务对象有效协作所需的协定规则。

3．J2EE

为了推动基于 Java 的服务器端应用开发，Sun 于是在 1999 年底推出了 Java2 技术及相关的 J2EE 规范。J2EE 的目标是：提供平台无关的、可移植的、支持并发访问和安全的，完全基于 Java 的开发服务器端中间件的标准。

在 J2EE 中，Sun 给出了完整的基于 Java 语言开发面向企业分布应用规范。其中，在分布式互操作协议上，J2EE 同时支持 RMI 和 IIOP。而在服务器端分布式应用的构造形式，则包括了 Java Servlet、JSP、EJB 等多种形式，以支持不同的业务需求，而且 Java 应用程序具有的"Write once，run anywhere"的特性，使得 J2EE 技术在分布计算领域得到了快速发展。

对于分布计算平台，企业界常从以下三个方面对它们进行分析和评价。

（1）集成性。集成性主要反映在基础平台对应用程序互操作能力的支持上，它要求分布在不同机器平台和操作系统上、采用不同的语言或者开发工具生成的各类商业应用必须能集成在一起，构成一个统一的企业计算框架。这一集成框架必须建立在网络的基础之上，并且具备对于遗留应用的集成能力。

（2）可用性。要求所采用的软件构件技术必须是成熟的技术，相应的产品也必须是成熟的产品，在至关重要的企业应用中能够稳定、安全、可靠地运行。另外，由于数据库在企业计算中扮演着重要角色，软件构件技术应能与数据库技术紧密集成。

（3）可扩展性。集成框架必须是可扩展的，能够协调不同的设计模式和实现策略，可以根据企业计算的需求进行裁剪，并能迅速反映市场的变化和技术的发展趋势。通过保证当前应用的可重用性，最大限度地保护企业的投资。

8.6   大数据与物联网

8.6.1   大数据的概念与特性

大数据是当前的热门话题，人人都在谈论它。究竟什么是大数据？它的本质特征是什么？大数据在技术上包含哪些内容？

1. 概念

在舍恩伯格及库克耶编写的《大数据时代》一书中，大数据被定义为不用随机分析法（抽样调查）这样的捷径，而采用全量模式进行分析处理的数据。

事实上，有关大数据的定义目前并没有一个统一的说法，这也反映出大数据作为快速发展中事物的特点。以下是几个比较典型的大数据定义。

维基百科：大数据是指无法在一定时间内用常规软件工具对其内容进行采集、存储、处理和应用的数据集合。

百度：大数据（big data，mega data），或称巨量资料，指的是需要新处理模式才能产生更强大决策力、洞察力和流程优化能力的海量、高增长率和多样化的信息资产。而大数据技术，则是指从各种各样类型的大数据中，快速获得有价值信息的方法或能力。

我们认为，大数据是互联网发展到一定阶段后，数据爆炸性增长的一种态势，这种态势具有强烈的时代特征。所以，给大数据下定义，不能脱离互联网，也需要包含以云计算为代表的技术创新。因此，我们给出的大数据概念是：大数据是指在互联网和以大规模分布式计算为代表的平台支持下被采集、存储、分析和应用的具有产生更高决策价值的巨量、高增长率和多样化的信息资产。显然，这个定义更加全面和准确。

2. 特征

为了深入理解大数据的概念，有必要分析一下大数据的基本特征。

目前，人们普遍采用 4V 表示大数据的特征：Volume（大量）、Velocity（高速）、Variety（多样）、Value（价值）。下文解释了 4V 的含义。

大量，就是指数量巨大。第 1 章已经给出了很多实例，确实，互联网上的数据每年增长 50%，每两年便将翻一番，而目前世界上 90%以上的数据是最近几年才产生的。据 IDC 预测，到 2020 年全球将总共拥有 35 ZB 的数据量。互联网是大数据发展的前提，随着 WEB2.0 时代的发展，人们似乎已经习惯了将自己的生活通过网络进行数据化，方便分享，以及记录并回忆。这里有必要指出，巨量是大数据的首要特性。在很多场合，少量数据就有很高的应用价值，但是，这并不表示数据越少越好，少量有价值的数据或信息是从大数据中挖掘出来的，没有大数据，就没有这些小数据。大数据时代，决策被置于全量式和全景式的环境下。

高速，这是大数据的关键特性。高速性的本质是在线（Online），这不一定意味着绝对速度高，真正有革命意义的是数据变得在线了，这恰恰是互联网的特点。所有数据在线这个事情，远比"大"更反映本质。例如，"优步"系统需要大量交通数据支持，如果这些数据是离线的，就没有什么用。为什么今天淘宝数据值钱，因为在线，写在纸上或磁带上的数据效率极其低下。其实，大数据以前也有，但仅仅只有数据大是没有用处的。例如，欧洲粒子物理对撞实验室做一次碰撞产生的数据是巨大的，如果不采用在线分布式并行处理，恐怕无法获得有意义的实验结果。

多样，表示来源与形态具有包罗万象的特点，这是大数据的自然属性，因为人类生活本身是极具多样性的。目前，由网络日志、条码与射频识别（RFID）、传感器网络、工业生产过程、政府社会管理、社交网络、互联网文本和文件、互联网搜索引擎、呼叫详细记录、视频监控、天气预报、基因测序、军事侦察、医疗记录、音影档案、银行交易记录、大规模电子商务等系统或活动产生的数据，已经成为大数据的主要来源。

价值，一方面指数据即生产力，即具有决策价值，被比喻为新时代的石油和黄金；另一方面，也表示大数据的价值密度很低。例如，几小时的监控视频中可能有价值的就两三秒，其价值需要通过数据过滤、清洗、挖掘和呈现等多个处理步骤才能展现出来。必须理解，价值是大数据的基本属性，人类决策历来依靠数据，但是在大数据时代，数据的决策价值得到了空前的提升。

3．技术支撑体系

大数据的核心价值是决策，但前提是必须有强大的技术支撑。纵观各种大数据解决方案，我们可以抽象出大数据系统的一般技术支撑体系。

一个完整的大数据系统总是由数据采集、数据存储、数据分析（或数据处理与服务）和数据应用四个部分构成。图8-13给出了大数据系统的技术支撑体系。

大数据应用：监视、拦截、报告、推荐、可视化	系统管理	服务质量	数据治理	数据集成
大数据分析：识别、分析、模型				
大数据存储：获取、变动与整理、分布式存储				
大数据采集：数据源、数据位置、数据格式				

图8-13　大数据的技术支撑体系

这个"大数据技术支撑体系"描述了大数据系统的最高抽象模式（架构）。可以看到，

223

总体上，大数据系统的底层首先是大数据采集，其来源具有多样性；接着通过数据接口（如数据导入器、数据过滤、数据清洗、数据转换等）将数据存储于大规模分布式存储系统中；在数据存储的基础上，进一步实现数据分析（处理与服务），最终是大数据应用。

8.6.2　物联网数据采集

物联网最显著的效益就是它能极大地扩展我们监控和测量真实世界中发生的事情的能力。例如，车间经理知道如果发动机发出呜呜声就说明出现了问题，一个有经验的房主知道烘干机的通风系统可能会被线头塞住，从而导致安全隐患。数据系统最终给予了我们精确理解这些问题的能力。

然而，挑战在于使这些让信息更有价值的系统和商业模型不断发展。试想一下智能恒温器在峰值功率很紧张的情况下，公用事业单位和第三方能源服务企业想要每分钟准确更新能源消耗情况：通过精确调整能源并最大化节省能源，使得夏季普通的一天和节约用电的一天能够有明显的区别。但如果把时间缩短到午夜 0 时至凌晨 4 时，对信息的需求就不是那么急迫了：数据主要在确定长期趋势时才能有价值。

物联网是下列 5 种大数据的来源。

1．状态数据

冷库中的空气压缩机是否正常运作？它们中是否有一个已经罢工了？不用担心，状态数据可以提供供应商和消费者关于物联网的实时动态数据。

状态数据是物联网数据中最普遍、最基础的一种。事实上所有事件都会产生类似的数据，并把它作为基础。在许多市场中，状态数据更多地被用于进行更复杂分析的原材料，但它也具有它自身的重要价值。

看看 Streetline 是怎样找到停车位的——它创造了能够提醒订阅者空余车位的系统。当然，长期的数据能帮到城市规划者，但对于消费者来说，实时状态数据才是最重要的。

2．定位数据

我的货物到哪儿了？它到达目的地了吗？定位服务是 GPS 应用的必然趋势。GPS 非常强大，但在室内、人潮拥挤的地方，以及快速变化的环境中的效果并不明显。那些试图追踪托盘及机械叉车的人可能会需要实时信息。

作为早期的物联网市场，农业领域也需要充分利用位置数据，因为农场主通常需要在很大的地理面积上定位自己的设备。我们已经看到了一些能够帮助人们定位钥匙的消费品的出现，这意味着在为商业和工业用户提供服务的领域存在着更大的市场，尤其是在时间紧迫时，这些领域有大量的资产需要追踪的情况下。Foursquare 针对油漆仓库的发展就是抓住了这样一个巨大的机遇。

3．个性化数据

不要用个人数据来拒绝个性化数据。个性化数据指的是关于个人偏好的匿名数据，消费者自然会对自动化产生怀疑，因为一些住宅管理系统比起你的舒适更关心节省的成本，所以往往你不想困在一个昏暗的办公室或者冰冷的酒店客房。自动化技术同样也存在安全隐患。

尽管如此，自动化也是不可避免的。没有人会为了节省 4.75 美元而不停地用手指来试恒温器的温度。同样，那些依靠人工交互的照明系统也失败了（一些智能照明生产者希望用他们的传感器数据告诉商店的管理者何时应该打开结账通道）。挑战将围绕开发应用程序和产品规则而展开。

4．可供行为参考数据

我们把这类数据看成有后续计划的状态数据。建筑物消耗了整个国家电力的 73%，并且其中一大部分（根据 EPA 显示，最高达到 30%）被浪费了。为什么呢？因为对于大多数建筑物的所有者来说，能源是次要的问题。他们虽也想解决这一问题，但担心成本、精力，以及一些棘手的局面所产生的损失会超出收益。

对于这一问题相应地产生了两种方法：

- 能够改变系统实时状态的自动化技术；
- 能够使人们改变行为习惯或者做长线投资的说服力。

Opower 开创了关于说服力的解决方案，也就是提供用户及其邻里之间使用能源的对比数据。根据他们自己的研究，这些具有说服力的数据能使能耗降低 2%~3%。

5．反馈数据

你了解你的顾客的真实想法吗？你也许认为你了解，但是你可能错了。在不远的将来，生产者还能分析从已销售的产品中获取的数据，从而更好地了解产品在现实世界中的使用情况。现在大部分公司并不太了解他们产品的使用状况。这些产品从分销商处装运，从零售商处销售，最后进入了千家万户。而使用者和生产者可能永远都不会有交集。

物联网创造了一个从消费者到生产者的反馈回路，在这里产品生产者可以通过适度水平的隐私、安全，以及匿名性来检验产品的实际表现，并鼓励持续的产品改进和创新。

8.6.3　基于物联网的大数据应用

随着信息化与社会生活、生产的深度融合，信息技术渗透到了产业链的各个环节，条形码、二维码、RFID、工业传感器、工业自动控制系统、工业物联网、ERP、CAD/CAM/CAE/CAI 等技术在生产中得到广泛应用。尤其是互联网、移动互联网、物联网等新一代信息技术在工业领域的应用，工业企业也进入了互联网工业的新的发展阶段，工业企业所拥有的数据也日益丰富。工业企业中生产线处于高速运转，由工业设备所产生、采集和处理的数据量远大于企业中计算机和人工产生的数据，从数据类型看也多是非结构化数据，生产线的高速运转则对数据的实时性要求也更高。因此，工业大数据应用所面临的问题和挑战并不比互联网行业的大数据应用少，某些情况下甚至更为复杂。

工业大数据应用将带来工业企业创新和变革的新时代。通过互联网、移动物联网等带来的低成本感知、高速移动连接、分布式计算和高级分析，信息技术和全球工业系统正在深入融合，给全球工业带来深刻的变革，创新企业的研发、生产、运营、营销和管理方式。这些创新为不同行业的工业企业带来了更快的速度、更高的效率和更高的洞察力。工业大数据的典型应用包括产品创新、产品故障诊断与预测、工业生产线物联网分析、工业企业供应链优化和产品精准营销等诸多方面。本文将对工业大数据在制造企业的应用场景进行逐一梳理。

1. 加速产品创新

客户与工业企业之间的交互和交易行为将产生大量数据，挖掘和分析这些客户动态数据，能够帮助客户参与到产品的需求分析和产品设计等创新活动中，为产品创新作出贡献。福特公司是这方面的表率，他们将大数据技术应用到了福特福克斯电动车的产品创新和优化中，这款车成为了一款名副其实的"大数据电动车"。第一代福特福克斯电动车在驾驶和停车时产生大量数据。在行驶中，司机持续地更新车辆的加速度、刹车、电池充电和位置信息。这对于司机很有用，但数据也传回福特工程师那里，以了解客户的驾驶习惯，包括如何、何时，以及在何处充电，即使车辆处于静止状态，它也会持续将车辆胎压和电池系统的数据传送给最近的智能电话。

这种以客户为中心的大数据应用场景具有多方面的好处，因为大数据实现了宝贵的新型产品创新和协作方式。司机获得有用的最新信息，而位于底特律的工程师汇总关于驾驶行为的信息，以了解客户，制订产品改进计划，并实施新产品创新。而且，电力公司和其他第三方供应商也可以分析数百万英里的驾驶数据，以决定在何处建立新的充电站，以及如何防止电网超负荷运转。

2. 产品故障诊断与预测

这可以被用于产品售后服务与产品改进。无所不在的传感器、互联网技术的引入使得产品故障实时诊断变为现实，大数据应用、建模与仿真技术则使得预测动态性成为可能。在马航 MH370 失联客机搜寻过程中，波音公司获取的发动机运转数据对于确定飞机的失联路径起到了关键作用。我们就拿波音公司飞机系统作为案例，看看大数据应用在产品故障诊断中如何发挥作用。在波音的飞机上，发动机、燃油系统、液压和电力系统等数以百计的变量组成了在航状态，这些数据不到几微秒就被测量和发送一次。以波音 737 为例，发动机在飞行中每 30 分钟就能产生 10 TB 数据。

这些数据不仅仅是未来某个时间点能够分析的工程遥测数据，而且还促进了实时自适应控制、燃油使用、零件故障预测和飞行员通报，能有效实现故障诊断和预测。再看一个通用电气（GE）的例子，位于美国亚特兰大的 GE 能源监测和诊断（M&D）中心，收集全球 50 多个国家上千台 GE 燃气轮机的数据，每天就能为客户收集 10 GB 的数据，通过分析来自系统内的传感器振动和温度信号的恒定大数据流，这些大数据分析将为 GE 公司对燃气轮机故障诊断和预警提供支撑。风力涡轮机制造商 Vestas 也通过对天气数据及涡轮仪表数据进行交叉分析，从而对风力涡轮机布局进行改善，由此增加了风力涡轮机的电力输出水平并延长了服务寿命。

3. 工业物联网生产线的大数据应用

现代化工业制造生产线安装有数以千计的小型传感器，来探测温度、压力、热能、振动和噪声。因为每隔几秒就收集一次数据，利用这些数据可以实现很多形式的分析，包括设备诊断、用电量分析、能耗分析、质量事故分析（包括违反生产规定、零部件故障）等。首先，在生产工艺改进方面，在生产过程中使用这些大数据，就能分析整个生产流程，了解每个环节是如何执行的。一旦有某个流程偏离了标准工艺，就会产生一个报警信号，能更快速地发现错误或者瓶颈所在，也就能更容易解决问题。利用大数据技术，还可以对工业产品的生产过程建立虚拟模型，仿真并优化生产流程，当所有流程和绩效数据都能在系统中重建时，这种透明度将有助于制造商改进其生产流程。再如，在能耗分析方面，在设备生产过程中利用传感器集中监控所有的生产流程，能够发现能耗的异常或峰值情形，由此便可在生产过程中优化能源的消耗，对所有流程进行分析将会大大降低能耗。

4. 工业供应链的分析和优化

当前，大数据分析已经是很多电子商务企业提升供应链竞争力的重要手段。例如，电子商务企业京东商城，通过大数据提前分析和预测各地商品需求量，从而提高配送和仓储的效能，保证次日货到的客户体验。RFID 等产品电子标识技术、物联网技术，以及移动互联网技术能帮助工业企业获得完整的产品供应链的大数据，利用这些数据进行分析，将带来仓储、配送、销售效率的大幅提升和成本的大幅下降。

以海尔公司为例，海尔公司供应链体系很完善，它以市场链为纽带，以订单信息流为中心，带动物流和资金流的运动，整合全球供应链资源和全球用户资源。在海尔供应链的各个环节，客户数据、企业内部数据、供应商数据被汇总到供应链体系中，通过供应链上的大数据采集和分析，海尔公司能够持续进行供应链改进和优化，保证了海尔对客户的敏捷响应。美国较大的 OEM 供应商超过千家，为制造企业提供超过 1 万种不同的产品，每家厂商都依靠市场预测和其他不同的变量，如销售数据、市场信息、展会、新闻、竞争对手的数据，甚至天气预报等来销售自己的产品。

利用销售数据、产品的传感器数据和出自供应商数据库的数据，工业制造企业便可准确地预测全球不同区域的需求。由于可以跟踪库存和销售价格，可以在价格下跌时买进，所以制造企业便可节约大量的成本。如果再利用产品中传感器所产生的数据，知道产品出了什么故障，哪里需要配件，他们还可以预测何处，以及何时需要零件，这将会极大地减少库存，优化供应链。

5．产品销售预测与需求管理

通过大数据来分析当前需求变化和组合形式。大数据是一个很好的销售分析工具，通过历史数据的多维度组合，可以看出区域性需求占比和变化、产品品类的市场受欢迎程度，以及最常见的组合形式、消费者的层次等，以此来调整产品策略和铺货策略。在某些分析中我们可以发现，在开学季高校较多的城市对文具的需求会高很多，这样我们可以加大对这些城市经销商的促销，吸引他们在开学季多订货，同时在开学季之前一两个月开始产能规划，以满足促销需求。对产品开发方面，通过消费人群的关注点进行产品功能、性能的调整，如几年前大家喜欢用音乐手机，而现在大家更倾向于用手机上网、拍照分享等，手机的拍照功能提升就是一个趋势，4G 手机也占据更大的市场份额。通过大数据对一些市场细节的分析，可以找到更多的潜在销售机会。

6．生产计划与排程

制造业面对多品种小批量的生产模式，数据的精细化自动及时方便地采集（MES/DCS）及多变性导致数据剧烈增大，再加上十几年的信息化的历史数据，对于需要快速响应的 APS 来说，是一个巨大的挑战。大数据可以给予我们更详细的数据信息，发现历史预测与实际的偏差概率，考虑产能约束、人员技能约束、物料可用约束、工装模具约束，通过智能的优化算法，制定预计划排产，并监控计划与现场实际的偏差，动态的调整计划排产。帮我们规避"画像"的缺陷，直接将群体特征直接强加给个体（工作中心数据直接改变为具体一个设备、人员、模具等数据）。通过数据的关联分析并监控它，我们就能计划未来。虽然，大数据略有瑕疵，只要得到合理的应用，大数据会变成我们强大的武器。当年，福特问大数据的客户需求是什么？而回答是"一匹更快的马"，而不是现在已经普及的汽车。所以，在大数据的世界里，创意、直觉、冒险精神和知识野心尤为重要。

7．产品质量管理与分析

传统的制造业正面临着大数据的冲击，在产品研发、工艺设计、质量管理、生产运营等各方面都迫切期待着有创新方法的诞生，来应对工业背景下的大数据挑战。例如，在半导体行业，芯片在生产过程中会经历许多次掺杂、增层、光刻和热处理等复杂的工艺制程，每一步都必须达到极其苛刻的物理特性要求，高度自动化的设备在加工产品的同时，也同步生成了庞大的检测结果。这些海量数据究竟是企业的"包袱"，还是企业的"金矿"呢？如果说是后者的话，那么又该如何快速地"拨云见日"，从"金矿"中准确地发现产品良率波动的关键原因呢？这是一个已经困扰半导体工程师们多年的技术难题。

某半导体科技公司生产的晶圆在经过测试环节后，每天都会产生包含 100 多个测试项目、长度达几百万行测试记录的数据集。按照质量管理的基本要求，一个必不可少的工作就是需要针对这些技术规格要求各异的 100 多个测试项目分别进行一次过程能力分析。如果按照传统的工作模式，我们需要按部就班地分别计算 100 多个过程能力指数，对各项质量特性一一考核。这里暂且不论工作量的庞大与繁琐，哪怕有人能够解决了计算量的问题，但也很难从这 100 多个过程能力指数中看出它们之间的关联性，更难对产品的总体质量性能有一个全面的认识与总结。然而，如果我们利用大数据质量管理分析平台，除了可以快速地得到一个长长的传统单一指标的过程能力分析报表之外，更重要的是，还可以从同样的大数据集中得到很多崭新的分析结果。

8. 工业污染与环保检测

《穹顶之下》令人印象深刻的一点是通过可视化报表，柴静团队向观众传递雾霾问题的严峻性、雾霾的成因等。

这给我们带来的一个启示，即大数据对环保具有巨大价值。《穹顶之下》图表的原生数据哪里来的呢？其实并非都是凭借高层关系获取，不少数据都是公开可查，在中国政府网、各部委网站、中石油中石化官网、环保组织官网，以及一些特殊机构，可查询的公益环保数据越来越多，包括全国空气、水文等数据，气象数据，工厂分布及污染排放达标情况等。只不过这些数据太分散、太专业、缺少分析、没有可视化，普通人看不懂。如果能够看懂并保持关注，大数据将成为社会监督环保的重要手段。近日百度上线"全国污染监测地图"就是一个很好的方式，结合开放的环保大数据，百度地图加入了污染检测图层，任何人都可以通过它查看全国及自己所在区域省市，所有的在环保局监控之下的排放机构（包括各类火电厂、国控工业企业和污水处理厂等）的位置信息、机构名称、排放污染源的种类，最近一次环保局公布的污染排放达标情况等。可查看距离自己最近的污染源，出现提醒，该监测点检测项目，哪些超标，超标多少倍。这些信息可以实时社交媒体平台，告知好友，提醒大家一同注意污染源情况及个人安全健康。

物联网大数据应用的价值潜力巨大。但是，实现这些价值还有很多工作要做。一个是大数据意识建立的问题。过去，也有这些大数据，但由于没有大数据的意识，数据分析手段也不足，很多实时数据被丢弃或束之高阁，大量数据的潜在价值被埋没。还有一个重要问题是数据孤岛的问题。很多企业的数据分布于企业中的各个孤岛中，特别是在大型跨国公司内，要想在整个企业内提取这些数据相当困难。因此，大数据应用一个重要议题是集成应用。

8.7 本章小结

物联网需要计算技术的支持，反过来，物联网的特性也对计算技术提出了新的要求，由此促进计算技术的发展，催生新型计算模式的诞生。本章介绍了云计算、Web 技术、嵌入式系统、中间件技术和大数据技术，这几项技术都与物联网密切相关。云计算是从网络计算发展而来的，物联网的出现必将深化云计算的内涵。Web 技术的高级形态是 Web 2.0 或 3.0，而构造语义物联网或许是未来的趋势。嵌入式系统和中间件技术对物联网至关重要，是应用实现的关键技术和基本途径。物联网是大数据的一种主要来源，面向大数据分析的物联网应用具有更加广阔的前景。

思考与练习

（1）简要描述云计算业务的 5 项基本特征。

（2）为什么大型的物联网应用需要云计算平台的支持？

（3）移动计算的主流终端操作系统有哪些？

（4）什么是嵌入式系统？嵌入式系统的特点是什么？

（5）嵌入式操作系统有哪些？它们各自的用途是什么？

（6）超文本标记语言是什么？有哪些特点？

（7）主流的 Web 开发技术有哪些？

（8）Web 开发技术是怎样演进的？

（9）HTML 和 XML 有什么区别？

（10）动态服务脚本有哪些语言？请分别阐述它们的特点。

（11）请阐述 CGI 开发技术与动态服务脚本（如 ASP.NET 技术）的区别？

（12）B/S 和 C/S 开发模式的区别和各自的利弊是什么？

（13）请给出 COM、CORBA 及 J2EE 的区别。

（14）物联网与大数据的关系是什么？面向物联网的大数据分析有哪些应用？

参考文献

[1] 郑纬民. 云计算的挑战与机遇. 中国计算机学会通讯，2011，7(1):18-22.

[2]　吴欣然，杨思睿，吴晓昕，等．面向服务的云计算基础设施．中国计算机学会通讯，2009，5(6): 32-43．

[3]　金海．漫谈云计算．中国计算机学会通讯，2009-6，5(6):22-25．

[4]　韩燕波，赵卓峰，王桂玲，等．物联网与云计算．2010-2，6(2):58-63．

[5]　孙凝晖，徐志伟，李国杰．海计算：物联网的新型计算模型．2010-7，6(7):52-57．

[6]　刘越．云计算综述与移动云计算的应用研究．研究与开发，2010.2: 14-19．

[7]　开放云计算宣言[EB/OL]．http://opencloudmanifesto.org．

[8]　Eucalyptus 系统[EB/OL]．http:// eucalyptus.cs.ucsb.edu/．

[9]　Nimbus 系统[EB/OL]．http://workspace.globus.org/．

[10]　Tashi 系统[EB/OL]．http://wiki.apache.org/incubator/TashiProposal．

[11]　Enomalism 系统[EB/OL]．http://www.enomaly.com/．

[12]　RESERVOIR 项目[EB/OL]．http://www.reservoir-fp7.eu．

[13]　Hadoop[EB/OL]．http://hadoop.apache.org/core/．

[14]　马维华编著．嵌入式系统原理及应用．北京：北京邮电大学出版社，2006．

[15]　田泽编著．嵌入式系统开发与应用教程．北京：北京航空航天大学出版社，2005．

[16]　宁焕生，张彦．RFID 与物联网——射频、中间件、解析与服务．北京：电子工业出版社，2008．

[17]　甘勇，郑富娥，吉星，等．RFID 中间件关键技术研究．电子技术应用，2007，9:130-132．

[18]　李宁，等．Java Web 开发技术大全——JSP+Servlet+Struts2+Hibernate+Spring+AJAX．北京：清华大学出版社，2009．

[19]　林桂杰．构建 Web2.0．中国计算机学会通讯， 2007，3(8): 58-61．

[20]　Robert W. Sebesta．Programming the World Wide Web．北京：机械工业出版社，2003．

[21]　费雷德里克．智能手机 Web 标准开发实战．杨小冬，译．北京：清华大学出版社，2010．

[22]　Robert Orfali，Dan Harkey．Java 与 CORBA 客户/服务器编程．北京：电子工业出版社，2004．

[23]　郑阿奇．J2EE 应用实践教程．北京：电子工业出版社，2009．

[24]　[英]艾荷南，[芬]巴雷特．3G 服务：创建杀手级应用．北京：清华大学出版社，2011．

[25]　黄东魏．3G 终端及业务技术．北京：机械工业出版社，2009．

[26]　Don Box．COM 本质论．北京：中国电力出版社，2001．

[27]　韩兵．现场总线系统监控与组态软件．北京：化学工业出版社，2008．

[28]　[荷]帕派佐格罗．Web 服务：原理和技术．龚玲，等译．北京：机械工业出版社，2010．

[29]　李剑．大规模 Web 服务开发技术．北京：电子工业出版社，2011．

[30]　宁焕生．RFID 重大工程与国家物联网（第二版）．北京：机械工业出版社，2010．

第 9 章

物联网安全技术

从信息与网络安全的角度来看，物联网作为一个多网的异构融合网络，存在着与传感器网络、移动通信网络和因特网同样的安全问题[1~4]，同时还有其特殊性，如隐私保护问题[5]、异构网络的认证与访问控制问题[6]、信息的存储与管理等。因此物联网的安全问题[7]可以看成网络安全与信息安全在新的应用背景下的一种延展。

9.1　物联网面临的安全问题

9.1.1　从信息处理过程看物联网安全

从物联网的信息处理过程来看，感知信息经过了采集、汇聚、融合、传输、决策与控制等过程，因此，我们首先从物联网的整个信息处理过程来看其所面临的安全问题[8]。

1. 感知网络安全

感知网络中信息采集和传输中的安全问题，包括感知节点的本地安全，以及感知信息的传输安全。由于物联网的应用[9]可以取代人来完成一些复杂、危险和机械的工作[10~12]，物联网机器/感知节点，包括射频识别（RFID）装置、红外感应器、全球定位系统、激光扫描器、传感器节点[13]等信息传感设备等，多数部署在无人监控的场景中，如用于野外环境监测[14]的传感器节点等。攻击者可能会接触到这些设备，对它们造成破坏，甚至通过本地操作更换感知节点的软/硬件等。如何确保感知节点的安全可靠性是感知网络安全的一个重要的问题。

另一方面，在感知信息的传输中，由于感知节点通常情况下功能简单（如自动温度计）、携带的能量少（使用电池），使得它们无法拥有复杂的安全保护能力，无法完成复杂的加密、解密操作，这使得感知信息在传递过程中容易遭到窃听、篡改、伪造等。同时由于感知网络多种多样，从温度测量到水文监控，从道路导航到自动控制，它们的数据传输和消息也没有特定的标准，所以很难提供统一的安全保护体系。

感知网络是物联网络的信息采集和获取的部分，是物联网应用最基础的数据来源部分，因此这些采集点本身要能够被认证，确保不是非法的节点。同时为了应对节点被敌手控制，需要建立一定的信任机制，以检测恶意节点。另外传感网络在信息传递过程中还需要保证数据的机密性、完整性。目前从感知网的应用来看，以 RFID 和传感器节点为主，我们将在 9.2 节和 9.3 节详细论述这两种感知节点应用中的安全问题和相关安全技术。

2. 核心网络安全

核心网络是指接收到感知信息后负责将感知信息传输到业务处理系统的通信网络，包括了传统意义上的有线网络、GSM、WCDMA 及 3G/4G 网络[15]等。相对而言，核心网络的安全问题已有很多研究，并且有了较为成熟的传统安全解决方案，包括网络认证、加密保护、数字签名、入侵检测、防火墙、内容信息过滤等。

但是物联网的应用又带来了一些新的安全问题。例如，由于物联网中节点数量庞大，且以集群的方式存在，因此更加容易导致数据在传播时，由于大量机器的数据发送使网络拥塞，产生拒绝服务攻击[16]。同时，异构网络的信息交换将成为安全性的脆弱点，特别是在网络认证方面，难免存在中间人攻击和其他类型的攻击（如异步攻击、合谋攻击等），这些攻击都需要有更高的安全防护措施。

初步分析认为，物联网传输层将会遇到下列安全挑战：

- DOS 攻击、DDOS 攻击；
- 假冒攻击、中间人攻击等；
- 跨异构网络的网络攻击。

因此针对物联网核心层的安全架构[17]主要包括如下几个方面：

- 节点认证、数据机密性、完整性、数据流机密性、DDOS 攻击的检测与预防；
- 移动网中 AKA 机制的一致性或兼容性、跨域认证和跨网络认证（基于 IMSI）；
- 相应密码技术，密钥管理（密钥基础设施 PKI 和密钥协商）、端对端加密，以及节点对节点加密、密码算法和协议等；
- 组播和广播通信的认证性、机密性和完整性安全机制。

3. 支撑业务平台安全

支撑物联网的业务平台是接收感知信息并进行存储、处理的系统。目前，由于物联网仍处于发展的初级阶段，主要围绕 M2M 的业务[18]应用展开，各业务应用和管理平台仍处于孤立和垂直的状态，相对比较零散。进一步的发展要求不同行业平台之间实现互连互通、协同处理，实现物联网业务的规模化运营。

目前国内外知名的运营企业纷纷开始尝试建设统一的物联网业务运营支撑平台，包括国外 Orange、Vodafone、Telenor、AT&T，以及国内中国移动、中国电信[15]等。但随着物联网相关技术和业务的快速发展[4]，前期提出的一些建设思路均在不同方面出现了局限性，无法全面满足物联网的发展需求。例如，法国 Orange 的 M2M 平台目前没有实现端到端的安全保障，没有与 BSS/OSS 进行对接。Telenor 针对每个物联网业务仍采用独立的网络平台和业务平台，还无法实现统一管理和运营，同时缺乏对云计算[19]能力的考虑。在国内，中国移动和中国电信的平台目前仅用于满足有限的 M2M 业务支撑需求，虽然考虑逐步满足物联网的应用的接入，但规划中仍缺少对海量计算和海量存储的支持。

从传感器网络接入平台的需求来看，主要集中在安全接入和标准化接入两个主要方面。一是安全接入方面，由于传感器大部分都是无人值守并且长期持续工作的，所以运营支撑平台必须充分考虑对传感器的安全性进行即时监测。首先，在保证传感器自身遵循安全的设计前提下，平台必须对传感器自身的健康程度进检测并及时告警。其次，传感器持续或者间歇地回传大量的数据信息，平台必须保证传感器与业务系统之间的信息交互的安全性。二是标准化接入方面，由于目前缺少统一的通信协议，造成的多个行业和多个厂家的传感器终端无法统一接入运营商的网络及业务平台，无法实现传感终端的统一认证和管理。目前，中国移动推出了 WMMP 协议[18]、中国电信相应推出了 MDMP 协议，分别用于规范在各自平台上接入的终端设备。

从支撑平台运营的自身需求来看，首先，物联网业务运营支撑平台能够对原有语音、彩信、短信等电信业务能力进行封装，提供开放接口，从而降低业务创新的难度。其次，平台需要具备透明的认证鉴权、接入计费、网管、业务支撑等功能，同时为所有的物联网业务者提供统一的运营维护、管理界面。再次，平台必须提供不同行业应用系统、社会公共服务系统（120、110 和 119 等）的接入，实现行业信息的整合，提供大量数据的存储、分析和挖掘，具有云计算的能力。还有，该平台需要具有开放、灵活、异构的架构，不但能够与传感器网络、移动接入及宽带接入网络等无缝集成，而且能够与现有的运营商已有的承载网和业务网无缝集成，平台具备可扩展性、易融合性等。此外，平台还必须具备完善的管理能力，实现统一的合作伙伴（SP）的管理、统一的用户管理、统一的业务产品管理、统一的订购管理、统一的认证授权管理等。

从业务提供者的角度，希望专注于业务应用的开发，关注业务数据和业务流程的处理，期望简单、快速的业务开发环境，不希望分散精力处理不同的传感器、不同的电信能力，以及不同的门户系统。首先，平台需要对提交的物联网业务开发需求，自动匹配适合的传感器资源，并对经传感器与业务平台进行对应登记注册。其次，提供标准的开发接口，开发传感器与平台的交互界面，编写详细的数据上传、下载、存储及其他等业务交互流程，并根据需要，激活诸如语音、视频、短信、计费、网管、故障、告警等其他的工作。

从物联网业务的使用者角度，由于物联网本身具有的复杂性、普遍性，因此每个用户可能有多个物联网应用、有多种方式接入，客户希望可以像使用水和电一样方便地接入、使用物联网业务，有自己的业务申请注册管理界面，有自己的费用结算、充值划账界面，有自己的鉴权管理、委托管理、查询统计、多种提醒等功能。

综上所述，未来的物联网支撑平台提供业务提供者、业务使用者和多终端的接入，是服务请求递交、信息存储与处理的核心。从安全的角度来说，主要涉及接入认证（包括业务、用户和终端的接入认证）、安全管理（包括计费、安全审计、网络管理、故障和告警）、海量信息存储与处理、并行计算的安全等，目标是为上层服务管理和大规模行业应用建立起一个高效、可靠和可信的系统。

4. 应用层安全

应用层设计的是综合的或有个体特性的具体应用业务，它所涉及的某些安全问题是通过前面几个逻辑层的安全解决方案可能仍然无法解决的。在这些问题中，隐私保护[20]就是典型的一种。无论感知层、传输层还是业务支撑层，都不涉及隐私保护的问题，但它却是一些特殊应用场景的实际需求，即应用层的特殊安全需求。物联网的数据共享有多种情况，涉及不同权限的数据访问。此外，在应用层还将涉及知识产权保护、计算机取证、计算机数据销毁等安全需求[7,21]和相应技术。

应用层的安全挑战和安全需求主要来自下述几个方面：

- 如何根据不同访问权限对同一数据库内容进行筛选；
- 如何提供用户隐私信息保护，同时又能正确认证；
- 如何解决信息泄漏追踪问题；
- 如何进行计算机取证；
- 如何销毁计算机数据；
- 如何保护电子产品和软件的知识产权。

由于物联网需要根据不同应用需求对共享数据分配不同的访问权限，而且不同权限访问同一数据可能得到不同的结果。例如，道路交通监控视[12]频数据在用于城市规划时只需要很低的分辨率即可，因为城市规划需要的是交通堵塞的大概情况；当用于交通管制时就需要清晰一些，因为需要知道交通实际情况，以便能及时发现哪里发生了交通事故，以及交通事故的基本情况等；当用于公安侦查时可能需要更清晰的图像，以便能准确识别汽车牌照等信息。因此如何以安全方式处理信息是应用中的一项挑战。

随着个人和商业信息的网络化，越来越多的信息被认为是用户的隐私信息，需要隐私保护的应用至少包括如下几种：

- 移动用户既需要知道（或被合法知道）其位置信息，又不愿意非法用户获取该信息。

- 用户既需要证明自己合法使用某种业务，又不想让他人知道自己在使用某种业务，如在线游戏。
- 病人急救时需要及时获得该病人的电子病历信息，但又要保护该病历信息不被非法获取，包括病历数据管理员。事实上，电子病历数据库的管理人员可能有机会获得电子病历的内容，但隐私保护采用某种管理和技术手段使病历内容与病人身份信息在电子病历数据库中无关联。
- 许多业务需要匿名性，如网络投票。

很多情况下，用户信息是认证过程的必须信息，如何对这些信息提供隐私保护，是一个具有挑战性的问题，但又是必须要解决的问题。例如，医疗病历的管理系统需要病人的相关信息来获取正确的病历数据，但又要避免该病历数据跟病人的身份信息相关联。在应用过程中，主治医生知道病人的病历数据，这种情况下对隐私信息的保护具有一定困难性，但可以通过密码技术手段掌握医生泄漏病人病历信息的证据。

在使用互联网的商业活动中，特别是在物联网环境的商业活动中，无论采取了什么技术措施，都难免恶意行为的发生。如果能根据恶意行为所造成后果的严重程度给予相应的惩罚，那么就可以减少恶意行为的发生。技术上，这需要搜集相关证据，因此，计算机取证就显得非常重要。当然这有一定的技术难度，主要是因为计算机平台种类太多，包括多种计算机操作系统、虚拟操作系统、移动设备操作系统等。与计算机取证相对应的是数据销毁。数据销毁的目的是销毁那些在密码算法或密码协议实施过程中所产生的临时中间变量，一旦密码算法或密码协议实施完毕，这些中间变量将不再有用。但这些中间变量如果落入攻击者手里，可能为攻击者提供重要的参数，从而增大攻击成功的可能性。因此，这些临时中间变量需要及时、安全地从计算机内存和存储单元中删除。计算机数据销毁技术不可避免地会被计算机犯罪提供证据销毁工具，从而增大计算机取证的难度。因此如何处理好计算机取证和计算机数据销毁这对矛盾是一项具有挑战性的技术难题，也是物联网应用中需要解决的问题。

另外，由于物联网的主要市场将是商业应用[18]，在商业应用中存在大量需要保护的知识产权产品，包括电子产品和软件等。在物联网的应用中，对电子产品的知识产权保护将会提高到一个新的高度，对应的技术要求也是一项新的挑战。

基于上述物联网综合应用层的安全挑战和安全需求，需要如下的安全机制：

- 有效的数据库访问控制和内容筛选机制；
- 不同场景的隐私信息保护技术；
- 叛逆追踪和其他信息泄漏追踪机制；
- 有效的计算机取证技术；
- 安全的计算机数据销毁技术；

安全的电子产品和软件的知识产权保护技术。

针对这些安全架构，需要发展相关的密码技术，包括访问控制、匿名签名、匿名认证、密文验证（包括同态加密）、门限密码、叛逆追踪、数字水印和指纹技术等。

综上，物联网各层次的安全需求和技术如表9.1所示。

表9.1 物联网不同层次所涉及的安全需求和技术

应用层	① 有效的数据库访问控制和内容筛选机制； ② 不同场景的隐私信息保护技术； ③ 叛逆追踪和其他信息泄漏追踪机制； ④ 有效的计算机取证技术，审计技术； ⑤ 安全的计算机数据销毁技术； ⑥ 安全的电子产品和软件的知识产权保护技术
业务支撑 处理层	① 可靠的认证机制和密钥管理方案； ② 高强度数据机密性和完整性服务； ③ 入侵检测和病毒检测； ④ 恶意指令分析和预防，访问控制及灾难恢复机制； ⑤ 保密日志跟踪和行为分析，恶意行为模型的建立； ⑥ 密文查询、秘密数据挖掘、安全多方计算、安全云计算技术等； ⑦ 移动设备文件（包括秘密文件）的可备份和恢复； ⑧ 移动设备识别、定位和追踪机制
核心 网络层	① 数据机密性：需要保证数据在传输过程中不泄漏其内容； ② 数据完整性：需要保证数据在传输过程中不被非法篡改，或非法篡改的数据容易被检测出； ③ DDOS攻击的检测与预防； ④ 移动网中认证与密钥协商（AKA）机制的一致性或兼容性、跨域认证和跨网络认证（基于IMSI）：不同无线网络所使用的不同AKA机制对跨网认证带来不利
感知层	① 机密性：密钥部署与管理； ② 密钥协商：通信前预先协商会话密钥； ③ 节点认证：确保非法节点不能接入； ④ 信誉评估：一些重要传感网需要对可能被敌手控制的节点行为进行评估，以降低敌人入侵后的危害（某种程度上相当于入侵检测）； ⑤ 安全路由：几乎所有传感网内部都需要不同的安全路由技术

9.1.2 从安全性需求看物联网安全

从保护要素的角度来看，物联网的保护要素仍然是机密性、完整性、可用性、可鉴别性与可控性。

信息隐私是物联网信息机密性的直接体现，如感知终端的位置信息是物联网的重要信息资源之一，也是需要保护的敏感信息。另外在数据处理过程中同样存在隐私保护问题，如基于数据挖掘的行为分析等等，要建立访问控制机制，控制物联网中信息采集、传递和查询等操作，不会由于个人隐私或机构秘密的泄漏而造成对个人或机构的伤害。信息的加密是实现机密性的重要手段，由于物联网的多源异构性，使密钥管理显得更为困难，特别是对感知网络的密钥管理是制约物联网信息机密性的瓶颈。9.3 节将对无线传感网络的密钥管理进行介绍。

物联网的信息完整性和可用性贯穿物联网数据流的全过程，网络入侵、拒绝攻击服务、Sybil 攻击、路由攻击等都使信息的完整性和可用性受到破坏。同时物联网的感知互动过程也要求网络具有高度的稳定性和可靠性，物联网是与许多应用领域的物理设备相关联，要保证网络的稳定可靠，如在仓储物流应用领域，物联网必须是稳定的，要保证网络的连通性，不能出现互联网中电子邮件时常丢失等问题，不然无法准确地检测进库和出库的物品。

可鉴别性是要构建完整的信任体系来保证所有的行为、来源、数据的完整性等都是真实可信的；可控性是物联网最为特殊的地方，是要采取措施来保证物联网不会因为错误而带来控制方面的灾难，包括控制判断的冗余性、控制命令传输渠道的可生存性、控制结果的风险评估能力等。

总之，物联网要解决的安全问题既包含了现有通信网、互联网中依然存在的安全问题，又包括了物联网自身特色所面临的特殊需求，如隐私问题、可控性问题、感知网络的安全性问题等[22]。从保障物联网安全的技术来说，现有的安全技术可以在一定程度保障物联网部分的应用安全，同时也在很多方面面临着新的挑战。图 9.1 所示为物联网安全技术架构[23]，可以看出，信息安全的核心技术仍然是以密码学为基础的，随着物联网的发展，除了现有互联网上广泛使用的结合公钥的 PKI 公钥基础设施，面向感知终端的要求，需要进一步研究轻量级高效安全的加密和密钥管理机制[24]，对应于终端认证和感知信息加密传输的要求，

应用环境安全技术
可信终端、身份认证、访问控制、安全审计等
网络环境安全技术
无线网络安全、虚拟专用网、传输安全、安全路由、防火墙、安全域策略、安全审计等
信息安全防御关键技术
攻击监测、内容分析、病毒防治、访问控制、应急反应、战略预警等
信息安全基础核心技术
密码技术、调整密码芯片、PKI公钥基础设施、信息系统平台安全等

图 9.1　物联网安全技术架构

需要研究高效的密码算法和高速密码芯片。另外，互联网上的 DDOS 攻击本身就难以防范，由于大量物理终端的引入，物联网的应用可能使这一问题更为突出，需要进一步研究 DDOS 攻击检测与防御技术。针对应用层的数据隐私保护，需加强身份认证和访问控制，同时为了达到泄密追踪和取证的目的，需要加强安全审计的内容。目前物联网的发展[25]还是初级阶段，关于物联网的安全研究任重而道远。

9.2　RFID 系统的安全问题

无线射频识别（RFID）是一种远程存储和获取数据的方法，其中使用了一个称为标签（Tag）的小设备。在典型的 RFID 系统中，每个物体装配着这样一个小的、低成本的标签。系统的目的就是使标签发射的数据能够被阅读器读取，并根据特殊的应用需求由后台服务器进行处理。标签发射的数据可能是身份、位置信息，或携带物体的价格、颜色、购买数据等。RFID 标签[26]被认为是条码的替代，具有体积小、易于嵌入物体中、无须接触就能大量地进行读取等优点。另外，RFID 标识符较长，可使每一个物体具有一个唯一的编码，唯一性使得物体的跟踪成为可能。该特征可帮助企业防止偷盗、改进库存管理、方便商店和仓库的清点。此外，使用 RFID 技术，可极大地减少消费者在付款柜台前的等待时间。

虽然 RFID 将为人类生活带来极大的便利性，但目前 RFID 尚未有一套标准的安全技术，若数据未经加密或者没有完善的存取控制，便可运用相关技术，任意读取标签上的数据，甚至修改、写入数据，造成标签上的数据外泄，成为 RFID 应用时的安全议题。例如，用户如果带有不安全标签的产品，则在用户没有感知的情况下，会被附近的阅读器读取，从而泄漏个人的敏感信息，如金钱、药物（与特殊的疾病相关联）、书（可能包含个人的特殊喜好）等，也可能暴露用户的位置隐私，使用户被跟踪。

9.2.1　RFID 的安全和隐私问题

1. 针对 RFID 的主要攻击方式

若是标签没有存取控制机制，攻击者只要有相同规格的写入器，并且在标签的可写入范围内，就能够任意地修改并写入卷标内的数据，造成卷标数据遭窜改或伪造的安全问题

具体而言，针对 RFID 系统的主要安全攻击可简单地分为主动攻击和被动攻击两种类型。

主动攻击包括：

（1）从获得的 RFID 标签实体，通过物理手段在实验室环境中去除芯片封装，使用微探针获取敏感信息，进而进行目标 RFID 标签的重构，可以假冒成合法的身份，通过读取器

的验证，以达成攻击者之目的。

（2）攻击者也可能实施重放攻击，即监听搜集合法标签的信息，当读取器查询标签时，将这些信息重新送回给读取器，通过读取器的验证。

（3）通过软件，利用微处理器的通用通信接口扫描 RFID 标签和响应阅读器的探询，寻求安全协议、加密算法及其实现的弱点，进而删除 RFID 标签内容或篡改可重写 RFID 标签内容。

（4）通过干扰广播、阻塞信道或其他手段，产生异常的应用环境，使合法处理器产生故障、出现拒绝服务攻击等。

被动攻击主要包括：

（1）通过采用窃听技术，分析微处理器正常工作过程中产生的各种电磁特征，来获得 RFID 标签和阅读器之间或其他 RFID 通信设备之间的通信数据。

（2）通过阅读器等窃听设备，未经授权读取 RFID 标签信息，跟踪商品流通动态等。

主动攻击和被动攻击都会使 RFID 应用系统承受巨大的安全风险。主动攻击通过物理或软件方法篡改标签内容，以及通过删除标签内容及干扰广播、阻塞信道等方法来扰乱合法处理器的正常工作，是影响 RFID 应用系统正常使用的重要安全因素。尽管被动攻击不改变 RFID 标签中的内容，也不影响 RFID 应用系统的正常工作，但它是获取 RFID 信息、个人隐私和物品流通信息的重要手段，也是 RFID 系统应用的重要安全隐患。

2．RFID 系统的隐私问题

通常认为 RFID 系统面临更加严峻的隐私保护问题，即标签信息泄漏和利用标签的唯一标识符进行的恶意跟踪。信息泄漏是指暴露标签发送的信息，该信息包括标签用户或者识别对象的相关信息。例如，当 RFID 标签应用于图书馆管理时，攻击者可能可以获取读者的读书信息。当 RFID 标签应用于医院处方药物管理时，很可能暴露药物使用者的病理，隐私侵犯者可以通过扫描服用的药物推断出某人的健康状况。当个人信息，如电子档案、生物特征添加到 RFID 标签里时，标签信息泄漏问题便会极大地危害个人隐私。例如，美国原计划 2005 年 8 月在入境护照上装备电子标签的计划因为考虑到信息泄漏的安全问题而被推迟。

通常情况下，标签不需包含和传输大量的信息，只需要传输简单的标识符，用于访问数据库获得目标对象的相关数据和信息。因此，攻击者可通过标签传输的固定标识符实施跟踪，即使标签进行加密后不知道标签的内容，仍然可以通过固定的加密信息跟踪标签。也就是说，人们可以在不同的时间和不同的地点识别标签，获取标签的位置信息。这样，攻击者可以通过标签的位置信息获取标签携带者的行踪，如得出他的工作地点，以及到达

和离开工作地点的时间。

虽然利用其他的一些技术,如视频监视、全球移动通信系统(GSM)、蓝牙等,也可进行跟踪。但是,RFID 标签识别装备相对低廉,特别是 RFID 进入老百姓日常生活以后,拥有阅读器的人都可以扫描并跟踪他人。而且,被动标签信号不能切断,尺寸很小极易隐藏,使用寿命长,可自动识别和采集数据,从而使恶意跟踪更容易。

从协议层次来看,RFID 系统根据分层模型可划分为三层:应用层、通信层和物理层,如图 9.2 所示。

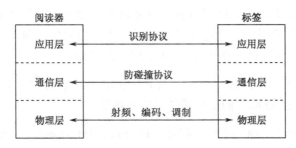

图 9.2　RFID 的层次模型

由于协议的一些特点,使得恶意跟踪成为可能,跟踪可分别在此三个层次内进行。

应用层处理的是用户定义的信息,如标识符。为了保护标识符,可在传输前变换该数据,或仅在满足一定条件时传送该信息。标签识别、认证等协议在该层定义,该层中,通过标签标识符进行跟踪是目前的主要攻击手段。因此,相应的安全解决方案要求每次识别时改变由标签发送到阅读器的信息,此信息是标签标识符,或者是它的加密值。

通信层定义阅读器和标签之间的通信方式,防碰撞协议和特定标签标识符的选择机制在该层定义。防碰撞协议分为两类:确定性防碰撞协议和概率性防碰撞协议。确定性防碰撞协议基于标签唯一的静态标识符,对手可以轻易地追踪标签。为了避免跟踪,标识符需要是动态的。然而,如果标识符在单一化过程中被修改,便会破坏标签单一化。因此,标识符在单一化会话期间不能改变。为了阻止被跟踪,每次会话时应使用不同的标识符。但是,恶意的阅读器可让标签的一次会话处于开放状态,使标签标识符不改变,从而进行跟踪。概率性防碰撞协议也存在这样的跟踪问题。另外,概率性防碰撞协议,如 Aloha 协议,不仅要求每次改变标签标识符,而且要求是完美的随机化,以防止恶意阅读器的跟踪。

物理层定义了物理空中接口,包括频率、传输调制、数据编码、定时等。在阅读器和标签之间交互的物理信号使对手在不理解所交换的信息的情况下也能区别标签或标签集,依据此进行跟踪。

同时,由于无线传输参数遵循已知标准,使用同一标准的标签发送非常类似的信号,使用不同标准的标签发送的信号很容易被区分。可以想象，几年后，我们可能携带嵌有标签的许多物品在大街上行走，如果使用几个标准，每个人可能带有特定标准组合的标签，这类标准组合使对人的跟踪成为可能。该方法特别地利于跟踪某些类型的人，如军人或安全保安人员。类似地，不同无线指纹的标签组合，也会使跟踪成为可能。

3. RFID 的安全威胁

RFID 应用广泛，可能引发各种各样的安全问题。在一些应用中，非法用户可利用合法阅读器或者自构一个阅读器对标签实施非法接入，造成标签信息的泄漏。在一些金融和证件等重要应用中，攻击者可篡改标签内容，或复制合法标签，以获取个人利益或进行非法活动。在药物和食品等应用中，伪造标签，进行伪劣商品的生产和销售。实际中，应针对特定的 RFID 应用和安全问题，分别采取相应的安全措施。

下面，根据 EPCglobal 标准组织定义的 EPCglobal 系统架构[16,28]和一条完整的供应链，纵向和横向分别描述 RFID 面临的安全威胁和隐私威胁。

（1）EPCglobal 系统的纵向安全和隐私威胁分析。EPCglobal 是全球具有较大影响力的行业性 RFID 标准化组织，由美国统一代码协会（UCC）和国际物品编码协会（EAN）于 2003 年 9 月共同成立，其主要职责是在全球范围内对各个行业建立和维护 EPCglobal 网络，保证供应链各环节信息的自动、实时识别，采用全球统一标准。

EPCglobal 系统架构和所面临的安全威胁如图 9.3 所示，主要由标签、阅读器、电子物品编码（EPC）中间件、电子物品编码信息系统（EPCIS）、物品域名服务（ONS），以及企业的其他内部系统组成。其中 EPC 中间件主要负责从一个或多个阅读器接收原始标签数据，过滤重复等冗余数据；EPCIS 主要保存一个或多个 EPCIS 级别的事件数据；ONS 主要负责提供一种机制，允许内部、外部应用查找 EPC 相关 EPCIS 数据。

从下到上，可将 EPCglobal 整体系统划分为 3 个安全域：标签和阅读器构成的无线数据采集区域构成的安全域、企业内部系统构成的安全域、企业之间和企业与公共用户之间供数据交换和查询网络构成的安全区域。个人隐私威胁主要可能出现在第一个安全域，即标签、空中无线传输和阅读器之间，有可能导致个人信息泄漏和被跟踪等。另外，个人隐私威胁还可能出现在第三个安全域，如果 ONS 的管理不善，也可能导致个人隐私的非法访问或滥用。安全与隐私威胁存在于如下各安全域。

标签和阅读器构成的无线数据采集区域构成的安全域。可能存在的安全威胁包括标签的伪造、对标签的非法接入和篡改、通过空中无线接口的窃听、获取标签的有关信息，以及对标签进行跟踪和监控。

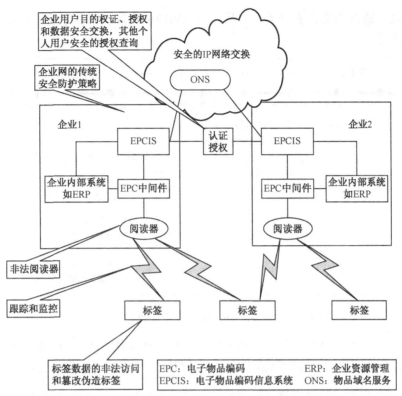

图 9.3　EPCglobal 系统架构和面临的安全威胁与隐私威胁

　　企业内部系统构成的安全域。企业内部系统构成的安全域存在的安全威胁与现有企业网一样，在加强管理的同时，要防止内部人员的非法或越权访问与使用，还要防止非法阅读器接入企业内部网络。

　　企业之间和企业与公共用户之间供数据交换和查询网络构成的安全区域。ONS 通过一种认证和授权机制，以及根据有关的隐私法规，保证采集的数据不被用于其他非正常目的的商业应用和泄漏，并保证合法用户对有关信息的查询和监控。

　　（2）供应链的横向安全和隐私威胁分析。一个较完整的供应链及其面对的安全与隐私威胁如图 9.4 所示，包括供应链内、商品流通和供应链外 3 个区域，具体包括商品生产、运输、分发中心、零售商店、商店货架、付款柜台、外部世界和用户家庭等环节。图中前 4 个威胁为安全威胁，后 7 个威胁为隐私威胁。

　　① 工业间谍威胁。从商品生产出来到售出之前各环节，竞争对手可容易地收集供应链数据，其中某些涉及产业的最机密信息。例如，攻击者可以利用阅读器在远程读取竞争对手仓库的标签，以收集竞争对手仓库的存货数量或商品信息，甚至取得机密数据。营销竞

争对手可从几个地方购买竞争对手的产品，在商店内或在卸货时读取标签，监控这些产品的位置补充情况。

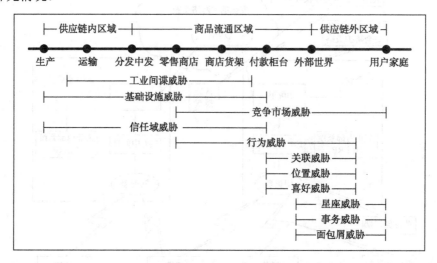

图 9.4　供应链组成和面临的安全威胁与隐私威胁

② 竞争市场威胁。从商品到达零售商店直到用户在家使用等环节，携带着标签的物品使竞争者可容易地获取消费者购物偏好信息，可利用这些信息进行营销竞争。

③ 基础设施威胁。基础设施威胁包括从商品生产到付款柜台售出等整个环节，攻击者可以使用特殊设备，持续发送无线射频信号，来干扰标签或读取器，导致标签跟读取器无法正常进行通信，从而导致 RFID 系统瘫痪，属于拒绝服务（Denial of Service，DoS）攻击。当 RFID 成为一个企业基础设施的关键部分时，这种通过阻塞无线信号的攻击方式，可使企业基础设施遭到新的拒绝服务攻击。

另外由于标签上有内存可用来储存额外信息，若恶意的使用者用来存放与传播恶意的编码，将可能影响读取器的正常存取功能。国外已有研究指出，攻击者可在标签植入恶意 SQL 语法进行 SQL Injection 攻击，造成后端系统中毒，并可感染其他正常标签，再通过受感染之卷标感染其他后端系统。

④ 信任域威胁。信任域威胁包括从商品生产到付款柜台售出等整个环节，由于 RFID 系统的使用，需要在各环节之间共享大量的电子数据。例如，标签的相关信息会在上下游厂商之间通过网络的方式共享，而此共享的管道即有可能受到攻击者的入侵，某个不适当的共享机制将提供新的攻击机会，因此公司需要对信息系统可信赖的边界重新界定。

个人隐私通常是指消费者的身份隐私、购物隐私和行踪隐私。

针对身份隐私可能存在的威胁包括关联威胁（Association Threat）、星座威胁

（Constellation Threat）、面包屑威胁（Breadcrumb Threat）。

若标签具有一个唯一识别的信息，则此识别信息将会与标签的持有者产生关联。例如，消费者 A 持有一识别信息为 123 的标签，当读取器读取到标签 123，则可推测为消费者 A。

星座威胁则是指若消费者携有数个以上的标签，这群标签也可能与此消费者产生关联，若读取器一直读取到同一群标签，则可推测是某消费者。

面包屑威胁是由关联威胁所延伸出的，因为标签的识别信息可与持有者产生关联，如果持有者的标签遭窃或丢弃，可能会被利用来假冒原先持有者的身份，进行不法行为。

购物隐私主要是指消费者的购物行为、购物爱好及交易行为。针对购物隐私，可能存在的威胁包括行为威胁（Action Threat）、偏好威胁（Preference Threat）、交易威胁（Transaction Threat）。

个体（消费者）的动作、行为及意图可以通过观察标签的动态来推测。例如，某个卖场智慧货架上高价商品的卷标信号突然消失，卖场即可推测是否有消费者想进行偷窃。

由于标签上可能记载着商品的相关信息，如商品种类、品牌和尺寸等，可以由标签上的信息来推测消费者的购物偏好。

当某群卷标中的其中一个标签，转移到另一群标签中，则可推测这两群标签的持有者有进行交易的可能性。

个人隐私中的位置隐私也可能遭受到威胁，由于标签具有一个唯一识别的信息，且标签的读取具有一定的范围，若在特定的位置放置秘密的阅读器，可以通过标签来追踪商品或消费者的位置。

9.2.2 RFID 安全解决方案

1. 技术解决方案

RFID 安全和隐私保护与成本之间是相互制约的。根据自动识别（Auto-ID）中心的试验数据，在设计 5 美分标签时，集成电路芯片的成本不应该超过 2 美分，这使集成电路门电路数量限制在了 7500～15000。一个 96 位的 EPC 芯片需要 5000～10000 的门电路，因此用于安全和隐私保护的门电路数量不能超过 2500～5000，使得现有密码技术难以应用。优秀的 RFID 安全技术解决方案应该是平衡安全、隐私保护与成本的最佳方案。

从上述安全攻击行为来看，RFID 不安全的原因主要是由于非授权的读取 RFID 信息造成的，针对这个问题，现有的 RFID 安全和隐私技术主要侧重于 RFID 信息的保护，包括授权访问可以分为两大类：一类是通过物理方法阻止标签与阅读器之间通信，另一类是通过逻辑方法增加标签安全机制。

物理方法包括杀死标签、法拉第网罩、主动干扰、阻挡标签等。

（1）杀死（Kill）标签。原理是使标签丧失功能，从而阻止对标签及其携带物的跟踪，如在超市买单时的处理。但是，Kill 命令使标签失去了它本身应有的优点，如商品在卖出后，标签上的信息将不再可用，不便于日后的售后服务，以及用户对产品信息的进一步了解。另外，若 Kill 识别序列号（PIN）一旦泄露，可能导致恶意者对超市商品的偷盗。

（2）法拉第网罩（Faraday Cage）。根据电磁场理论，由传导材料构成的容器，如法拉第网罩可以屏蔽无线电波，使得外部的无线电信号不能进入法拉第网罩，反之亦然。把标签放进由传导材料构成的容器可以阻止标签被扫描，即被动标签接收不到信号，不能获得能量，主动标签发射的信号不能发出。因此，利用法拉第网罩可以阻止隐私侵犯者扫描标签获取信息。例如，当货币嵌入 RFID 标签后，可利用法拉第网罩原理阻止隐私侵犯者扫描，避免他人知道你包里有多少钱。"静电屏蔽"可以对标签进行屏蔽，使之不能接收任何来自标签读写器的信号，但需要一个额外的物理设备，既造成了不便，也增加了系统的成本。

（3）主动干扰。主动干扰无线电信号[29]是另一种屏蔽标签的方法。标签用户可以通过一个设备主动广播无线电信号用于阻止或破坏附近的 RFID 阅读器的操作。但这种方法可能会导致非法干扰，使附近其他合法的 RFID 系统受到干扰，严重的是，它可能阻断附近其他无线系统。

（4）阻挡标签（Blocker Tag）。使用一种特殊设计的标签，称为阻挡标签，这种标签会持续对读取器传送混淆的信息，由此阻止读取器读取受保护的标签；但当受保护的标签离开阻挡标签的保护范围，则安全与隐私的问题仍然存在。

逻辑方法大部分是基于密码技术的安全机制。由于 RFID 系统中的主要安全威胁来自非授权的标签信息访问，因此这类方法在标签和阅读器交互过程中增加认证机制，对阅读器访问 RFID 标签进行认证控制。当阅读器访问 RFID 标签时，标签先发送标签标识给阅读器，阅读器查询标签密码后发送给标签，标签通过认证后再发送其他信息给阅读器。

（1）哈希锁方案（Hash-Lock）。Hash 锁是一种抵制标签未授权访问的安全与隐私技术。其原理是阅读器存储每个标签的访问密钥 K，对应标签存储的元身份（MetaID），其中 MetaID=Hash（K）。标签接收到阅读器访问请求后发送 MetaID 作为响应，阅读器通过查询获得与标签 MetaID 对应的密钥 K 并发送给标签，标签通过 Hash 函数计算阅读器发送的密钥 K，检查 Hash（K）是否与 MetaID 相同，相同则解锁，发送标签真实 ID 给阅读器。

该协议的优点是：成本较小，仅需一个 Hash 方程和一个存储的 MetaID 值，认证过程中使用对真实 ID 加密后的 MetaID。缺点是：对密钥进行明文传输，且 MetaID 是固定不变

的，不利于防御信息跟踪威胁。

（2）随机 Hash 锁方案。作为 Hash 锁的扩展，随机 Hash 锁方案，可以做到阅读器每次访问标签的输出信息都不同，解决了标签位置隐私问题。

随机 Hash 锁协议的认证过程如图 9.5 所示，标签在收到读写器的读写请求后，利用随机数发生器生成一随机数 R，并计算 H（ID||R），其中||表示将 ID 和 R 进行连接，并将（R，H（ID||R））数据对送至后台数据库。后台服务器数据库穷举搜索所有标签 ID 和 R 的 Hash 值，查询满足 H（ID′||R）=H（ID||R）的记录。若找到则将对应的 ID′ 发往标签，标签比较 ID 与 ID′ 是否相同，以确定是否解锁。

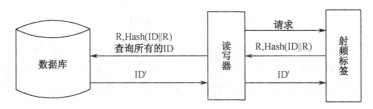

图 9.5　随机 hash 锁认证过程

该协议的优点是：认证过程中出现的随机信息避免了信息跟踪。缺点是：仍出现了 ID 的明文传输，易遭到窃听威胁。尽管 Hash 函数可以在低成本的情况下完成，但要集成随机数发生器到计算能力有限的低成本被动标签，却是很困难的。后台服务器数据库的解码操作是通过穷举搜索，需要对所有的标签进行穷举搜索和 Hash 函数计算，因此存在拒绝服务攻击的风险。

（3）Hash 链方案（Hash-Chain）。作为 Hash 方法的一个发展，为了解决可跟踪性，标签使用了一个 Hash 函数在每次阅读器访问后自动更新标识符，实现前向安全性。

Hash 链协议是基于共享秘密的询问-应答协议，认证过程如图 9.6 所示。在 Hash 链协议中，标签在每次认证过程中的密钥值是不断更新的，为避免跟踪，此协议采用了动态刷新机制。它的实现方法主要是在标签中加入了两个哈希函数模块 G 和 H。与 Hash-Lock 协议类似，在发放标签之前，需要将标签的 ID 和 $S_{L,1}$（$S_{L,1}$ 是标签初始密钥值，对每一个标签而言，它的值都是不同的）存于后端数据库中，并将 $S_{L,1}$ 存于标签随机存储器中。在安全方面，后端数据库从阅读器处接收到标签输出的 $a_{L,j}$，并且对数据库中（ID，$S_{L,1}$）列表的每个 $S_{L,1}$ 计算 $a_{L,j}*=G（H_{j-1}（S_{L,1}））$，检查 $a_{L,j}$ 与 $a_{L,j}*$ 是否相等。如果相等，就可以确定标签 ID。该方法满足了不可分辨和前向的安全特性。G 是单向方程，因此攻击者能够获得标签输出 $a_{L,j}$，但是不能从 $a_{L,j}$ 中获得 $S_{L,j}$。G 输出的是随机值，攻击者能够观测到标签输出，但不能把 $a_{L,j}$ 和 $a_{L,j+1}$ 联系起来。另外，H 也是单向函数，即使攻击者能够篡改标签并获得标签的秘密值，但仍然不能从 $S_{L,j+1}$ 中获得 $S_{L,j}$。也就是说，此协议对跟踪与窃听攻击有较好的防御能力。该协议具有不可分辨性及前向安全性的优点，但缺点是容易受到重传和假冒攻击，且计算量大，一旦标签规模扩大，后端服务器的计算负担将急剧增大，不适于标签数目较多的情况。

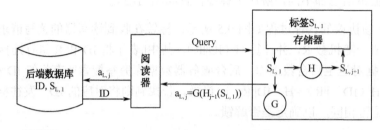

图 9.6　Hash 链协议认证过程

（4）重加密方案（Re-Encryption）。基于 Hash 函数的机制可实现标签和读写器的双向认证，能同时解决隐私和认证问题，但需要在标签内部实现 Hash 函数，增加了标签成本；另外在识别时，读写器需要搜索、匹配数据库中存储的标签秘密值，要求读写器在线连接数据库。

重加密技术是另一种 RFID 安全机制，它可重命名标签，使得攻击者无法跟踪和识别标签，从而保护用户隐私。重加密，顾名思义就是反复对标签名加密，重加密时，因采用公钥加密，大量的计算负载超出了标签的能力，通常这个过程由读写器来处理。读写器读取标签名，对其进行加密，然后写回标签中。重加密机制有如下的优点。

● 对标签要求低，加密和解密操作都由读写器执行，标签只不过是密文的载体。
● 保护隐私能力强，重加密不受算法运算量限制，一般采用公钥加密，抗破解能力强。
● 兼容现有标签，只要求标签具有一定可读写单元，现有标签已可实现。
● 读写器可离线工作，无须在线连接数据库。

该方案存在的最大缺陷是标签的数据必须经常重写，否则，即使加密标签 ID 固定的输出也将导致标签定位隐私泄漏。与匿名 ID 方案相似，标签数据加密装置与公钥加密将导致系统成本的增加，使得大规模的应用受到限制。并且经常地重复加密操作也给实际操作带来困难。

GSA. Juels 等最早将重加密技术应用于 RFID 安全中。为了跟踪欧元支票流，在欧元支票中嵌入 RFID 芯片。为了保护支票携带者的隐私，该系统要求除认证中心以外，任何机构都不能够识别标签 ID（支票的唯一序列号）。重加密时，重加密读写器以光学扫描方式获得支票上印刷的序列号，使用认证中心的公钥对序列号进行加密，然后写入 RFID 芯片。重加密采用 ElGamal 公钥加密，所以对于同一序列号每次可采用不同的随机数，加密结果（别名）不同。这样攻击者通过读取别名无法识别支票，但是具有私钥的认证中心可以解密别名识别支票。

2．法规、政策解决方案

除了技术解决方案以外，还应充分利用和制订完善的法规、政策，加强 RFID 安全和隐私的保护。2002 年，美国哈佛大学的 Garfinkel 提出了 RFID 系统创建和部署的五大指导原则，即 RFID 标签产品的用户具有如下权利：有权在购买产品时移除、失效或摧毁嵌入的 RFID 标签；有权对 RFID 做最好的选择，如果消费者决定不选择 RFID 或启用 RFID 的 Kill 功能，消费者不应丧失其他权利；有权知道他们的 RFID 标签内存储着什么信息，如果信息不正确，则有方法进行纠正或修改；有权知道何时、何地、为什么 RFID 标签被阅读。

RFID 标签已逐步进入我们的日常生产和生活当中，同时，也给我们带来了许多新的安全和隐私问题。由于对低成 RFID 标签的追求，使得现有的密码技术难以应用。如何根据 RFID 标签有限的计算资源，设计安全有效的安全技术解决方案，仍然是一个具有相当挑战性的课题。为了有效地保护数据安全和个人隐私，引导 RFID 的合理应用和健康发展，还需要建立和制定完善的 RFID 安全与隐私保护法规、政策。

9.3　WSN 安全技术研究

无线传感器网络[30]（Wireless Sensor Network）是由很多传感器节点大规模随机分布形成的具有信息收集、传输和处理功能的信息网络，通过动态自组织方式协同感知并采集网络覆盖区域内被查询对象或事件的信息，用于决策支持和监控。由于不需要固定的基础设施，WSN 具有快速部署、自组织和自维护的能力，因而成为了信息收集、传输与处理[31]的重要手段，是物联网的感知层的主要技术之一。

和传统网络一样，WSN 会受到一些典型的安全威胁，包括信息泄漏、信息篡改、重放攻击和拒绝服务攻击等。除此之外，由于 WSN 没有网络基础设施、资源有限、分布与通信具有开放性的特点，而使得易受到一些其他攻击，如汇聚节点攻击、Sybil 攻击、黑洞（Sinkhole）攻击、节点复制攻击（Node Duplication）、随机游走攻击（Random Walk）、虫洞攻击（Wormhole）等。

由于 WSN 的安全一般不涉及其他网路的安全，因此是相对较独立的问题，有些已有的安全解决方案在物联网环境中也同样适用。目前 WSN 安全技术的研究主要集中在密钥管理、安全路由等方面。

9.3.1　WSN 中的密钥管理

无线传感器网络的安全目标主要是解决无线网络的可用性、机密性、完整性、节点的认证等安全问题，为了达到这些安全目标，一般采用加密和认证技术来实现节点之间数据的保密传送和身份认证，需要在任意两个传感器节点之间建立安全的通信密钥，因此，安全有效的密钥管理机制对无线传感器网络的安全构建起着关键的作用。

1. WSN 密钥管理的安全需求

无线传感器网络的密钥管理系统的设计在很大程度上受到其自身特征的限制，因此在设计需求上与有线网络和传统的资源不受限制的无线网络有所不同，特别要充分考虑到无线传感器网络传感节点的限制和网络组网与路由的特征。它的安全需求主要体现在以下几个方面。

（1）密钥生成或更新算法的安全性：利用该算法生成的密钥应具备一定的安全强度，不能被网络攻击者轻易破解或者花很小的代价破解，即加密后保障数据包的机密性。

（2）前向私密性：对中途退出传感器网络或者被俘获的恶意节点，在周期性的密钥更新或者撤销后无法再利用先前所获知的密钥信息生成合法的密钥继续参与网络通信，即无法参加与报文解密或者生成有效的可认证的报文。

（3）后向私密性和可扩展性：新加入传感器网络的合法节点可利用新分发或者周期性更新的密钥参与网络的正常通信，即进行报文的加解密和认证行为等，而且能够保障网络是可扩展的，即允许大量新节点的加入。

（4）抗节点泄密攻击：在传感器网络中，若干节点被俘获后，其所拥有的密钥信息可能会造成网络局部范围的泄密，但不应对整个网络的运行造成破坏性或损毁性的后果。

（5）源端认证性和新鲜性：源端认证要求发送方身份的可认证性和消息的可认证性，即任何一个网络数据包都能通过认证和追踪寻找到其发送源，且是不可否认的。新鲜性则保证合法的节点在一定的延迟许可内能收到所需要的信息。新鲜性除了和密钥管理方案紧密相关外，与传感器网络的时间同步技术和路由安全协议算法[24]也有很大的关联。

2. WSN 中密钥管理的基本思想

在 WSN 的安全通信中，主要有两类密钥，一类是节点之间的通信密钥，也称为对密钥，一般是节点部署后生成的，保证节点之间的安全通信；另一类是初始密钥，一般是采用预先分配的方式，在进行传感器节点部署前就存储在每个节点中，可以是共享密钥、密钥参数，也可以是一串密钥组成的密钥环，用以生成通信密钥。使用的密码体制既可以采用对称密码机制，也可以采用非对称密码机制。对称密码机制具有密钥长度不长，计算开销相对较小等特点，比较适用于 WSN；非对称密码机制虽然密钥管理比较简单，但由于对节点的计算能力要求比较高而较少在 WSN 中使用，因此，现有的 WSN 密钥管理协议大多数是基于对称密码机制的。

WSN 中的密钥管理包括初始密钥的预分配、通信密钥的协商、密钥的更新等。由于传感器节点的能量和能力有限，因此，在 WSN 的密钥管理机制中，要考虑节点的计算、存储和通信开销，要求在密钥分配和协商过程中用于保存密钥的存储空间、生成通信密钥所需要的计算量和传送的信息量尽可能少。在安全性方面，由于 WSN 的开放性，节点易受攻击，因此既要考虑通信密钥协商过程的安全性，又要考虑密钥的抗毁性，即受损节点的密钥被暴露后不影响其他节点之间的通信安全性。

3. WSN 中密钥管理机制的分类

在 WSN 中，由于网络的拓扑情况不能事先预知，传感器节点只能在部署后通过预先部署在节点上的初始密钥协商和计算得出节点之间的通信密钥，因此，目前 WSN 密钥管理方案和协议主要是针对初始密钥的部署方式和通信密钥的协商模式展开研究，大致可以分为以下三类。

（1）集中式密钥管理模式，主要指基于可信中心 KDC 的密钥管理模式。在该类模式的协议中，每个传感器节点上预先部署的初始密钥是节点与汇聚节点之间的共享密钥，节点之间的通信密钥协商和密钥更新等都通过汇聚节点来完成。这种模式的优点在于每个节点所需要的密钥存储空间小，计算复杂度也较低；缺点是密钥协商通信负载大，过分依赖汇聚节点，容易造成网络瓶颈，存在单点失效问题，而且如果汇聚节点被攻破，则整个网络的安全性将被破坏。

在采用集中式密钥管理模式的方案中，有一个基站或 Sink 节点作为可信中心 KDC，网络中的每一个节点 i 与 KDC 有一个共享的初始密钥 K_i。节点之间的通信密钥协商和密钥更新等都通过 KDC 来完成，节点之间协商通信密钥的安全性和可鉴别性由 K_i 来保障。

这种模式的优点在于每个节点保存的密钥量很少，仅需要保存 K_i，因此存储开销小，计算复杂度也较低；由于每个节点单独与 Sink 节点有共享密钥，因此抗节点捕捉能力好。缺点是密钥协商、数据包认证过程中过分依赖 Sink 节点，一旦 Sink 节点受损，整个网络的安全都会受到威胁，而且 Sink 节点的通信负载大，而且其通信和存储开销会随着网络规模的增加成为瓶颈，扩展性不好。

因此，集中式的密钥管理方案并不适用于大规模的 WSN 网络，这一类的密钥管理协议也相对较少，最经典的是 2002 年 Perrig 等人提出的传感器网络安全协议 SPINS（Security Protocols for Sensor Network）。

（2）分布式密钥管理模式，主要指采用密钥预分配方案（Key Pre-distribution Scheme，KPS）的密钥管理模式。在这类模式的协议中，节点部署前预先分配初始密钥，可以是一些密钥集合或者密钥参数，节点使用这些初始密钥和相互协作来完成节点之间通信密钥的协商。这种模式的优点在于通信密钥协商不依赖汇聚节点，消除了网络瓶颈，能较好地应用于分布式环境中；缺点是需要保存的密钥量较大，因此与集中式的密钥管理模式相比，增加了存储开销。

分布式密钥管理方案由于通信密钥协商不依赖汇聚节点，具有较好的扩展性，更加适用于具有自组织特性的 WSN。分布式密钥管理方案中最典型的是采用密钥预分配方案 KPS。KPS 一般包括三个阶段：密钥预分配阶段，节点在部署前预先存储了一些初始密钥；共享密钥发现阶段，邻居节点之间通过交换节点身份信息（如 ID），利用初始密钥进行比较或者计算获得共享的秘密密钥；如果邻居节点之间不能获得共享密钥，则通过与其他存在共享密钥的中间节点采用间接的方式建立路径密钥，这个阶段称为路径密钥建立阶段。

KPS 有多种实现方法，最简单的方法是让所有传感器节点共享同一主密钥，任意两节点用主密钥协商生成新的会话密钥。此方法简单，所需存储空间最小，但安全性能最差。如果某个节点被攻陷，整个网络就失去安全保障。另一种方法是让每个节点存储与其他所有节点之间的共享密钥，使节点能和网络中所有节点进行安全通信。此方法安全性能最好，节点被攻陷，不影响其他节点之间的通信安全，缺点是需要的存储空间较大。因此目前提出的基于密钥预分配的密钥管理方案主要是从如何降低通信代价、存储代价、可扩展性，以及提高抗节点受损攻击能力等方面展开研究的。

典型的分布式密钥管理方案是 Eschenauer 和 Gligor 提出的随机密钥预分配方法 E-G，使用概率密钥共享机制和简单的共享密钥发现协议来进行密钥的分配、撤销和更新。E-G 方案中引入了密钥池的概念，节点在部署前，预先生成一个大密钥池，包括 P 个密钥和密钥标识 ID，在密钥预分配阶段，每个节点从中随机选取 k 个（$k \ll P$）不同的密钥作为初始密钥进行存储，该 k 个密钥称为节点的密钥环。P 和 k 的选择要保证任意两个节点能够以一定的概率存在共享密钥。

在共享密钥发现阶段，两个邻居节点通过交换和比较各自密钥环中的密钥 ID 来发现它们的共享密钥，并从其中选择一个作为两者的通信密钥。如果两个邻居节点的密钥环中没有相同的密钥时，就进入路径密钥建立阶段，节点通过与其他的有共享秘密密钥的中间节点采用间接的方式建立路径密钥。

该协议由于采用初始密钥预先部署，通信密钥的协商无须 Sink 节点参与，通过邻居节点之间交换和比较初始密钥完成，因此实现简单，具有良好的分布特性，扩展性和灵活性好。每个节点存储 k 个密钥，密钥协商时需要交换 k 个密钥 ID，因此，与集中式的密钥管理方案相比，存储开销和通信开销都增大了。而且，邻居节点之间能生成的通信密钥是以概率的形式存在的，因此节点的连通性不是很好。邻居节点之间的通信密钥是随机从它们共享的密钥中选择一个，因此不同对邻居节点之间通信密钥重复的可能性大，使得协议抗节点捕捉能力变差。

E-G 方案的密钥随机预分配思想为 WSN 密钥预分配策略提供了一种可行的思路，后续许多方案和协议都是在此框架的基础上进行扩展的，它们分别从公共密钥阈值、密钥池结构、密钥预分配策略等方面提高随机密钥预分配方案的性能。典型的有多公共密钥的 E-G 改进方案 Q-composite、改进密钥池结构的 DDHV 方案、利用节点位置信息的 CPKS 方案等。

（3）层次密钥管理模式。在该类模式的协议中，如 LEAP 方案、LOCK 方案等，网络节点被分为若干簇，每一簇中有一个能力较强的簇头进行管理，负责簇中传感器节点之间的密钥分配、协商和更新等操作。该模式是前两种模式的折中，因此折中了集中式和分布式密钥管理模式的优点和缺点，是目前 WSN 密钥管理的研究的主要热点之一。

层次式密钥管理模式的协议主要是考虑到实际网络中传感器节点的异构性和网络拓扑的动态性。网络中部署的节点一般有两种类型，一种资源有限的普通节点，用于执行数据收集任务，另一种是能力较强的节点，可以作为管理节点。因此在层次式密钥管理方案中，网络节点被分为若干簇，每一簇中有一个能力较强的簇头进行管理，负责簇中传感器节点之间的密钥分配、协商和更新等操作。该模式是集中式密钥管理模式和分布式密钥管理模式的折中，因此折中了它们的优点和缺点。

典型的层次密钥管理模式 LEAP 协议、URKP 协议及 AKPS 协议等。这些协议保留了集中式密钥管理模式的存储和计算代价小的优点，又减弱了基站在其中的参与程度，具有分布式密钥管理的可扩展性好的特点。

4．WSN 密钥管理的未来研究方向

虽然密钥管理的研究取得了许多成果，但密钥管理的方案和协议仍然不能满足各种应用需求，还存在一些需要解决的问题。

（1）WSN 密钥管理协议的衡量标准。近年来，针对 WSN 的特点，提出了大量的 WSN 密钥管理方案和协议。现有的各种密钥管理协议主要从如何降低通信代价、存储代价、可扩展性，以及提高抗节点受损攻击能力等方面展开研究，试图寻找一种最佳的方案。实际上基于不同机制的密钥管理方案本身各自有其固有的特性，如有 KDC 的集中式密钥管理方案具有明显的存储代价小的优点，而利用预分配策略的分布式的密钥管理方案需要预先在节点存储一些密钥材料因而存储代价较大，但在密钥协商节点不需要 KDC 的参与，因而具有通信代价小和扩展性好的优点，折中的层次密钥管理方案自然会具有折中的性能。因此，一个密钥管理方案或者协议的性能如何，需要一个统一的评价标准来进行比较和衡量。

（2）建立多种类型的通信密钥。目前的 WSN 密钥管理方案和协议大多仅考虑建立邻居节点间的配对密钥，但配对密钥只能实现节点一对一通信，不支持组播或全网广播。方案或协议应建立多种类型通信密钥，满足单播通信、组播通信或广播通信等需求。

（3）支持密钥的分布式动态管理。节点的受损是不可避免的，若要把受损节点排除于网络之外，首先要动态更新或撤回已受损的密钥，但目前的大多数方案或协议较少考虑密钥动态管理。已有的密钥动态管理方案多以集中式为主，产生了过多的计算和通信开销。密钥更新和撤回应以节点之间的协作实现为主，才能使方案或协议具有良好的分布特性。

（4）提供有效的认证机制。密钥的协商需要对数据包和节点身份进行有效认证，否则不能保证所建立的通信密钥的正确性。单纯的 MAC 机制在对称密钥管理中存在被伪造的问题，基于非对称密钥的数字签名机制目前还不适用于 WSN。提供符合 WSN 特点的认证机制是密钥管理研究的重要内容。

WSN 具有资源受限、拓扑易变、部署随机、自组织、规模大、无固定设施支持等特点，为了加强密钥管理与安全路由、安全定位、安全数据融合等安全机制的耦合，从系统整体的角度对方案和协议的处理复杂度、存储复杂度和通信复杂度进行优化，依靠成熟且可行的理论方法，如随机图理论、信息论等理论方法，采用一些安全算法和技术，设计出更加符合 WSN 特点，具有良好的适应性的密钥管理方案和协议，将是 WSN 密钥管理未来的研究方向。

9.3.2　WSN 中的安全路由协议

由于受本身特点的影响，许多传感器网络路由协议的目标主要集中在节点有限能力的考量上，对于安全问题考虑较少，因此，目前传感器网络的路由容易遭受安全威胁。本节主要针对无线传感器网络路由层协议的安全性展开讨论，介绍目前路由层协议所遭受的安全威胁及防御策略，并详细分析几种典型的安全路由协议。

1．WSN 路由的安全威胁

目前，许多传感器网络的路由算法较为简单，根据网络层攻击的目标不同，可以分为两类，第一类攻击主要是试图获取或直接操纵用户数据，如选择性转发攻击、Sybil 攻击、确认欺骗及被动窃听等；第二类攻击主要是试图影响底层的路由拓扑结构，如虚假路由信息攻击、Sinkhole 攻击、Wormhole 攻击、HELLO 泛洪攻击等。

（1）选择转发攻击。即恶意节点有选择地转发或者根本不转发收到的数据包，导致数据包不能到达目的地。为了减少因自己非法行为而被发现的可能性，恶意节点可以只丢弃或篡改自己感兴趣的特定节点所发出的数据包，对其他节点发送的信息进行正常转发。

当攻击者恰好包含在一个数据流的传送路径中时，选择性转发攻击最为有效。但如果不在传送途径中，监听到感兴趣的数据流正在通过其邻节点，攻击者也可以用一些手段来阻塞目标数据包的传输，或者在传输信道上产生碰撞，以破坏目标数据包的有效传输，这样在实质上也成功地完成了选择性转发攻击。

（2）Sybil 攻击。即女巫攻击，恶意节点通过大量伪造或者窃取合法节点的身份，吸引数据流经过自己，并对经过的数据流进行篡改、选择性丢弃、伪造、窃听等恶意行为。在无线传感器网络中，女巫攻击的实现方式主要有两种，一种是恶意节点在一个地理位置上伪造出多个身份，另一种是在多个地理位置伪造多个身份。

很多无线传感器网络协议中，为了负载均衡，避免某个节点的能量过早耗尽，都会将任务向不同的节点分摊，因此女巫攻击是无线传感器网络中容易出现的一种攻击。女巫攻击也可以为其他攻击提供便利条件，常与其他攻击方式相结合，对无线传感器网络造成很大的危害，如在地理路由协议中，女巫攻击者伪造多个处于不同地理位置的节点，来削弱分布式存储算法中冗余备份的作用；另外，女巫攻击还可以破坏无线传感器网络中的路由算法、数据融合机制、投票机制、公平资源分配机制、非法行为检测机制等。

（3）欺骗性确认。即恶意节点通过窃听其邻居节点的分组，伪造链路层确认，欺骗发送节点或目标节点，使数据包在一些差链路上传输或经过一些不存在的节点，从而导致传输的数据丢失，甚至通过欺骗性确认来进行选择性转发攻击。

（4）被动窃听。即攻击者窃听链路间的信息，分析出信息中的敏感数据，并通过分析被窃听节点上的网络流量，推断出该节点作用的攻击方式。

（5）虚假路由信息攻击。即攻击者通过伪造、篡改或重传路由信息，产生虚假的路由信息，造成路由环路，使源路径延长或缩短的一种攻击方式。

由于是通过锁定节点间交换的路由信息进行攻击，所以将对路由协议造成最直接的破坏，攻击者的主要目的是分割网络，造成网络拥塞，吸引或阻塞网络流量，增加端到端传输延时。

（6）Sinkhole 攻击。即黑洞攻击，恶意节点通过某种方式，使周围节点在依据路由算法建立路由时通过恶意节点或被攻击者控制的被俘获节点，从而产生以恶意节点或被俘获节点为中心的黑洞，吸引数据流使之无法到达基站的一种攻击方式。

黑洞攻击的主要目标是吸引特定区域的几乎所有的数据流无法到达目的节点，因此，将对无线传感器网络中信息传输产生巨大的影响。而且，当上当节点将该黑洞扩散到其他邻居节点后，会使大量数据流经过恶意节点或被俘获节点，同时，攻击者也可以对流经的所有数据包进行篡改、选择性丢弃、伪造、窃听等恶意行为，也为其他攻击方式提供便利的条件，因此，黑洞攻击将对无线传感器网络中信息传输的安全性和机密性造成很大的威胁。

（7）Wormhole 攻击。即虫洞攻击，主要是两个恶意节点共谋，使源节点在建立路由时选择恶意节点，形成经过共谋节点的路径，使数据包发往该恶意节点的攻击方式。一般情况下，一个恶意节点在基站附近，另一个恶意节点在离基站较远的区域。离基站较远的恶意节点声称自己能够和基站附近的节点建立低时耗、高带宽的链路，从而达到攻击目的。

由于虫洞攻击使恶意节点存在传输的路径上，当进行数据包的传输时，恶意节点可以故意丢弃部分数据包，或者篡改数据包的内容，造成数据包的丢失或者破坏；或者实施被动攻击，对数据包的内容进行窃听，从而破坏信息的安全性和机密性。

（8）HELLO 洪泛攻击。即恶意节点利用节点间广播的 HELLO 数据包向邻居节点声明自己的存在，使自己处在多条数据传输路径上，进而破坏网络路由的一种攻击方式。

HELLO 洪泛攻击的目的是使数据流无法到达目的节点，导致网络处于混乱状态。由于进行 HELLO 泛洪攻的攻击者并不需要构造合法数据流，只需采用足够大的功率发送广播路由或其他信息，让其他节点认为通过恶意节点进行数据包的传输可以到达目的地即可，因此，对于那些依靠邻居节点间的局部信息交换来进行拓扑维护和流控制的路由协议容易遭受到这种攻击，这也是无线传感器网络的一种比较常见的攻击方式。

以上是无线传感器网络路由层存在的典型攻击方式，其中 Sybil 攻击、Sinkhole 攻击、Wormhole 攻击是基本的攻击手段，对网络中经过它们的数据包进行篡改、选择性丢弃、伪造、窃听等恶意行为，具有很强的破坏性。而且这三种攻击常常被作为基础、前提或者辅助手段，和其他攻击方式相结合对无线传感器网络实施破坏，产生更大的破坏性，因此，越来越多研究者针对上述攻击行为，特别是 Sybil 攻击、Sinkhole 攻击、Wormhole 攻击，进行了详细地分析，并提出了一些防范策略和安全路由协议的设计。

2. 常用 WSN 路由协议的安全性分析

针对无线传感器网络的应用，人们已经提出了许多无线传感器网络路由协议，这些协议主要是负责寻找源与目的之间的最优路径，并利用最优路径进行数据传输。但由于协议在设计之初并没有过多地考虑安全性，因此，所提出的传感器网络路由协议都极易受到攻击。攻击有可能造成传输延迟增大，可能使整个网络不可用或其他目的。本节将分析不同攻击对各类传感器网络路由协议的影响。

依据传感器网络的节点特性和结构，以及各种协议的具体实现方式，可以将无线传感器网络路由协议分为 TinyOS beaconing 路由、以数据为中心路由、基于分簇的路由、基于地理位置的路由、能量感知路由协议五类。

（1）TinyOS beaconing 协议：该协议首先对节点进行编址，Sink 节点周期性地广播路由更新消息，信号覆盖范围内的节点接收到更新消息后，将发送消息的节点作为父节点保存到路由表中，然后将该消息在物理信道上广播，从而构成一个以 Sink 节点为根的广度优先的生成树。

由于这种协议相对简单，而且路由更新过程没有任何安全措施，所以 TinyOS beaconing 协议很容易遭受到恶意节点的攻击。攻击者可以发起虫洞攻击或 Sybil 攻击将数据流引向恶意节点，可以通过虚假路由信息攻击，造成路由环路，还可以通过 HELLO 洪泛攻击，使得网络处于混乱状态；另外，恶意节点在位于路径上后，可以对数据包进行选择转发攻击，直接破坏数据包的传输。

（2）以数据为中心的路由协议：这类路由协议采用基于属性的命名机制来描述数据，通过汇聚节点向特定的区域发送查询请求来获取路由信息，并在数据传输过程中进行数据融合以降低节点的能量消耗。典型的以数据为中心的路由协议有定向扩散（Directed Diffusion，DD）协议、SPIN 协议、Rumor 协议、GBR 协议、CADR 协议及 ACQIRE 协议等。

在以数据为中心的路由协议中，基站通过洪泛方式将请求发送给节点，节点再通过反向路径将基站需要的数据传给基站，因此，当恶意节点通过伪造请求，发送虚假信息时，能很容易窃听到数据，并能进一步影响数据传输路径，发起选择性转发攻击或篡改数据。另外，以数据为中心的路由协议很容易遭受虫洞攻击和女巫攻击。

（3）基于分簇的协议：基于分簇的协议将整个网络被分为若干个区域（簇），每个簇中按照一定的规则生成一个簇头节点，由这个簇头节点融合从簇中所有节点收集上来的数据信息，并将融合后的数据传输至 Sink 节点，除了簇头节点外，其他节点的功能相对简单，不需要复杂路由进行维护。典型的基于分簇的协议有 LEACH，还包括 TEEN、PEGASIS 等。

基于分簇的协议中，由于节点会根据信号的强弱来选择加入的簇，因此攻击者可以发起 HELLO 泛洪攻击，使得大量节点想要加入该簇并选取该恶意节点作为簇头节点，从而攻击者能进一步进行选择性转发及篡改数据信息等攻击，使得全网处于混乱状态。而基于这几种协议簇头的形成方式，即在连续的轮中不使用同一个簇头节点或随机的挑选簇头节点，攻击者可以采用女巫攻击增大自己成为簇头的概率。

（4）地理位置路由协议：即节点假设都知道自己的地理位置信息和目的节点或目的区域的位置，依据位置信息选择路由进行转发时，按照某种策略将数据传送至目的节点或目的区域。典型的基于地理位置路由协议有 GEAR、GPSR。

由于地理位置路由协议中假设节点都知道自己和目的的地理位置信息，因此，容易受到恶意节点的欺骗性确认攻击，攻击者可以虚报自己的地理位置，从而使自己获得更大的位于一条已知流的路径上的概率。另外，恶意节点能发起女巫攻击伪造多个位置的身份并总是宣称自己具有最大的能量，使其能有更多机会位于附近传输的流的路径之上，从而可以进一步发起选择性转发攻击，如 GEAR 总是按照节点的剩余能量分配路由任务的，因此攻击者可以总是宣称自己具有最大的剩余能量；而 GPSR 协议中，恶意攻击者可以伪造位置声明构成路由环路，扰乱正常的数据流传输。

（5）能量感知路由协议：在一些恶劣环境中部署传感器网络时，需要考虑能量的节省，能量感知路由协议是在选择路由的时候，从数据传输中的能量消耗出发，根据不同区域的剩余能量分布，建立最优能量消耗的路径或最长网络生存期的路径。典型的基于能量感知的协议包括有 SPAN、GAF、CEC、AFECA 等。

在能量感知路由协议中，由于采用的是能量消耗最小的路径，因此，恶意节点可以利用能量高的机器来发起女巫攻击和 HELLO 攻击，使网络处于混乱状态，同时，还可以进一步发起选择性转发攻击等，来破坏数据传输的过程。

3．典型的攻击防御策略

针对上述各种攻击，目前已经提出了许多相应的防御策略。为防止外部攻击者对无线传感器网络的攻击，一般采用链路层加密及认证技术，即在链路层采用密钥加密传输，对源节点和目的节点的身份或双方的链接进行认证及认证广播，从而保证外部攻击者无法伪造或无法解密已监听到的数据包。这种防御策略能有效地抵御多数外部攻击者，如被动窃听、外部女巫攻击、确认欺骗和 HELLO 洪泛攻击等。

针对内部攻击者和 Sybil 攻击、虫洞攻击及黑洞攻击，常用的典型防御策略有以下几种。

（1）加密及身份认证策略：基于加密和身份认证的策略是指节点在通信过程中相互认证，防止恶意节点加入转发路径上。

（2）多路径路由策略：即在源节点及转发节点选择下一跳节点进行数据转发时，动态选择下一跳转发节点，形成多条到达目的节点的路径，并使数据通过不同的路径传递到目的节点，降低恶意节点控制数据流的机会。

由于多路径策略中，数据不通过同一条抵达终点，因此，多路径路由策略对选择性转发攻击、Sinkhole 攻击、Wormhole 攻击及女巫攻击能起到较好的抵御效果。但是，多路径路由策略中，建立多条路径需要一定的时间，集中式的无环多路径建立方法计算量较大，而且，每个节点需要为每条路径维护一个路由表，路由表的大小与存在的路径数成比例，因此节点维护路由表的开销将增大。

（3）基于地理位置检测的策略：主要是防止恶意节点利用虫洞攻击方式占据在路径上的行为，由于虫洞攻击中恶意节点声称的距离比实际距离要短，则可以通过实际地理位置估算的距离与恶意节点声称的距离之间的差异来发现恶意节点。但由于基于地理位置检测的策略都需要 GPS 或其他硬件设备的支持，在大量传感器节点上添加额外的硬件设备，将大大增加传感器网络的成本开销，对很多应用中的传感器网络产生局限性。

（4）基于节点监听及信誉管理机制的策略：主要是通过节点监听邻居转发包的情况，

判定邻居是否对转发数据包进行了修改，或为每个节点赋予信誉度，在建立路由过程中，选择信誉度高的节点来进行数据的转发，从而避免恶意节点出现在路径上。但基于节点监听及信誉管理机制的策略需要大量的节点长时间地参与监听，这将消耗节点大量的能量，当节点能量过早地耗尽时，网络也将陷入瘫痪状态。

4．发展趋势

基于上面的分析可以看出，尽管当前对 WSN 路由协议的安全性展开了广泛的研究，并取得了一定的进展，如采用了加密及认证技术、多路径路由技术、监测及信任机制，但加密及认证技术会带来过多的能量消耗，仅有这些也还不能完全防范内部攻击者的破坏，不能完全解决无线传感器网络端到端的安全路由问题。安全性的获取不能简单地在已有路由算法上补充加密措施即可，而是需要在最初的协议设计中就考虑安全问题。作为 WSN 路由协议的重要性能指标，设计安全、高效、稳定、低耗的 WSN 安全路由协议仍是当前研究的重点。

9.4　本章小结

本章主要针对物联网中的安全问题和安全技术展开讨论，分析了物联网多个层次存在的安全问题和相应技术方案，重点针对物联网感知层 RFID 系统和无线传感器网络中的安全问题展开了详细讨论，对两者中存在的安全问题和现有解决方案进行了归类介绍，并指出了相应安全技术的不足和发展趋势[33]。

思考与练习

（1）论述物联网在感知层、核心网络层、业务支撑处理层、应用层面临的安全问题。

（2）论述 EPCglobal 系统架构中存在的安全问题和隐私问题。

（3）比较现有的 RFID 系统中的多种安全技术，说明其优势和不足。

（4）比较论述传感器网络中典型的几种密钥分发机制。

（5）说明传感器网络路由面临的安全问题。

（6）在智能家庭物联网应用中，如果通过手机远程控制家电、门窗等设施的开启，想象一下会有哪些安全问题呢？

参考文献

[1]　ITU Internet Report 2005: The Internet of Things[S]. International Telecommunication Union, 2005.

[2]   YAN Lu, ZHANG Yan, YANG L T. The Internet of Things: From RFID to the Next-Generation Pervasive Networked Systems[M]. GER:AUERBACH,2008.

[3]   刘云浩．物联网导论[M]．北京：科学出版社，2010:3-38,273-297.

[4]   李振汕．物联网安全问题研究[J]．信息网络安全，2010,(12):1-3.

[5]   聂学武，张永胜，骆琴，等．物联网安全问题及其对策研究[J]．计算机安全，2010,(11):4-6.

[6]   何德明．浅谈物联网技术安全问题[J]．技术与市场，2011,18(4):103-106.

[7]   朱顺兵．物联网感知安全应用的研究与展望[J]．中国安全科学学报，2010-11,20(11):164-169.

[8]   李梦寻，刘宏志．基于物联网的食品安全监理模型研究[J]．北京工商大学学报，2011,9(2):54-57.

[9]   刘衍挺，侯立波．基于物联网的校园安全防控系统的设计与实现[J]．中国外资，2010(8):210.

[10]   卞钧霈，崔优凯，潘志炎．物联网在浙江交通应用的设想[J]．公路，2010(8):152-155.

[11]   贾灵．物联网/无线传感网原理与实践[M]．北京：北京航空航天大学出版社．2011-01:16-33.

[12]   林曙光，钟军，王建成．物联网在煤矿安全生产中的应用[J]．移动通信，2010,34(24):46-50.

[13]   孙玉观，刘卓华，李强，等．一种面向3G接入的物联网安全架构[J]．计算机研究与发展，2010,47(z2): 327-332.

[14]   欧若风，文超，陈睿，等．一种基于椭圆曲线加密算法解决物联网网络安全和效率问题的设计[J]．微型电脑应用，2011,27(3):14-17.

[15]   武传坤．物联网安全架构初探[J]．中国科学院院刊，2010,25(4):411-419.

[16]   石立峰．物联网发展如火如荼安全隐私问题难以避免[J]．世界电信，2010,(10):57-59.

[17]   朱近之．智慧的云计算：物联网的平台（第2版）[M]．北京：IBM云计算中心．2011-04:1-16,320-346.

[18]   Vladimir Oleshchuk, Internet of Things and Privacy Preserving Technologies, Wireless VITAE' 09, 2009: 336-340.

[19]   何明，江俊，陈晓虎，等．物联网技术及其安全性研究[J]．计算机安全，2011(4):49-52.

[20]   Weber R.H. Internet of Things-New security and privacy challenges[J].Computer Law & Security Review, 2010,26: 23-30.

[21]   LEUSSE P, PERIORELLIS P, DIMTTRAKOS T. A Security Model for the Internet of Things and Services[C]. Procceedings of the 2009 First International Conference on Advances in Future Internet. Piscatsway: IEEE, 2009: 47-52.

[22]   杨庚，许建，陈伟，等．物联网安全特征与关键技术[J]．南京邮电大学学报（自然科学版），2010,30(4):20-28.

[23]   Georgios Tselentis, John Domingue, Alex Galis, Anastasius Gavras, David Hausheer, Srdjan Krco, Volkmar Lotz, Theodore Zahariadis. Towards the Future Internet..

[24]   刘件，侯毅．物联网时代的信息安全防护研究[J]．微计算机应用，2010.4(2):15-19.

[25]   Frank T hornton, Brad Haines. RFID Security[M]．北京：电子工业出版社，2007.

[26]   吴功宜．智慧的物联网：感知中国和世界的技术[M]．北京：机械工业出版社，2010.

[27]   黄玉兰．物联网：射频识别（RFID）核心技术详解[M]．北京：人民邮电出版社，2010.

[28] EPC global. The EPCglobal Architecture Framework[EB/OL]. http://www.epcglobalinc.org/ standards/ architecture/ architecture_1_3-framework-20090319.pdf 2009-03.

[29] Huahui Wang, Lightfoot L, Tongtong Li. On PHY-layer security of cognitive radio: Collaborative sensing under malicious attacks[C]. Proceedings of 2010 44th Annual Conference on Information Sciences and Systems(CISS), Washington: IEEE Computer Society, 2010.

[30] MA R, XING L. D, MICHEL H. E. A New Mechanism for Achieving Secure and Reliable Data Transmission in Wireless Sensor Networks[C]. Proceedings of 2007 IEEE Conference on Technologies for Homeland Security: Enhancing Critical Infrastructure Dependability. Piscataway: IEEE, 2007: 274-279.

[31] DENG Jing, HAN Y S. Multipath Key Establishment for Wireless Sensor Networks Using just-enough Redundancy Transmission[J]. IEEE Trans on Dependable and Secure Computing, 2008,5(3): 177-190.

[32] OUADJAOUT A, CHALLAL Y,LASLA N. Secure and Efficient Intrusion-fault Tolerant Routing Protocol for Wireless Sensor Networks[C]. Procceedings of the 3rd International Conference on Availability, Reliability and Security(ARES 2008). Piscataway: IEEE, 2008: 503-508.

[33] IBM. A Smarter Planet[OL]. http://www.ibm.com/smarter-planet, 2010-02.